Fundamentals of Physics

物理学の基礎

[2]

波・熱

D. ハリディ / R. レスニック / J. ウォーカー
［共著］

野﨑光昭
［監訳］

培風館

訳　者

- 12章： 國友正和（くにとも まさかず）　神戸大学名誉教授
- 15章： 伊藤真之（いとう まさゆき）　神戸大学人間発達環境学研究科教授
- 16～18章： 本間康浩（ほんま やすひろ）　神戸大学工学研究科准教授
- 19～21章： 國友正和

FUNDAMENTALS OF PHYSICS
6th edition
by
David Halliday
Robert Resnick
Jearl Walker

Copyright © 2002 by Baifukan Co., Ltd, All Rights Reserved. Authorized translation from English language edition published by John Wiley & Sons, Inc., Copyright © 2001 by John Wiley & Sons, Inc. All Rights Reserved.

本書は株式会社培風館がジョン・ワイリー・アンド・サンズ社と直接の契約により，その英語版原著を翻訳したものである．日本語版「© 2002」は培風館がその著作権を登録し，かつこれに付随するすべての権利を保有する．
原著「© 2001」の著作権ならびにこれに付随する一切の権利はジョン・ワイリー・アンド・サンズ社が保有する．

本書の無断複写は，著作権法上での例外を除き，禁じられています．
本書を複写される場合は，その都度当社の許諾を得てください．

訳者序文

本書はHalliday, Resnick, Walker著のFundamentals of Physics第6版の日本語訳である．物理学の教科書・参考書は数多く存在するが，わかりやすく丁寧な記述という観点で見ると，本書は群を抜いている．基礎となる考え方が，平易な文章で，時にはくどいと感じられるくらい，丁寧に説明されているばかりでなく，随所にチェックポイントや例題が数多く盛り込まれているので，正しく理解しているかどうかを確認しながら読み進むことができる．身近な例，学生が興味をもつであろう風変わりな例，現代の科学技術に関わる例，さらにはきれいなカラー図版と写真が豊富に取り入れられており，少しでも多くの学生に物理を学んで欲しいという原著者の意気込みが感じられる．必然的に本書は厚い（原書は全章で1100ページを超える）．厚い教科書は敬遠されるという経験則があるそうだが，初学者が自分で勉強できるような，言葉で丁寧に物理が語られている教科書は貴重である．"わび・さび"の文化をもつ日本人にとって（おそらく多くの物理学者にとっても），ごてごてした記述を一切取り払った簡潔な教科書も魅力的ではあるが，最近の読者層にマッチしているかどうかは疑問である．

本書は大学初年次向けの入門書として書かれたものであり，訳者の所属する大学では物理を専門としない学生のための教科書として用いられる予定であるが，物理学科の学生または物理を必須の道具として使う理工系の学生にも，まず本書で基礎概念の理解を固めた上でさらに高度な学習をして欲しいと願っている．多くの大学から教養課程が姿を消し，物理を2度学ぶチャンスが減った現状では，高校物理からの橋渡しとして，本書のような自習（予習）書として使える教科書が必要なのではないだろうか．

一方，本書は物理に興味を持つ高校生でも読みこなせるのではないかと思う．本屋に並んでいる多くの高校生向けの参考書を見ても，問題集と見間違うようなものが多く，物理を丁寧に記述しているものは少ないように見受けられる．試験対策ではなく本当に"物理"に興味をもつ高校生に読んでいただければ幸いである．

文章が多く，また米国の生活に密着したような例も多く出てくることから，翻訳には苦労した．厳密な訳を多少犠牲にしても，わかりやすく表現することに努めたつもりではあるが，不十分な点も多いかと思う．読者諸氏からのご批判を仰ぎたい．

最後になったが，本書を翻訳する機会を与えていただいた培風館の松本和宣氏に感謝するとともに，監訳者として，教育・研究・学務で忙しい中，翻訳を分担してくださった諸先生方に謝意を表したい．

2002年8月

野﨑光昭

目　次

第 2 巻

第 14 章
平衡と弾性　1
岩の裂け目を登るとき、あなたは安全に休息をとることができるか？
- 14-1　平　衡　1
- 14-2　平衡の条件　3
- 14-3　重　心　4
- 14-4　静的平衡状態の例　6
- 14-5　不定構造　11
- 14-6　弾　性　12
- まとめ　16
- 問　題　16

第 15 章
流　体　18
スキューバダイビングの初心者にとって危険なことは何か？
- 15-1　流体と私たちをとりまく世界　18
- 15-2　流体とは何か　19
- 15-3　密度と圧力　19
- 15-4　静止した流体　21
- 15-5　圧力の測定　24
- 15-6　パスカルの原理　25
- 15-7　アルキメデスの原理　27
- 15-8　完全流体の運動　30
- 15-9　連続の式　32
- 15-10　ベルヌーイの式　34
- まとめ　37
- 問　題　38

第 16 章
振　動　40
震源が遠かったにもかかわらずメキシコシティの被害が大きかったのはなぜか？
- 16-1　振　動　40
- 16-2　単振動　41
- 16-3　単振動における力の法則　44
- 16-4　単振動のエネルギー　46
- 16-5　回転単振動　48
- 16-6　振り子　49
- 16-7　単振動と等速円運動　53
- 16-8　減衰単振動　54
- 16-9　強制振動と共鳴　56
- まとめ　58
- 問　題　59

第 17 章
波　動 I　61
サソリがカブトムシの位置を知ることができるのはなぜか？
- 17-1　波と粒子　61
- 17-2　波の種類　62
- 17-3　横波と縦波　62
- 17-4　波長と振動数　64
- 17-5　進行波の速さ　66
- 17-6　弦を伝わる波の速さ　69

目次

- 17-7 弦を伝わる波のエネルギーと輸送率　71
- 17-8 波の重ね合わせの原理　74
- 17-9 波の干渉　74
- 17-10 位相ベクトル　77
- 17-11 定在波　79
- 17-12 定在波と共鳴　81
- まとめ　83
- 問題　84

第18章

波動 II　86

真っ暗闇の中でコウモリが蛾を捕まえることができるのはなぜか？

- 18-1 音波　86
- 18-2 音速　87
- 18-3 音波の伝播　90
- 18-4 干渉　92
- 18-5 音の強度と騒音レベル　94
- 18-6 楽器の音　98
- 18-7 うなり　101
- 18-8 ドップラー効果　102
- 18-9 超音波と衝撃波　107
- まとめ　108
- 問題　109

第19章

温度，熱，熱力学第1法則　111

スズメバチの侵入を防ぐためのミツバチの温熱防御作戦とは？

- 19-1 熱力学　111
- 19-2 熱力学第0法則　87
- 19-3 温度測定　113
- 19-4 セルシウスとファーレンハイト温度目盛り　115
- 19-5 熱膨張　117
- 19-6 温度と熱
- 19-7 固体や液体による熱の吸収　121
- 19-8 熱と仕事に関する詳しい考察　124
- 19-9 熱力学第1法則　127
- 19-10 熱力学第1法則の応用　128
- 19-11 伝熱機構　130
- まとめ　134
- 問題　135

第20章

気体分子運動論　137

冷えた炭素飲料の容器から霧が発生するのはなぜか？

- 20-1 新たな視点で見る気体　137
- 20-2 アヴォガドロ数　137
- 20-3 理想気体　138
- 20-4 圧力，温度，RMS速度　141
- 20-5 並進運動エネルギー　144
- 20-6 平均自由行程　145
- 20-7 分子の速度分布　146
- 20-8 理想気体のモル比熱　150
- 20-9 自由度とモル比熱　154
- 20-10 量子論の徴候　156
- 20-11 理想気体の断熱膨張　157
- まとめ　160
- 問題　161

第21章

エントロピーと熱力学第2法則　163

時間の向きを決めるものは何か？

- 21-1 一方通行の過程　163
- 21-2 エントロピーの変化　164
- 21-3 熱力学第2法則　169
- 21-4 現実世界のエントロピー：エンジン　170
- 21-5 現実世界のエントロピー：冷凍機　175
- 21-6 実在エンジンの効率　177
- 21-7 統計力学的エントロピー　178
- まとめ　182
- 問題　183

付　録

- **A** 基礎物理学定数　185
- **B** 天文データ　186
- **C** 数学公式　187
- **D** 元素の特性　190

解　答

CHECKPOINTS　193
問　題　194

索　引　　　　　　**197**

全巻の目次

第1巻

- 1章 測定
- 2章 直線運動
- 3章 ベクトル
- 4章 2次元と3次元の運動
- 5章 力と運動Ⅰ
- 6章 力と運動Ⅱ
- 7章 運動エネルギーと仕事
- 8章 ポテンシャルエネルギーとエネルギー保存
- 9章 粒子系
- 10章 衝突
- 11章 回転
- 12章 転がり，トルク，角運動量
- 13章 重力

第2巻

- 14章 平衡と弾性
- 15章 流体
- 16章 振動
- 17章 波動Ⅰ
- 18章 波動Ⅱ
- 19章 温度，熱，熱力学第1法則
- 20章 気体分子運動論
- 21章 エントロピーと熱力学第2法則

第3巻

- 22章 電荷
- 23章 電場
- 24章 ガウスの法則
- 25章 電位
- 26章 電気容量
- 27章 電流と抵抗
- 28章 回路
- 29章 磁場
- 30章 電流がつくる磁場
- 31章 誘導とインダクタンス
- 32章 物質の磁性：マクスウェル方程式
- 33章 電磁振動と交流
- 34章 電磁波

14 平衡と弾性

ロッククライミングはきわめつきの物理学の試験であろう。"不合格"は死を意味し，"条件付き合格"でも重傷を負ってしまう。例えば，高いチムニー（岩の裂け目）を登るとき，垂直にそそり立つ広い裂け目の一方の壁に背中を押しつけ，足を反対側の壁に押しつけて踏ん張るが，時々休憩しないと疲れきって滑落してしまう。ここで出される試験問題は1問だけである：壁を押す力をできるだけ抜いて休憩するにはどうすればよいか。物理学を考えずに力を抜けば，壁は体を支えてくれない。

この生と死を分ける問題の答は何だろうか。

答は本章で明らかになる。

14-1 平衡

次の4つの物体を考えよう：（1）テーブルの上に置かれた本，（2）一定の速度で摩擦のない平面を滑っているアイスホッケーのパック，（3）回転している天井の扇風機の羽根，（4）一定の速さでまっすぐな道を走る自転車の車輪。これら4つの物体いずれについても

1. 質量中心の運動量 $\vec{P}$ は一定である。
2. 質量中心のまわりの，あるいは他の任意の点のまわりの角運動量 $\vec{L}$ は一定である。

図14-1 アリゾナ州の Petrified Forest 国立公園近くの岩．不安定に見えるが，岩は静的平衡状態にある．

このような物体は**平衡状態**(equilibrium)にあるという．平衡状態であるための2つの条件は，

$$\vec{P} = 定数 \quad および \quad \vec{L} = 定数 \tag{14-1}$$

本章では，式(14-1)の定数がゼロの場合だけを考える；観測者の基準系において，いかなる運動も——並進も回転も——していない物体のみを扱う．そのような物体は**静的平衡状態**(static equilibrium)にあるという．本節冒頭の4つの物体のうち，静的平衡状態にあるのはテーブルの上に置かれた本だけである．

図14-1の岩は，少なくともいまのところ，静的平衡状態にある物体の一例である．この岩は，時間がたっても静止したままであるという意味で，大聖堂，家屋，ファイルキャビネット，タコスの屋台のような他の無数の構造物と同じ性質を共有している．

8-5節で考察したように，物体が力によって変位を与えられた後に静的平衡状態に戻るならば，この物体は**安定な**(stable)静的平衡状態にあるという．半球形の椀の底に置かれたビー玉がその一例である．しかし，物体に小さな力が加えられたときに平衡が破れるならば，この物体は**不安定な**(unstable)静的平衡状態にあるという．

図14-2aのように，ドミノの質量中心が底辺の真上にくるようにつり合わせたとしよう．$\vec{F}_g$の作用線はこの辺を通っているので，ドミノに加わる重力$\vec{F}_g$による底辺のまわりのトルクはゼロである．しかし，何かのはずみでわずかな力が加わると，このつり合いは破れる．$\vec{F}_g$の作用線が底辺の外側にずれると（図14-2b），$\vec{F}_g$によるトルクがドミノの回転を増大させる．したがって，図14-2aのドミノは不安定な静的平衡状態にある．

図14-2cのドミノは不安定というわけではない．ドミノを倒すためには，力を加えて図14-2a（質量中心が底辺の真上にある）のつり合いの位置を越えてドミノを回転させなければならない．小さな力では倒すことはできないかもしれないが，指で弾けば倒せるだろう．（直立したドミノを一列に並べて一番端を指で弾けば全部のドミノを連鎖的に倒すことができる．）

図14-2dの積み木ブロックはさらに安定である．ブロックの質量中心が底辺の上を越えるためには，より大きく回転させなければならない．指で弾いたくらいでは積み木は倒れないだろう．（これが積み木ブロックを使ったドミノ倒しを見たことがない理由である．） 図14-3の鳶職はドミノでもあるし，積み木でもある：梁に平行な方向についてはスタンスが広いの

図14-2 (a)底辺の上でつり合っているドミノ．質量中心は底辺の真上にあり，重力$\vec{F}_g$は底辺を通る向きに働く．(b)ドミノがつり合いから少し回転すると，$\vec{F}_g$は回転を増大させる．(c)底面の上に直立しているドミノは(a)のドミノよりはいくぶん安定である．(d)積み木ブロックはもっと安定である．

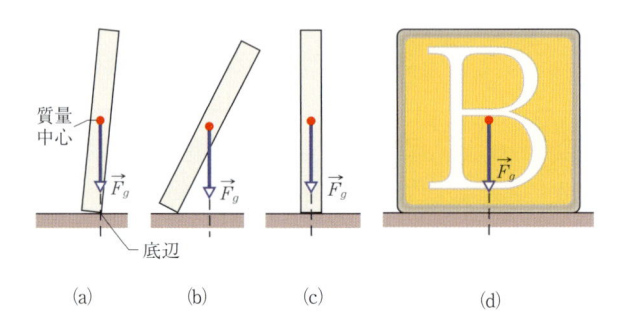

で安定である；梁に垂直な方向についてはスタンスが狭く不安定である（そして，一陣の風のなすがままになるであろう）．

　静的平衡の解析は工学の応用においてきわめて重要である．設計技師は建造物に加わると予想されるすべての力とトルクを特定し，適切な設計と賢明な素材の選択によって，建造物がこれらの負荷に耐えて安定であることを保証しなければならない．例えば，橋がその上を走る自動車や風の負荷によって崩壊しないこと，または飛行機の着陸装置が荒っぽい着地にも耐えることを保証するために，これらの解析が必要なのである．

14-2　平衡の条件

物体の並進運動は，運動量で表されたニュートンの第2法則（式(9-27)）に従う：

$$\vec{F}_{\text{net}} = \frac{d\vec{P}}{dt} \tag{14-2}$$

物体が並進に対して平衡状態にある（$\vec{P}$ が定数）ときは，$d\vec{P}/dt=0$ だから，

$$\vec{F}_{\text{net}} = 0 \quad (\text{力のつり合い}) \tag{14-3}$$

　物体の回転運動は，角運動量で表されたニュートンの第2法則（式12-29）に従う：

$$\vec{\tau}_{\text{net}} = \frac{d\vec{L}}{dt} \tag{14-4}$$

物体が回転に対して平衡状態にある（$\vec{L}$ が定数）ときは，$d\vec{L}/dt=0$ だから，

$$\vec{\tau}_{\text{net}} = 0 \quad (\text{トルクのつり合い}) \tag{14-5}$$

したがって，物体が平衡状態にあるためには，次の2つの条件が満たされなければならない

> 1. 物体に働くすべての外力のベクトル和がゼロである．
> 2. 物体に働く任意の点のまわりのすべてのトルクのベクトル和がゼロである．

　これらの条件は，静的平衡状態に対しては明らかに成り立っているが，$\vec{P}$ と $\vec{L}$ がゼロでない定数になるようなもっと一般的な平衡状態に対しても成り立つ．

　ベクトル方程式である式(14-3)と(14-5)は，座標軸の各方向成分に対する3つの独立な方程式と同等である：

力のつり合い	トルクのつり合い
$F_{\text{net},x} = 0$	$\tau_{\text{net},x} = 0$
$F_{\text{net},y} = 0$	$\tau_{\text{net},y} = 0$
$F_{\text{net},z} = 0$	$\tau_{\text{net},z} = 0$

(14-6)

図 14-3　ニューヨーク市の建設現場でバランスをとっている鳶職は静的平衡状態にある．梁に平行な方向に関しては，垂直方向に比べてより安定である．

物体に働く力が xy 平面にある場合のみを考えて問題を簡単化しよう。この場合, 物体に働くトルクは z 軸に平行な軸のまわりの回転だけを生じる。この仮定によって, 式 (14-6) から, 力の方程式ひとつとトルクの方程式2つをなくすことができる。残った式は,

$$F_{\text{net},x} = 0 \quad \text{(力のつり合い)} \tag{14-7}$$

$$F_{\text{net},y} = 0 \quad \text{(力のつり合い)} \tag{14-8}$$

$$\tau_{\text{net},z} = 0 \quad \text{(トルクのつり合い)} \tag{14-9}$$

$\tau_{\text{net},z}$ は外力による z 軸あるいはこれに平行な任意の軸のまわりのトルクである。

氷上を一定速度で滑るアイスホッケーのパックは, 式 (14-7), (14-8), (14-9) を満たすので, 平衡状態にはあるが, 静的平衡状態ではない。静的平衡が達成されるためには, パックの運動量 $\vec{P}$ が一定であり, その値がゼロでなければならない; この場合, パックは氷上に静止している。したがって, 静的平衡状態にはもうひとつの条件が必要である:

▶ 3. 物体の運動量 $\vec{P}$ がゼロである。

✓ **CHECKPOINT 1:** 図は6つの棒を上から見たもので, 複数の力が棒に垂直に働いている。力を (ゼロでない) 適当な大きさに決めたとき, 棒が静的平衡状態になるのはどの場合か。

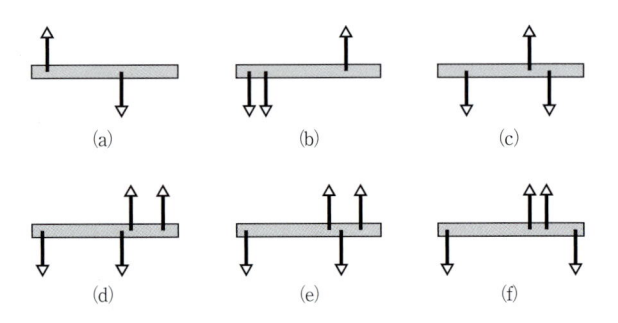

14-3 重　心

大きさのある物体に作用する重力は, その物体の構成要素 (原子) の各々に作用する重力のベクトル和である。これらすべての構成要素を考える代わりに次のように述べることができる:

▶ 物体に作用する重力 $\vec{F}_g$ は, その物体の**重心** (center of gravity; cog) とよばれる1点に作用するとみなすことができる。

"みなす" という言葉は次のことを意味する: 構成要素の各々に作用する重力をなんらかの方法で消し去り, 代わりに重心に力 $\vec{F}_g$ のみを作用させたとしても, 物体に作用する正味の力も, 任意の点のまわりの正味のトル

クも変わらない。

これまでは，重力$\vec{F}_g$は物体の質量中心に働くと仮定してきた。この仮定は重心が質量中心(center of mass；com)にあるという仮定と同等である。自由落下の加速度を$\vec{g}$とすると，質量Mの物体に働く力$\vec{F}_g$は$M\vec{g}$となることを思い出そう。以下の証明において次のことが示される：

> $\vec{g}$が物体のすべての構成要素に対して等しいならば，物体の重心(cog)と質量中心(com)は一致する。

$\vec{g}$は地表に沿って極めてわずかしか変化せず，高度上昇に伴ってその大きさが少しずつ減少するだけだから，この仮定は日常扱うような物体に対して近似的に正しい。ネズミやムースのようなものに対しても重力はその質量中心に働くと仮定してかまわない。以下の証明後は，これを暗黙の了解とする。

証　明

まず，物体を微小部分に分解する。図14-4aは，大きさのある質量Mの物体と，質量m_iの微小部分を示している。各微小部分に働く重力$\vec{F}_{gi}$は$m_i \vec{g}_i$に等しい。$\vec{g}_i$の添字は，$\vec{g}_i$が各微小部分の位置における重力加速度であることを意味する（一般に微小部分の加速度は場所によって異なってもかまわない）。

各々の力$\vec{F}_{gi}$は，原点Oのまわりのトルクτ_iを微小部分に与える（図14-4a）。モーメントの腕はx_iだから，式(11-33)（$\tau=r_\perp F$）を用いてトルクτ_iを表すと，

$$\tau_i = x_i F_{gi} \tag{14-10}$$

物体のすべての微小部分に働くトルクの総和は

$$\tau_{\text{net}} = \sum \tau_i = \sum x_i F_{gi} \tag{14-11}$$

次に，物体全体を考えよう。図14-4bは物体の重心に働く重力$\vec{F}_g$を示している。この力は原点Oのまわりのトルクτを物体に与える。モーメントの腕はx_{cog}だから，再び式(11-33)を用いてこのトルクを表すと，

$$\tau = x_{\text{cog}} F_g \tag{14-12}$$

物体に働く重力$\vec{F}_g$は，すべての微小部分に働く重力$\vec{F}_{gi}$の和に等しい。$\sum F_{gi}$を式(14-12)のF_gに代入すると，

$$\tau = x_{\text{cog}} \sum F_{gi} \tag{14-13}$$

さて，物体の重心に働く力$\vec{F}_g$によるトルクは，物体のすべての微小部分に働く力の合力$\vec{F}_{gi}$による合トルクに等しいことを思い出そう（こうなるように重心を定義した）。式(14-13)のトルクτと式(14-11)のτ_{net}を等しいとおくと，

$$x_{\text{cog}} \sum F_{gi} = \sum x_i F_{gi}$$

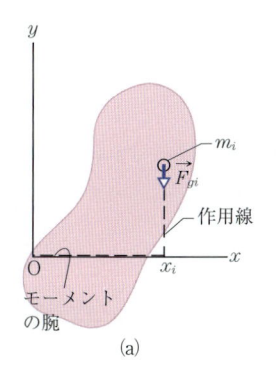

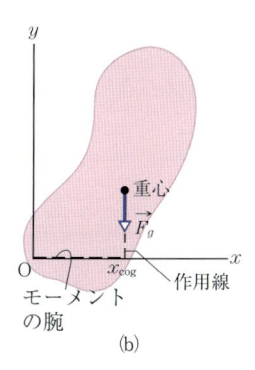

図14-4　(a)大きさのある物体と質量m_iの構成要素。構成要素に働く重力$\vec{F}_{gi}$は，座標系の原点Oのまわりにx_iのモーメントの腕をもっている。(b)物体に働く重力$\vec{F}_g$は，物体の重心(cog)に働くとみなすことができ，原点Oのまわりにx_{cog}のモーメントの腕をもっている。

F_{gi} に $m_i g_i$ を代入して，

$$x_{\text{cog}} \sum m_i g_i = \sum x_i m_i g_i$$

Key Idea：すべての微小部分における加速度 g_i が等しければ，この式から g_i を消去することができる。

$$x_{\text{cog}} \sum m_i = \sum x_i m_i \tag{14-14}$$

すべての微小部分の質量の和 $\sum m_i$ は物体の質量 M だから，式 (14-14) は次のように書き換えられる：

$$x_{\text{cog}} = \frac{1}{M} \sum x_i m_i \tag{14-15}$$

式 (9-4) より，この式の右辺は物体の質量中心の座標 x_{com} を与えるので，

$$x_{\text{cog}} = x_{\text{com}} \tag{14-16}$$

これが証明したかったことである。

> ✓ **CHECKPOINT 2**：細い棒でリンゴを突き刺し（ただし重心をはずす），棒を水平に支えてリンゴが自由に回転できるようにする。重心はどこにくるか，またそれは何故か。

14-4　静的平衡状態の例

この節では，静的平衡状態に関する 4 つの例題を検討する。各例題ではひとつまたは複数の物体を選び，それらにつり合いの式 (式 (14-7)，(14-8)，(14-9)) を適用する。つり合いに関係する力はすべて xy 平面内にあるので，関係するトルクは z 軸に平行である。したがって，トルクのつり合いの式 (14-9) を適用する際には，トルクを計算する軸として z 軸に平行な軸をとる。式 (14-9) はこのように選んだすべての軸に対して成り立つが，うまく選べば，いくつかの力が式から消去できるので，式 (14-9) が簡単になることがわかる。

例題 14-1

図 14-5a では，長さ L，質量 $m = 1.8\,\text{kg}$ の均一な梁 (beam) が両端を秤で支えられた状態で静止している。梁の上に質量 $M = 2.7\,\text{kg}$ の均一なブロックが置かれ，ブロックの中心は梁の左端から $L/4$ のところにある。秤の読みを求めよ。

解法：静的平衡状態に関するどんな問題でも，それを解く第一歩は次のようになる：解析すべき系を明確に定義し，系に働くすべての力を示した力の作用図を描く。この例題では，系として梁とブロックを一体と考える。系に関係する力は，図 14-5b の力の作用図に示される。(系を適切に設定するためには経験が必要である。しばしば複数の選択肢がある。後述の Problem-Solving Tactics を参照のこと。)

梁が秤から垂直に受ける力を，左端で $\vec{F}_l$，右端で $\vec{F}_r$ とする。求めたい秤の読みはこれらの力の大きさに等しい。梁の質量中心に働く重力 $\vec{F}_{g,\text{beam}}$ は $m\vec{g}$ に等しい。同様に，ブロックの質量中心に働く重力 $\vec{F}_{g,\text{block}}$ は $M\vec{g}$ に等しい。簡単のため，図 14-5b ではブロックを梁の内部の点で表し，ベクトル $\vec{F}_{g,\text{block}}$ の始点がこの点にくるように描かれている。(ベクトル $\vec{F}_{g,\text{block}}$ をその作用線に沿って下にずらしても，図に垂直な軸のまわりの $\vec{F}_{g,\text{block}}$ によるトルクは変わらない。)

Key Idea：この系は静的平衡状態にあるから，力のつり合いの式 (式 (14-7)，(14-8)) と，トルクのつり合いの式 (式 14-9) を適用することができる。力は x 成分をもたないから，式 (14-7) ($F_{\text{net},x} = 0$) からは何

これでつり合いの式（$\tau_{\text{net},x}=0$）を次のように書くことができる：

$$(0)(F_l)-(L/4)(Mg)-(L/2)(mg)+(L)(F_r)=0$$

これより，

$$F_r=\frac{1}{4}Mg+\frac{1}{2}mg$$

$$=\frac{1}{4}(2.7\,\text{kg})(9.8\,\text{m/s}^2)+\frac{1}{2}(1.8\,\text{kg})(9.8\,\text{m/s}^2)$$

$$=15.44\,\text{N}\approx 15\,\text{N} \qquad\text{（答）}$$

式（14-17）を F_l について解き，上の結果を代入すると，

$$F_l=(M+m)g-F_r$$

$$=(2.7\,\text{kg}+1.8\,\text{kg})(9.8\,\text{m/s}^2)-15.44\,\text{N}$$

$$=28.66\,\text{N}\approx 29\,\text{N} \qquad\text{（答）}$$

解答の方針に注意：力の成分に関するつり合いの式を書いたとき，2つの未知数が現れた．もしトルクのつり合いの式を任意の軸に対して書いたとすると，再び2つの未知数というやっかいな問題に出会ったかも知れない．しかし，片方の未知の力 F_l の作用点を通るような軸を選んだので，面倒なことにはならなかった．このような軸の選択により，トルクの式からこの力をうまく取り除いたので，もう一方の未知の力の大きさ F_r について解くことができた．そして，力の成分のつり合いの式に戻って，残りの力の大きさ F_l を求めることができたのである．

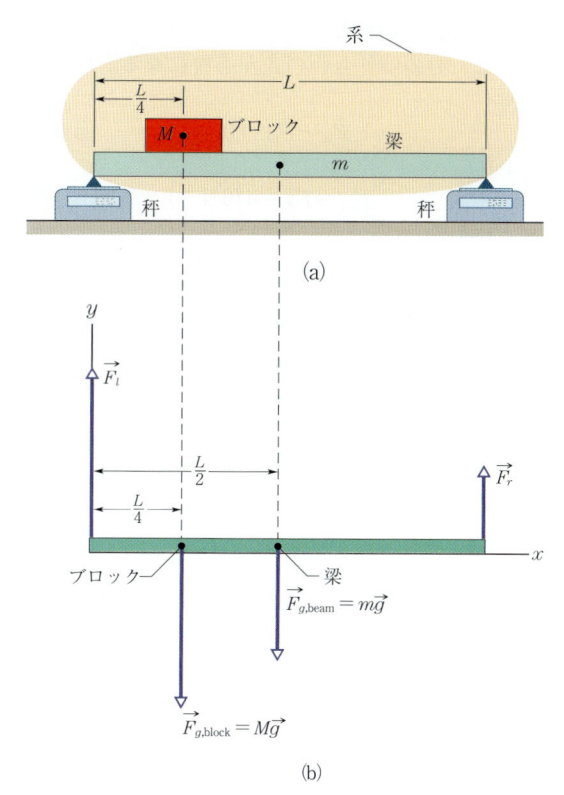

図14-5 例題14-1．(a)質量 m の梁が質量 M のブロックを支えている．(b)梁＋ブロックの系に働く力を示す力の作用図．

も得られない．y 成分については，式（14-8）（$F_{\text{net},y}=0$）より，

$$F_l+F_r-Mg-mg=0 \qquad (14\text{-}17)$$

この式は2つの未知数 F_l と F_r を含んでいるから，式（14-9）（トルクのつり合いの式）も必要である．トルクのつり合いは，図14-5の面に垂直な任意の回転軸に対して適用することができる．ここでは梁の左端を通る軸を選ぶ．トルクの符号に関する一般的な規則により，最初静止していた物体が回転軸のまわりに時計回りにまわり始めるならばトルクは負，反時計回りであればトルクは正である．最後に，トルクを $r_\perp F$ の形に書き表す．モーメントの腕 $r_\perp$ は，$\vec{F_l}$ に対して 0，$M\vec{g}$ に対して $L/4$，$m\vec{g}$ に対して $L/2$，$\vec{F_r}$ に対して L である．

✓ **CHECKPOINT 3**： 図は静的平衡状態にある均一な棒を上から見たものである．(a)力のつり合いから，未知の力 $\vec{F_1}$ と $\vec{F_2}$ を求めることができるか．(b)もしひとつの式から $\vec{F_2}$ の大きさを求めようとするならば，回転軸をどこにとらなければならないか．(c) $\vec{F_2}$ の大きさが 65 N になったとする．$\vec{F_1}$ の大きさを求めよ．

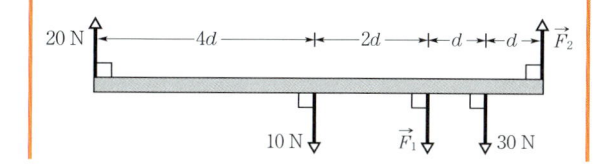

例題 14-2

図14-6aでは，長さ $L=12\,\text{m}$，質量 $m=45\,\text{kg}$ の梯子が滑らかな（摩擦のない）壁に立てかけられている．梯子の上端は，下端が置かれている（摩擦のある）道路（pavement）から $h=9.3\,\text{m}$ の高さにある．梯子の質量中心は下端から $L/3$ のところにある．質量 $M=72\,\text{kg}$ の消防士が梯子を登り，質量中心が下端から $L/2$ のところで止まった．梯子が壁と道路から受ける力の大きさを求めよ．

解法： まず，梯子と消防士の全体を系として，図14-6bのような力の作用図を描く．消防士は梯子の内部に点として表されている．消防士に働く重力をそれに同等な $M\vec{g}$ で表し，ベクトルの始点が消防士を表す点に一致するように作用線に沿って移動させてある．（こうしても $M\vec{g}$ の図に垂直な軸のまわりのトルクは変わらない．）

梯子が壁から受ける力は水平な力 $\vec{F_w}$ だけである（摩

擦のない壁に沿った摩擦力は存在しない）．梯子が道路から受ける力$\vec{F}_p$の水平成分は静止摩擦力$\vec{F}_{px}$，鉛直成分は垂直抗力$\vec{F}_{py}$である．

Key Idea：この系は静的平衡状態にあるから，つり合いの式（式(14-7)から(14-9)まで）を適用することができる．式(14-9)（$\tau_{\text{net},z}=0$）から始めよう．梯子の両端に加わる未知の力（$\vec{F}_w$と$\vec{F}_p$）があることに注意してトルクを計算する軸を選ぼう．計算から$\vec{F}_p$を消すためには，点Oを通って図に垂直な軸をとればよい．xy座標系の原点もOにとることにしよう．Oのまわりのトルクを求めるのに，式(11-31)から(11-33)のどれを使ってもかまわないが，ここでは式(11-33)（$\tau = r_\perp F$）が最も便利である．$\vec{F}_w$のモーメントの腕$r_\perp$を求めるために，このベクトルに沿って作用線を描く（図14-6b）．$r_\perp$はOと作用線の垂直距離である．図14-6bにおいて，これはy軸に沿っており，高さhに等しい．同様に，$M\vec{g}$と$m\vec{g}$の作用線も描くと，これらのモーメントの腕はx軸に沿っていることがわかる．これらのモーメントの腕は，図14-6aの距離aに対して，それぞれ，$a/2$（消防士は梯子の中点まで登っている）と$a/3$（梯子の質量中心は下から1/3のところ）である．$\vec{F}_{px}$と$\vec{F}_{py}$のモーメントの腕はゼロである．

$r_\perp F$の形に書いたトルクを用いると，つり合いの式$\tau_{\text{net},z}=0$は次のようになる：

$$-(h)(F_w) + (a/2)(Mg) + (a/3)(mg)$$
$$+ (0)(F_{px}) + (0)(F_{py}) = (0) \quad (14\text{-}18)$$

（トルクに対する規則を思い出そう：正のトルクは反時計回り，負のトルクは時計回りに対応する．）

ピタゴラスの定理を用いると，
$$a = \sqrt{L^2 - h^2} = 7.58\,\text{m}$$

したがって，式(14-18)より，
$$F_w = \frac{ga(M/2 + m/3)}{h}$$
$$= \frac{(9.8\,\text{m/s}^2)(7.58\,\text{m})[(72/2)\,\text{kg}+(45/3)\,\text{kg}]}{9.3\,\text{m}}$$

$$= 407\,\text{N} \approx 410\,\text{N} \quad \text{（答）}$$

ここで，力のつり合いの式が必要になる．$F_{\text{net},x}=0$より，
$$F_w - F_{px} = 0 \quad (14\text{-}19)$$

これより，
$$F_{px} = F_w = 410\,\text{N} \quad \text{（答）}$$

$F_{\text{net},y}=0$より，
$$F_{py} - Mg - mg = 0 \quad (14\text{-}20)$$

これより，
$$F_{py} = (M+m)g = (72\,\text{kg}+45\,\text{kg})(9.8\,\text{m/s}^2)$$
$$= 1146.6\,\text{N} \approx 1100\,\text{N} \quad \text{（答）}$$

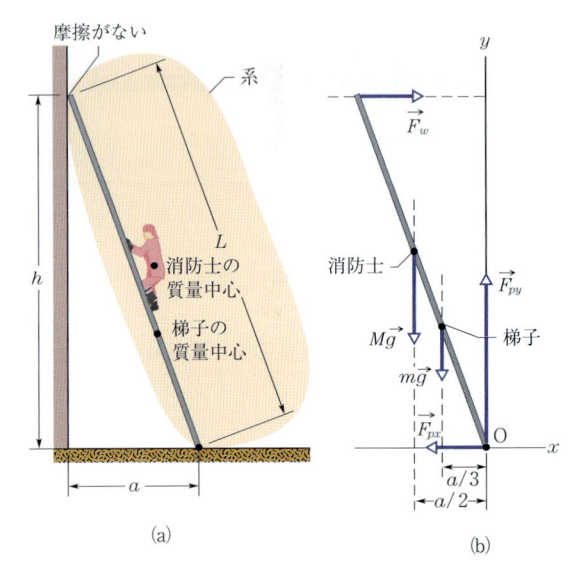

図14-6 例題14-2．(a)消防士が摩擦のない壁に立てかけられた梯子をその中点まで登る．(b)消防士＋梯子の系に働く力を示す力の作用図．座標系の原点Oは未知の力$\vec{F}_p$（そのベクトル成分$\vec{F}_{px}$と$\vec{F}_{py}$が示されている）の作用点にとられる．

例題14-3

図14-7aでは，質量$M=430\,\text{kg}$の金庫が，$a=1.9\,\text{m}$，$b=2.5\,\text{m}$のクレーンからロープで吊されている．クレーンは蝶番で動くアームと，アームと壁を結びつける水平ケーブルからなる．アームは均一でその質量mは85 kgである．ケーブルとロープの質量は無視できる．

(a) ケーブルの張力T_cを求めよ．言いかえると，ケーブルからアームが受ける力$\vec{T}_c$の大きさはいくらか．

解法：ここではアームだけを系とし，加わる力を図14-7bの力の作用図に示す．ケーブルからの力は$\vec{T}_c$である．アームに加わる重力はその質量中心（アームの中点）に働き，$m\vec{g}$で示されている．蝶番がアームに及ぼす力の鉛直成分は$\vec{F}_v$，水平成分は$\vec{F}_h$である．金庫を吊しているロープからの力は$\vec{T}_r$である．アーム，ロープ，金庫はつり合っているから，$\vec{T}_r$の大きさは金庫の重さに等しい：$T_r = Mg$．xy座標系の原点は蝶番の位置にとる．

Key Idea 1：この系は静的平衡状態にあるから，つり合いの式を適用することができる．式(14-9)（$\tau_{\text{net},z}=0$）から始めよう．求められているのは力$\vec{T}_c$の大きさであり，点Oにある蝶番において加わる力$\vec{F}_h$と$\vec{F}_v$ではないことに注意する．**Key Idea 2**：トルクの計算から$\vec{F}_h$と$\vec{F}_v$を除くために，点Oを通り図に垂直な軸のまわりの

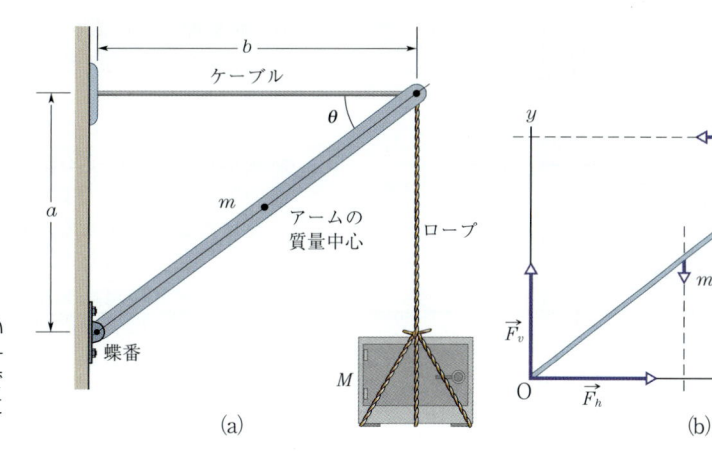

図 14-7 例題 14-3. (a)重い金庫が水平なケーブルと均一なアームからなるクレーンで吊されている。(b)アームに働く力の作用図。

トルクを計算する。このような軸を選ぶと，$\vec{F}_h$ と $\vec{F}_v$ のモーメントの腕はゼロになる。$\vec{T}_c$, $\vec{T}_r$, $m\vec{g}$ の作用線は図 14-7b に点線で示されている。それぞれのモーメントの腕は a, b, $b/2$ である．

トルクを $r_\perp F$ の形に書き，トルクの符号の規則を用いると，つり合いの式 $\tau_{\text{net},z}=0$ は次のようになる：

$$(a)(T_c) - (b)(T_r) - \left(\frac{1}{2}b\right)(mg) = 0$$

T_r に Mg を代入し，T_c について解くと，

$$T_c = \frac{gb\left(M + \frac{1}{2}m\right)}{a}$$

$$= \frac{(9.8\,\text{m/s}^2)(2.5\,\text{m})(430\,\text{kg} + 85/2\,\text{kg})}{1.9\,\text{m}}$$

$$= 6093\,\text{N} \approx 6100\,\text{N} \qquad (\text{答})$$

(b) アームが蝶番から受ける力の大きさ F を求めよ。

解法： F を得るためには，まず F_h と F_v を求める。

Key Idea： T_c はわかっているから，アームに力のつり合いの式を適用する。水平方向のつり合いは，$F_{\text{net},x} = 0$ より，

$$F_h - T_c = 0$$

これより，

$$F_h = T_c = 6063\,\text{N}$$

鉛直方向のつり合いは，$F_{\text{net},y} = 0$ より，

$$F_v - mg - T_r = 0$$

T_r に Mg を代入し，F_v について解くと，

$$F_v = (m + M)g = (85\,\text{kg} + 430\,\text{kg})(9.8\,\text{m/s}^2) = 5047\,\text{N}$$

ピタゴラスの定理を使って，

$$F = \sqrt{F_h^2 + F_v^2} = \sqrt{(6093\,\text{N})^2 + (5047\,\text{N})^2} \approx 7900\,\text{N}$$

(答)

F は金庫とアームの重さの和 (5000 N) や水平ケーブルの張力 (6100 N) よりも大きいことに注意しよう。

✓ **CHECKPOINT 4**： 図では，5 kg の棒 AC が，ロープおよび棒と壁の間の摩擦によって支えられている。均一な棒の長さは 1 m で角 $\theta = 30°$ である。(a) 棒がロープから受ける力 $\vec{T}$ を 1 つの式から求めるためには，回転軸は示された点のどこにおけばよいか。このように軸を選び反時計回りを正としたとき，(b) 棒の重さによるトルク τ_w の符号は何か。(c) 棒がロープによって引っ張られる力によるトルク τ_r の符号は何か。(d) τ_r の大きさは τ_w の大きさより，大きいか，小さいか，それとも等しいか。

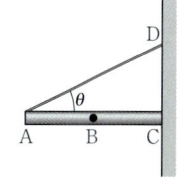

例題 14-4

質量 $m = 55$ kg のロッククライマーが，チムニー登りの途中で，肩と足を幅 $w = 1.0$ m の裂け目の壁に押しつけながら休んでいる (図 14-8)。クライマーの質量中心は，肩を押しつけている壁から水平距離で $d = 0.20$ m の位置にある。靴と壁の間の静止摩擦係数は $\mu_1 = 1.1$，肩と壁の間の静止摩擦係数は $\mu_2 = 0.70$ である。休むために，クライマーは壁に水平に押しつける力を最小にしたい。この力が最小になるのは足と肩の両方が滑る寸前のときである。

(a) 壁に押しつける水平の力の最小値を求めよ。

第14章 平衡と弾性

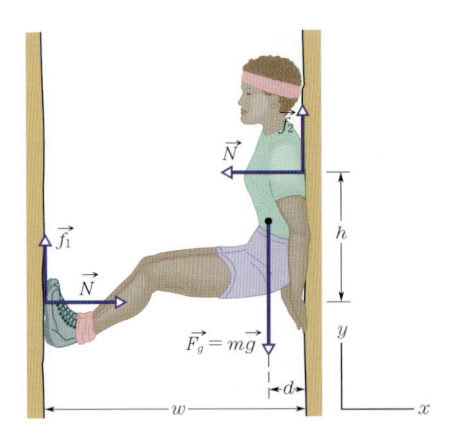

図14-8 例題14-2。チムニーで休んでいるクライマーに加わる力。クライマーがチムニーの壁を押すことによって、垂直抗力 $\vec{N}$ と静止摩擦力 $\vec{f_1}$ と $\vec{f_2}$ が生じる。

解法: この場合、系はクライマーであり、クライマーに働く力は図14-8に示されている。水平方向の力は、足と肩が壁から受ける垂直抗力 $\vec{N}$ だけである。静止摩擦力は $\vec{f_1}$ と $\vec{f_2}$ で上向きである。重力 $\vec{F_g} = m\vec{g}$ は質量中心に働く。

Key Idea: この系は静的平衡状態にあるから、力のつり合いの式(式(14-7)と(14-8))を適用することができる。$F_{\text{net},x}=0$ より、2つの垂直抗力は大きさが等しく向きが反対である。この2つの力の大きさ N を求めよう。この力はクライマーが壁を押しつける力でもある。

つり合いの式 $F_{\text{net},y}=0$ により、
$$f_1 + f_2 - mg = 0 \tag{14-21}$$
クライマーが足と肩の両方で滑る寸前にある状態を求めるということは、静止摩擦力が最大になることを意味する。この最大値は式(6-1)($f_{s,\max} = \mu_s N$)より、
$$f_1 = \mu_1 N \quad \text{および} \quad f_2 = \mu_2 N \tag{14-22}$$
これらの式を式(14-21)に代入して、N について解くと、
$$N = \frac{mg}{\mu_1 + \mu_2} = \frac{(55\,\text{kg})(9.8\,\text{m/s}^2)}{1.1 + 0.70} = 299\,\text{N} \approx 300\,\text{N}$$
したがって、クライマーが壁を押す最小の力は300Nである。

(b) 壁を押しているクライマーが安定であるためには、足と肩の鉛直距離はどれだけでなければならないか。

解法: **Key Idea 1**: トルクのつり合いの式($\tau_{\text{net},z}=0$)が成り立つときクライマーは安定である。このことは、働いている力がどのような軸のまわりにもトルクを生じないことを意味する。**Key Idea 2**: 回転軸をうまく選ぶことにより計算を簡単にすることができる。力 F のモーメントの腕 $r_\perp$ を用いて、トルクを $r_\perp F$ の形で表す。肩を通り図に垂直に回転軸をとると、そこに働いている力($\vec{N}$ と $\vec{f_2}$)のモーメントの腕はゼロになる。摩擦力 $\vec{f_1}$、垂直抗力 $\vec{N}$、重力 $\vec{F_g} = m\vec{g}$ のモーメントの腕はそれぞれ w, h, d となる。

トルクの符号とその向きに関する規則を思い出して、$\tau_{\text{net},z}=0$ を書き表すと、
$$-(w)(f_1) + (h)(N) + (d)(mg) + (0)(f_2) + (0)(N) = 0 \tag{14-23}$$
(回転軸の選び方によって計算からうまく f_2 を除くことができたことに注意しよう。) $f_1 = \mu_1 N$ とおき、$N = 299$N と他のわかっている量を代入して答が得られる:
$$h = \frac{f_1 w - mgd}{N} = \frac{\mu_1 N w - mgd}{N} = \mu_1 w - \frac{mgd}{N}$$
$$= (1.1)(1.0\,\text{m}) - \frac{(55\,\text{kg})(9.8\,\text{m/s}^2)(0.20\,\text{m})}{299\,\text{N}}$$
$$= 0.736\,\text{m} \approx 0.74\,\text{m} \tag{答}$$

紙面に垂直などのような回転軸、例えば足の位置、のまわりのトルクを計算しても、同じ h の値が得られるであろう。

h が0.74mより長くても短くても、クライマーは安定な状態を保つために299Nより大きな力を加えなくてはならない。これがチムニーを登るときの物理学の効用である。休憩が必要なときには、足の位置が高すぎるまたは低すぎるといった、初心者の犯す間違いを避けなければならない。肩と足の間には最適の距離があることを知れば、最小の力で最高の休憩がとれるであろう。

PROBLEM-SOLVING TACTICS

Tactic 1: 静的平衡状態の問題
問題の解き方をステップにわけてまとめる:
1. 問題のスケッチを描く。
2. つり合いの法則を適用する系を選び、その系を線で囲んではっきりと記憶にとどめよう。時にはひとつの物体を系として選ぶこともできる。その物体が、例題14-4のロッククライマーのように、つり合いの状態におきたい物体である。計算が簡単になるならば、他の物体を系につけ加えてもよい。例題14-2において系として梯子だけを選ぶと、図14-6bの消防士の手と足から梯子に加わる余分な未知の力を考えなければならない。この余分な力は計算を煩雑にする。図14-6の系は消防士を取り入れるように選ばれたので、未知の力は系の内力となり、例題14-2を解くにあたって考える必要がなくなった。

3. 力の作用図を描く。系に働くすべての力をあげて，それらに記号をつけ，それらの作用点と作用線が正しく示されているか確認しよう。
4. 座標系の x 軸と y 軸を描く。少なくともひとつの軸が未知の力に平行になるように選ぼう。どちらの軸にも平行でない力を成分に分解する。上のすべての例題では，x 軸は水平に，y 軸は鉛直にとるのが賢明であった。
5. 記号を使って力のつり合いの式を書く。
6. ひとつまたは複数の回転軸を紙面に垂直にとり，それぞれの軸についてトルクのつり合いの式を書く。未知の力の作用線を通る軸を選べば，その力は式に現れないから式は簡単になるであろう。
7. つり合いの式を未知数について代数的に解く。この段階で，特に代数計算が複雑な場合，単位のついた数値をそれぞれの方程式に代入する方が確実だと思っている学生がいる。しかしながら経験豊富な解答者は代数的方法の方がよいと考える。その方が，解が変数とどう関わっているかがよくわかるからである。
8. 最後に，代数的解に単位のついた数値を代入し，未知数の数値を求める。
9. 得られた解を見直す。それは正しいだろうか？明らかに大きすぎたり小さすぎたりしていないだろうか？符号は正しいか？単位は間違っていないか？

14-5 不定構造

本章では，問題を解くときに 3 つの独立な式，すなわち，2 つの力のつり合いの式と与えられた回転軸のまわりのトルクのつり合いの式，を用いてきた。したがって，問題に 4 つ以上の未知数があれば解くことができない。

そのような問題は容易に見つけることができる。例えば，例題 14-2 で，壁と梯子の上端との間に摩擦があるとすると，梯子が壁に接触している箇所で鉛直の摩擦力が働き，その結果 4 つの未知数が現れる。3 つの式だけではこの問題を解くことができない。

非対称に荷物が積まれた自動車を考えよう。4 つのタイヤに加わる力——すべて異なる——はいくらか。使える式は 3 つしかないからこれも解くことができない。同様に，3 本足のテーブルのつり合いの問題は解くことができるが，4 本足ではダメである。式よりも未知数の方が多いこのような問題は**不定**(indeterminate)あるという。

しかしながら実世界ではこのような不定問題にも解は存在する。自動車のタイヤをそれぞれ別の 4 つの台秤の上に乗せれば各秤は決まった値を示し，この値の和が自動車の重さになる。式を解いて個々の力を求めようとするとき，いったい何が足りないのであろうか。

静的平衡状態の式を適用するとき，これまで特に強調しなかったが，物体は完全な剛体であると仮定した。問題はここにある。この仮定は，物体に力が加わっても変形しないということを意味している。厳密にいえばそのような物体は存在しない。自動車に荷物を載せると，静的平衡状態になるまでタイヤは容易に変形する。

レストランで，がたつくテーブルを見たことがあるだろう。そんな時はたいてい，折り畳んだ紙を浮いた足の下にはさんでテーブルを水平にする。しかし，このテーブルに大きな象が座れば，テーブルが壊れない限り，テーブルは自動車のタイヤのように確かに変形し，すべての足が床について，床が足に加える上向きの力は，図 14-9 のように，決まった（ただし異なった）値をもち，テーブルはもはやがたつかない。テー

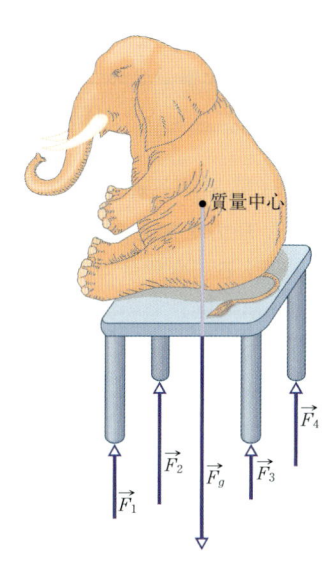

図 14-9 テーブルは不定構造物である。テーブルの足に加わる 4 つの力は大きさが異なり，静的平衡状態の条件だけでは求めることができない。

の足に加わる力をどのようにして求めればいいのだろうか。

このような不定問題を解くためには，つり合いの式だけでなく**弾性**（elasticity）を考慮しなければならない。弾性学は物理学や工学の一分野であり，実在の物体に力が加えられたとき，どのように変形するかを取り扱う。次節はこの課題への導入となる。

> ✓ **CHECKPOINT 5：**
> 重さ10Nの一様な棒が天井から2本のひもで水平に吊されている。ひもは上向きの力$\vec{F_1}$と$\vec{F_2}$を棒に加えている。図は4通りのひもの吊し方を示している。もしあるとすれば，どのつるし方が不定か（その場合$\vec{F_1}$と$\vec{F_2}$の値を求めることができない）。

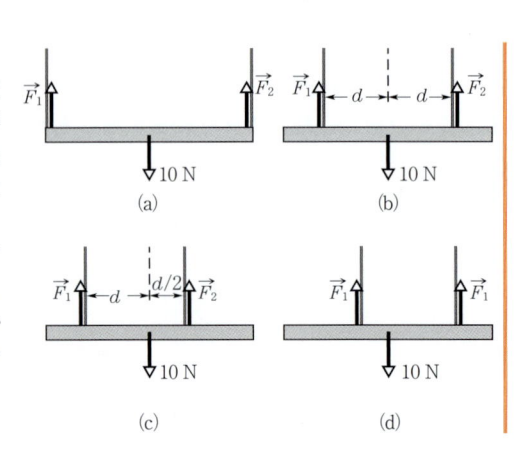

14-6 弾　　性

多くの原子が鉄釘のような金属を形づくるとき，原子は3次元格子中の平衡位置にある。格子（lattice）とは，隣り合った原子間の平衡距離を一定に保って原子が整列した状態である。原子は，原子間に働く力によって互いに結びつけられている。原子間の力は図14-10のような小さなばねにたとえられる。格子は非常に堅い。言い換えれば"原子間ばね"はきわめて変形しにくい。これが金属製の梯子やテーブルやスプーンのような身の回りの多くの物体が剛体と認識される理由である。勿論，散水用ホースやゴム手袋のように，剛体とはまったく考えられない物もある。このような物体を作っている原子は図14-10のような格子を形づくらず，長くて曲がりやすい分子鎖になって並んでいる。そして各々の鎖は隣り合った鎖とゆるく結びついている。

実在の"堅い"物体はすべてある程度**弾性的**（elastic）である。弾性は，物体を引っ張ったり，押したり，ねじったり，圧力を加えたりすると，大きさがわずかながら変わるということを意味する。変化量の感じをつかむために，鉛直におかれた長さ1m，直径1cmの鋼鉄製の棒を考えよ

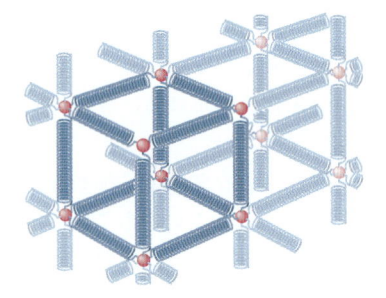

図14-10 固体金属の原子は3次元の繰り返し構造をもつ格子を形づくる。ばねは原子間力を表している。

図14-11 (a)円筒が引っ張り応力を受けてΔLだけ伸びている。(b)円筒が剪断応力を受けて，カードの束のように，Δxだけ変形している。(c)固体の球が均一な静水応力を受けてΔVだけ圧縮されている。これらの変形はどれも誇張して描かれている。

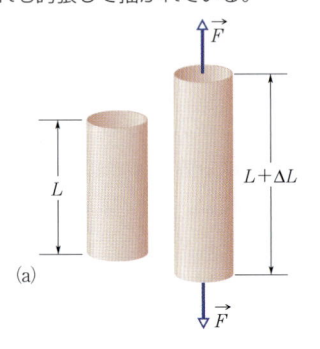

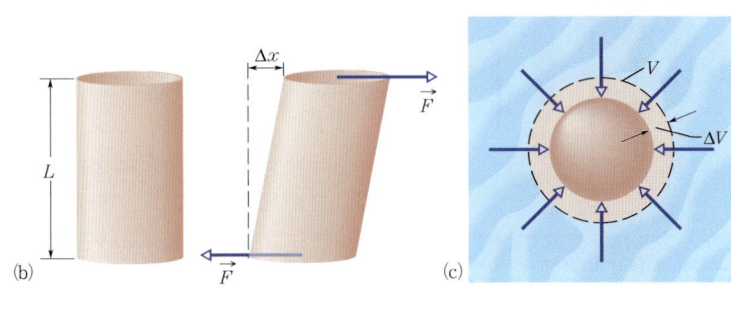

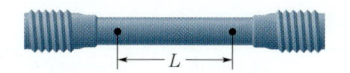

図14-12 図14-13のような応力−歪み曲線を決めるために使われる被検査物体。応力−歪み検査においては，長さLに対する変化ΔLが測定される。

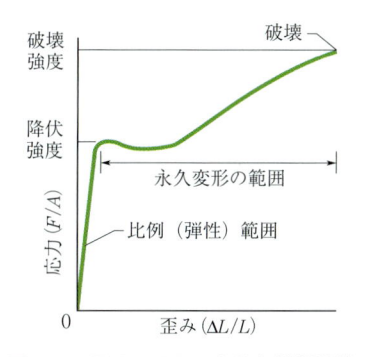

図14-13 図14-12のような鉄鋼被検査物体の応力−歪み曲線。応力が降伏強度に達すると被検査物体は永久変形する(元に戻らない)。応力が破壊強度に達すると破壊する。

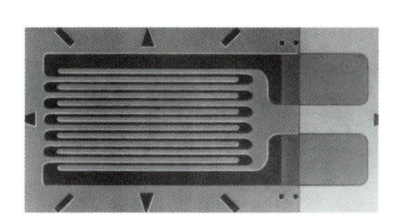

図14-14 横9.8mm，縦4.6mmの歪み計。歪み計は歪みを測りたい物体に接着剤で固定され，物体と同じ歪みを生じる。歪み計の電気抵抗が歪みとともに変化し，3％の歪みまで測ることができる。

う。この棒の下端に小型自動車を吊すと棒は伸びるが，その伸びはわずか0.5mm，すなわち0.05％にすぎない。自動車を取り除くと棒はもとの長さに戻る。

しかし，自動車を2台吊したら，棒は永久的に伸びて自動車を取り除いても元の長さには戻らない。自動車を3台吊せば，棒はちぎれてしまう。破壊直前の棒の伸びは0.2％以下である。この変形の大きさは小さく見えるけれども，工学では重要である。（荷重のかかった飛行機の翼が機体にしっかり付いているかどうかは明らかに重要である。）

図14-11は，固体に力が加えられたときの3通りの変形を示している。図14-11aでは，円筒は伸びている。図14-11bでは，円筒の中心軸に垂直な力が加えられて，円筒はカードの束や本のように変形している。図14-11cでは，高圧の液体の中に入れられた固体が全方向から一様に圧縮されている。3つの変形に共通していることは，**応力**(stress)，すなわち単位面積あたりの変形を生じさせる力が，**歪み**(strain)，すなわち単位量あたりの変形を生じるということである。図14-11において，(a)には（伸びに関した）引っ張り応力(tensile stress)，(b)には剪断応力(shearing stress)，(c)には静水応力(hydraulic stress)が示されている。

図14-11の3つの場合において，応力と歪みはそれぞれ違った形をしているが，工学的に有用な大きさの範囲内で，両者は互いに比例する。比例係数を**弾性係数**(modulus of elasticity)という：

$$応力 = 弾性係数 \times 歪み \tag{14-24}$$

引っ張り強度を調べる標準的な検査では，円筒状の検査体(図14-12)に加える引っ張り応力をゼロから円筒が壊れるまで徐々に増していき，歪みを注意深く測定し記録する。結果は，図14-13のような応力−歪み曲線となる。応力が小さい間は応力と歪みは比例関係にあり，応力が取り除かれると検査体は元の大きさに戻る。この範囲では式(14-24)を適用することができる。応力が検査体の**降伏強度**(yield strength)S_yを越えると，物体の変形は元に戻らない。さらに応力が増えると，物体は**破壊強度**(ultimate strength)S_uとよばれる点でついに破壊する。

引っ張りと圧縮

単純な引っ張りと圧縮の場合，物体に加わる応力はF/Aで定義される。Fは物体の面積Aに垂直に加わる力の大きさである。歪み，あるいは単位量あたりの変形は，物体の長さの変化の割合$\Delta L/L$である。これは無次元の量で，パーセントで表されることもある。長い棒に対して加えられた応力が降伏強度を超えないとき，一定の応力に対して棒は全体的にも部分的にも同じ歪みを生じる。歪みは無次元量なので，式(14-24)の弾性係数は応力と同じ次元――単位面積あたりの力――をもつ。

引っ張りと圧縮の応力に対する弾性係数は**ヤング率**(Young's modulus)とよばれ，記号Eで表される。式(14-24)は次のように書かれる：

$$\frac{F}{A} = E \frac{\Delta L}{L} \tag{14-25}$$

表 14-1　工学的に興味のあるいくつかの物質の弾性的性質

物質	密度 (kg/m³)	ヤング率 E (10^9N/m²)	破壊強度 S_u (10^6N/m²)	降伏強度 S_y (10^6N/m²)
鉄鋼[a]	7860	200	400	250
アルミニウム	2710	70	110	95
ガラス	2190	65	50[b]	—
コンクリート[c]	2320	30	40[b]	—
木[d]	525	13	50[b]	—
骨	1900	9[b]	170[b]	—
ポリスチレン	1050	3	48	—

[a]構造用鋼(ASTM-A36)．[b]圧縮の場合．[c]強化コンクリート．[d]米国産の松(Douglas fir)

歪み $\Delta L/L$ は**歪み計**(strain gauge，図14-14)を用いて簡単に測定することができる．この単純で便利な素子は，歪みに応じて電気的特性が変化するという原理に基づいており，接着剤を使って検査体に直に取り付けることができる．

　物体のヤング率は引っ張りと圧縮に対してほぼ等しいが，破壊強度はこれら2つタイプの応力に対して異なる．例えば，コンクリートは圧縮に対しては極めて強いが，引っ張りに対しては全く弱く，そのような目的には使うことができない．工学的に興味のあるいくつかの物質のヤング率と他の弾性に関する性質を表14-1に示した．

剪　断

剪断(ずれ)の場合も応力は単位面積あたりの力であるが，力ベクトルは面に垂直ではなく平行である．図14-11bの量を用いると，歪みは無次元の比 $\Delta x/L$ で表される．これに対応する弾性率は**剪断弾性係数**(shear modulus)とよばれ，記号 G で表される．式(14-24)は次のようになる：

$$\frac{F}{A} = G\frac{\Delta x}{L} \tag{14-26}$$

剪断応力は負荷のかかった回転シャフトの座屈や，曲げによる骨折の場合に重要な役割を果たす．

静水応力

図14-11cにおいて，応力は物体に加わる流体の圧力である．これは，第15章で見るように単位面積あたりの力である．V を物体の初めの体積，ΔV を体積変化量とするとき，歪みは $\Delta V/V$ である．これに対応する弾性係数は物質の**体積弾性係数**(bulk modulus)とよばれ，記号 B で表される．物体は静水圧によって圧縮されており，この圧力を**静水応力**という．この状態に対して式(14-24)は次のように書かれる：

$$p = B\frac{\Delta V}{V} \tag{14-27}$$

水の体積弾性係数は 2.2×10^9N/m²，鋼鉄の体積弾性係数は 16×10^{10}N/m² である．太平洋の海底深度の平均は4000mで，そこでの圧力は 4.0×10^7N/m² である．この圧力による体積の縮む割合 $\Delta V/V$ は，水の場

合1.8％で，鉄鋼ではわずか0.025％である．一般に，固体では原子が堅い格子を形づくっているため，隣り合う原子や分子が緩く結合している液体より圧縮しにくい．

例題 14-5

半径 R が 9.5 mm，長さ L が 81 cm の鋼鉄製の棒がある．62 kN の力 $\vec{F}$ がこの鉄棒を長さ方向に引っ張った．鉄棒に加わる応力，鉄棒の伸びと歪みを求めよ．

解法： **Key Idea 1**：問題の2番目の文の意味をよく考えてみよう．鉄棒はその一端を，留め金か万力でしっかり固定されていると仮定する．もう一方の端に加えられる力 $\vec{F}$ は，鉄棒の長さ方向に平行でかつ断面に垂直である．したがって，状況は図 14-11a と似ている．

Key Idea 2：力は鉄棒の断面，すなわち面積 $A = \pi R^2$ に一様に加えられると仮定する．したがって，応力は式 (14-25) の左辺で与えられる：

$$応力 = \frac{F}{A} = \frac{F}{\pi R^2} = \frac{6.2 \times 10^4 \text{N}}{(\pi)(9.5 \times 10^{-3} \text{m})^2}$$

$$= 2.2 \times 10^8 \text{N/m}^2 \qquad (答)$$

鋼鉄の降伏強度は $2.5 \times 10^8 \text{N/m}^2$ であるから，この鉄棒は降伏強度に近い危険な状態にある．

Key Idea 3：棒の伸びは，応力，元の長さ，材質に依存する．材質によって，表 14-1 の中のどのヤング率 E を用いるかが決まる．鋼鉄のヤング率を用いると，式 (14-25) より，伸びは次のようになる：

$$\Delta L = \frac{(F/A) L}{E} = \frac{(2.2 \times 10^8 \text{N/m}^2)(0.81 \text{m})}{2.0 \times 10^{11} \text{N/m}^2}$$

$$= 8.9 \times 10^{-4} \text{m} = 0.89 \text{mm} \qquad (答)$$

Key Idea 4：歪みは伸びの長さと元の長さの比である．したがって，

$$\frac{\Delta L}{L} = \frac{8.9 \times 10^{-4} \text{m}}{0.81 \text{m}}$$

$$= 1.1 \times 10^{-3} = 0.11 \% \qquad (答)$$

例題 14-6

長さ 1.00 m の3本の足と，それより $d = 0.50$ mm 長い4本目の足をもつテーブルがある．このテーブルは少々がたついている．質量 $M = 290$ kg の鉄管をテーブル（質量は M よりずっと小さい）の上に立てたら，4本の足が縮んでテーブルはもはやがたつかなくなった．テーブルの足は木製で断面積が $A = 1.0$ cm^2，木のヤング率は 1.3×10^{10} N/m^2 である．テーブルの面は水平に保たれ，足は曲がらなかったと仮定する．床から足に加わる力を求めよ．

解法：系としてテーブルと鉄管の全体を考える．テーブルの上に載っているものが鉄管であることを除けば，状況は図 14-9 と同様である．**Key Idea 1**：テーブルの面が水平に保たれるためには，足は次のように圧縮されなければならない：3本の短い足は同じ量 ΔL_3 だけ圧縮されるので，同じ大きさの力 F_3 が加えられている．4本目の長い足はより大きい量 ΔL_4 だけ圧縮されるので，より大きな力 F_4 が加えられる．すなわち，テーブルの面が水平に保たれるためには，次の関係が満たされなくてはならない：

$$\Delta L_4 = \Delta L_3 + d \qquad (14\text{-}28)$$

Key Idea 2：式 (14-25) を用いて，長さの変化量と変化をもたらした力とを関係づけることができる：すなわち，L を元の足の長さとすると $\Delta L = FL/AE$．式 (14-28) の ΔL_4 と ΔL_3 をこの式で置き換える．ここで，元の足の長さ L は4本のすべて等しいと近似できることに注意しよう．これより，

$$\frac{F_4 L}{AE} = \frac{F_3 L}{AE} + d \qquad (14\text{-}29)$$

この式は2つの未知数 F_3 と F_4 を含んでいるので解けない．F_3 と F_4 を含む第2の式を得るために，鉛直軸を y 軸として，鉛直方向の力のつり合いの式 ($F_{\text{net},y} = 0$) を書く：

$$3F_3 + F_4 - Mg = 0 \qquad (14\text{-}30)$$

Mg は系に加わる重力の大きさである（3本の足には F_3 が加わっている）．連立方程式 (14-29) と (14-30) を F_3 について解くために，まず式 (14-30) より $F_4 = Mg - 3F_3$ を得る．これを式 (14-29) に代入して少し計算すると，

$$F_3 = \frac{Mg}{4} - \frac{dAE}{4L} = \frac{(290 \text{kg})(9.8 \text{m/s}^2)}{4}$$

$$- \frac{(5.0 \times 10^{-4} \text{m})(10^{-4} \text{m}^2)(1.3 \times 10^{10} \text{N/m})}{(4)(1.00 \text{m})}$$

$$= 548 \text{N} \qquad (答)$$

次に式 (14-30) より，

$$F_4 = Mg - 3F_3 = (290 \text{kg})(9.87 \text{m/s}^2) - 3(548 \text{N})$$

$$\approx 1200 \text{N} \qquad (答)$$

テーブルが平衡状態になるとき，3本の短い足は 0.42 mm，4本目の長い足は 0.92 mm だけ縮むことがわかった．

16 第14章 平衡と弾性

✓ **CHECKPOINT 6:** 図は，長さの違う同じ材質のワイヤーAとBで水平に吊されたブロックを示している。ブロックの質量中心は針金AよりBに近い。(a) ブロックの質量中心のまわりのトルクを考える。ワイヤーAによるトルクはBによるトルクより大きいか，小さいか，それとも等しいか。(b) どちらのワイヤーがブロックにより大きな力を及ぼしているか。(c) ワイヤーが同じ長さになっていたとすると，元の長さはどちらのワイヤーが短いか。

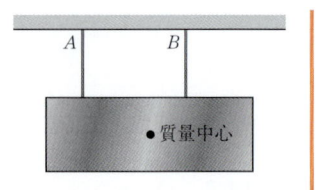

まとめ

静的平衡状態　静止している剛体は**静的平衡状態**にあるという。そのような物体に働く外力のベクトル和はゼロである：

$$\vec{F}_{\text{net}} = 0 \quad (\text{力のつり合い}) \quad (14\text{-}3)$$

すべての力が xy 面にあるならば，このベクトル方程式は2つの成分の方程式と同等である：

$F_{\text{net},x} = 0$　および　$F_{\text{net},y} = 0$　（力のつり合い）(14-7, 14-8)

静的平衡状態では，物体に働く任意の点のまわりのトルクのベクトル和がゼロである：

$$\vec{\tau}_{\text{net}} = 0 \quad (\text{トルクのつり合い}) \quad (14\text{-}5)$$

すべての力が xy 面にあるならば，トルクベクトルは z 軸に平行で，式 (14-5) はひとつの成分の方程式と同等である：

$$\tau_{\text{net},z} = 0 \quad (\text{トルクのつり合い}) \quad (14\text{-}9)$$

重心　重力は物体の構成要素の各々に働く。これらの正味の効果は，重力の総和 $\vec{F}_g$ が**重心**とよばれる特定の点に働くとみなすことによって知ることができる。重力加速度がすべての構成要素に対して等しければ，重心は質量中心に一致する。

弾性係数　物体が力を受けて変形するとき，その弾性的性質（変形）を記述するために**弾性係数**を用いる。**歪み**（変形の割合）は**応力**（単位面積あたりの力）に比例し，比例係数が弾性係数である：

応力＝弾性係数×歪み　(14-24)

引っ張りと圧縮　物体が引っ張りまたは圧縮を受けるとき，式 (14-24) は，

$$\frac{F}{A} = E \frac{\Delta L}{L} \quad (14\text{-}29)$$

$\Delta L/L$ は物体の引っ張りまたは圧縮による歪み，F は歪みを生じさせる外力 $\vec{F}$ の大きさ，A は $\vec{F}$ (A に垂直，図14-11a) が加えられている面の断面積，E は物体の**ヤング率**である。応力は F/A である。

剪断　物体が剪断応力を受けるとき，式 (14-24) は，

$$\frac{F}{A} = G \frac{\Delta x}{L} \quad (14\text{-}26)$$

$\Delta x/L$ は物体の剪断による歪み，Δx は物体の端面に加えられた力 $\vec{F}$ 方向の変位，(図14-11b)，G は物体の**剪断弾性係数**である。応力は F/A である。

静水応力　物体がまわりの流体からの静水応力によって圧縮されるとき，式 (14-24) は，

$$p = B \frac{\Delta V}{V} \quad (14\text{-}27)$$

p は流体によって物体におよぼされる圧力（静水応力），$\Delta V/V$（歪み）は圧力による物体の体積の変化の割合，B は体積弾性係数である。

問　題

1. 図14-15は，一様な棒に4つの力が働いているところを上から見たものである。点Oを通るような回転軸を選んだとき，この軸のまわりのトルクを計算し，4つの力によるトルクがつり合っているかどうかを示せ。回転軸を，(a) 点A，(b) 点B，(c) 点Cを通るように選んだときトルクはつり合うか。(d) 点Oのまわりのトルクがつり合っていないとすると，他のどの点のまわりのトルクがつり合っているか。

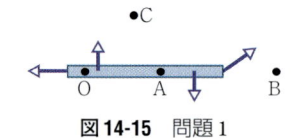

図14-15 問題1

2. 図14-16では，剛体の梁が床に固定された2つの支柱に取り付けられている。小さいけれども

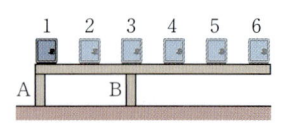

図14-16 問題2

重たい金庫を，図に示された6つの位置に順番に置いていく．梁の質量は金庫に比べて無視できるとする．6つの位置を(a)金庫が支柱Aにおよぼす力の大きさの順（圧縮が最も大きいものを最初に，引っ張りが最も大きいものを最後に）に並べよ．(b)Bにおよぼす力の大きさの順に並べよ．

3. 図14-17は，摩擦のない床を回転しながら滑っている一様な円盤を示している．大きさF，$2F$，$3F$の3つの力が，円周上，中心，円周と中心の中点に加わっている．力のベクトルは円盤とともに回転するが，図14-17の"スナップショット"では力はたまたま右または左を向いている．どの円盤が平衡状態にあるか．

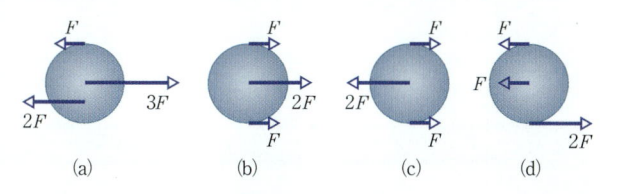

図14-17 問題3

4. 図14-18は，3つの力が働いている2つの構造物と力の向きを示している．力の大きさを適当に（ゼロでなく）決めたとき，どの構造物が静的平衡状態になるか．

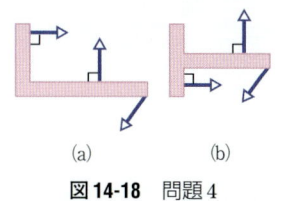

図14-18 問題4

5. 図14-19は，天井から吊り下げられたおもちゃのペンギンのモビールを示している．横木はどれも水平で，質量は無視でき，ひもで左から4分の1の位置で吊られている．ペンギン1の質量は$m_1 = 48\text{kg}$である．他のペンギンの質量はいくらか．

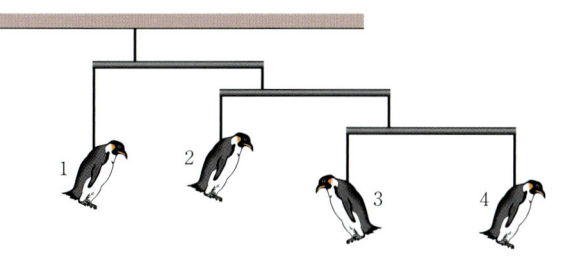

図14-19 問題5

6. 梯子が摩擦のない壁に立てかけられ，床との摩擦で滑り落ちないようになっている．梯子の下端を壁の方へずらしたとき，次の量の大きさは，大きくなるか，小さくなるか，それとも変わらないか．(a)梯子が床から受ける垂直抗力，(b)梯子が壁から受ける力，(c)梯子が床から受ける静止摩擦力，(d)最大静止摩擦力$f_{s,\text{max}}$．

7. 3つのピニャータ（訳注：キャンデーやおもちゃを入れる容器）が質量のない滑車とひもで天井から吊されて静止している（図14-20）．1本の長いひもが右上の天井から左下の滑車までつながっている．何本かの短いひもが滑車を天井から，またピニャータを滑車から吊している．2つのピニャータの重さが（ニュートン単位で）与えられている．(a) 3番目のピニャータの重さはいくらか．（ヒント：ひもが滑車を半周すると，滑車はひもの張力の2倍の力で引っ張られる．）(b) Tで示されたひもの張力を求めよ．

図14-20 問題7

8. (a) Checkpoint 4で，τ_rをTで表すとき，$\sin\theta$と$\cos\theta$のどちらを使うか．(b)棒を水平に保ちつつ，ロープを短くして角θを減らすと，つり合いを保つためのトルクは，増えるか，減るか，それとも変わらないか．(c)このとき力の大きさTは増えるか，減るか，それとも変わらないか．

9. 表は，3つの面の面積と，その面に垂直に一様に加わっている力の大きさが示されている．面に加わる応力の大きさの順に並べよ．

	面積	力
面A	$0.5A_0$	$2F_0$
面B	$2A_0$	$4F_0$
面C	$3A_0$	$6F_0$

10. 4つの円筒形の棒が，図14-11aのように伸びている．力の大きさ，断面積，長さの変化，元の長さが与えられている．棒をヤング率が大きい順に並べよ．

棒	力	断面積	長さの変化	元の長さ
1	F	A	ΔL	L
2	$2F$	$2A$	$2\Delta L$	L
3	F	$2A$	$2\Delta L$	$2L$
4	$2F$	A	ΔL	$2L$

15　流　体

水中のダイバーの体に加わる水圧は，たとえプールの底ほどの比較的浅い場合でも，潜るにつれて急速に増加する。しかし，1975年，William Rhodesは潜水用具と呼吸用の特別な混合ガスを用いて，メキシコ湾の水深300mに沈められた箱から海中に出て，さらに350mの深さまで潜って新記録を達成した。不思議なことに，プールで練習している初心者のスキューバ・ダイバーの方が，水から加わる力によって，Rhodesより大きな危険にさらされる可能性がある。この危険を無視した初心者のダイバーが命を落とすこともある。

この命にかかわる危険とはどのようなものだろうか。

答えは本章で明らかになる。

15-1　流体と私たちをとりまく世界

*流体—液体と気体—*は，私たちの日常生活において中心的役割を演じている。われわれは流体を呼吸し，流体を飲んでいる。人間の循環器系の中には，生命にとって欠くことのできない流体が循環している。海も大気も流体である。

　流体は自動車の至る所にある：タイヤ，ガソリンタンク，ラジエター，エンジンの燃焼室，排気ガス管，バッテリー，エアコン，フロントガラスのワイパー液容器，潤滑油系，そして油圧系。(油圧式に相当する英語のhydraulicは，流体によって動作するという意味である。) 今度，ブルドーザーのような重機を見ることがあったら，その機械を動かすのにいくつの油圧シリンダーが使われているか数えてみるとよい。大型ジェット機にも数多くの油圧シリンダーが使われている。

風車は動いている流体の運動エネルギーを利用し，水力発電所では流体の位置エネルギーを利用する．長い時間をかけて流体は風景を形づくる．時として私たちは，流体が動く様子を見るためだけに，はるか遠くまで旅をすることがある．本章では，物理学が流体について何を教えてくれるかを見ることにしよう．

15-2 流体とは何か

流体 (fluid) とは，固体と対照的に，流れることのできる物質である．液体は，表面に働く接線方向の力を支えることができないため，どのような容器に入れてもその形に従う．(14-6 節で学んだ表現を使えば，流体とは剪断応力に耐えられないために流れる物質である．しかし，流体は表面に垂直方向の力を及ぼすことはできる．) 樹脂等のある種の物質は，長い時間を要するが，最後には容器の壁に従って形を変える；このような物質も流体とみなされる．

なぜ，液体と気体をひとまとめにして流体と呼ぶのか，水と氷が違うように液体の水と水蒸気は違うのではないか，と不思議に思うかもしれない．実はそうではない．氷は，結晶構造をもつ他の固体と同じように，物質を構成する原子が，結晶格子と呼ばれる堅固な 3 次元的配列に秩序だって並んでいる．しかし，水蒸気にも液体の水にも，このような長距離にわたる秩序だった配置はない．

15-3 密度と圧力

剛体について議論するときは，木のブロックとか，野球のボールとか，金属の棒とか，特定の物質のかたまりについて考える．役に立つ物理量は質量と力であり，それによってニュートンの法則が表される．例えば，3.6 kg のブロックに 25 N の力が作用する，などという．

流体については，広がりをもった物質と，その物質中の場所ごとに変化する性質を考える必要がある．質量と力ではなく，**密度** (density) と **圧力** (pressure) を使う方が有効である．

密　　度

任意の点における流体の密度 ρ を求めるためには，その点の周りの微小体積要素 ΔV に着目し，そこに含まれる流体の質量 Δm を測ればよい．密度は次式で与えられる：

$$\rho = \frac{\Delta m}{\Delta V} \qquad (15\text{-}1)$$

理論的には，流体中の任意の点における密度は，その点での体積要素 ΔV をどんどん小さくしていったときの，質量と体積の比の極限である．実際には，流体のサンプルは原子の大きさに比べて大きく，"つぶつぶ状態" ではなく "滑らか" (一様な密度) であると仮定する．この仮定により，m と V をサンプルの質量と体積とすると，式 (15-1) は次のように書くことが

表15-1 いろいろな密度

物質または天体	密度(kg/m³)
星間空間	10^{-20}
実験室で到達可能な真空	10^{-17}
空気： 20℃　1 atm	1.21
20℃　50 atm	60.5
発泡スチロール	1×10^2
氷	0.917×10^3
水： 20℃　1 atm	0.998×10^3
20℃　50 atm	1.000×10^3
海水： 20℃　1 atm	1.024×10^3
血液	1.060×10^3
鉄	7.9×10^3
水銀(金属)	13.6×10^3
地球： 平均	5.5×10^3
中心核	9.5×10^3
地殻	2.8×10^3
太陽： 平均	1.4×10^3
中心核	1.6×10^5
白色矮星(中心核)	10^{10}
ウラン原子核	3×10^{17}
中性子星(中心核)	10^{18}
ブラックホール(1太陽質量)	10^{19}

できる：

$$\rho = \frac{m}{V} \quad \text{(一様な密度)} \tag{15-2}$$

密度はスカラー量であり，SI単位系での単位はkg/m³である．いくつかの物質の密度と物体の平均密度を表15-1に示す．気体の密度は圧力によって大きく変化するのに対して(表中の空気を見よ)，液体の密度は変化しない(水を見よ)；気体が容易に圧縮されるのに対して，液体はほとんど圧縮されない．

圧　　力

図15-1aでは，流体を満たした容器の中に圧力センサーが吊るされている．このセンサー(図15-1b)は，シリンダーに密着した断面積ΔAのピストンがばねに支えられた構造をしている．この装置は，(較正された)ばねが周囲の流体によって押し縮められる量を記録し，ピストンに垂直に働く力の大きさΔFがわかるようになっている．流体がピストンに及ぼす**圧力**を次のように定義する：

$$p = \frac{\Delta F}{\Delta A} \tag{15-3}$$

理論的には，流体の任意の点における圧力は，この点を中心としたピストンの断面積ΔAをどんどん小さくしていったときの，力と断面積の比の極限である．しかし，力がある平面で一様ならば，面積Aに垂直に働く力の大きさをFとすると，式(15-3)を次のように書くことができる：

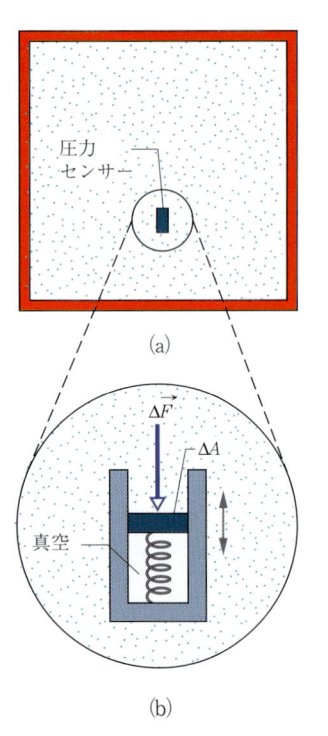

図15-1 (a)流体で満たされた容器の中に，(b)に示したような圧力センサーが置かれている．圧力はセンサー内のピストンの相対位置で測定される．

表 15-2 いろいろな圧力

	圧力(Pa)
太陽の中心	2×10^{16}
地球の中心	4×10^{11}
実験室で作られる最高の圧力	1.5×10^{10}
最も深い海溝底	1.1×10^8
先の尖ったハイヒールのかかと	1×10^6
自動車のタイヤ[a]	2×10^5
海面での大気圧	1.0×10^5
正常な血圧[a,b]	1.6×10^4
実験室で到達可能な真空	10^{-12}

[a] 大気圧との差。
[b] 心臓収縮時の圧力で，医者の圧力計における120トルに相当する。

$$p = \frac{F}{A} \quad \text{(平面に働く一様な力による圧力)} \quad (15\text{-}4)$$

(ある平面で力が一様であるとは，その面内のどの点に対しても同じ力が働いていることを意味する。)

静止した流体中の任意の点において，センサーをどのような向きに置いても，式(15-3)で定義された圧力 p は同じ値になることが実験で確かめられる。圧力は向きに依存しないスカラー量である。センサーのピストンに働く力は確かにベクトル量であるが，式(15-3)は，スカラー量である力の大きさのみに関係している。

圧力のSI単位(N/m^2)には，**パスカル**(Pa)という特別な名前が付けられている。メートル法を用いる国では，タイヤの圧力計はキロパスカル単位で較正されている。パスカルは，よく用いられる他の(非SI)単位と次のような関係にある：

$$1\,\text{atm}(\text{気圧}) = 1.01 \times 10^5\,\text{Pa} = 760\,\text{torr} = 14.7\,\text{lb/in.}^2$$

気圧(atmosphere；atm)は，その名が示すように，海面の高さでの大気の圧力のおよその平均値である。トル(torr)(1674年に水銀気圧計を発明したEvangelista Torricelliに因む)は，以前は水銀柱ミリメートル(mm Hg)と呼ばれた。ポンド毎平方インチ(pound per square inch；lb/in.^{2})は，しばしばpsiと略記される。表15-2は，いくつかの圧力の値を示す。

例題 15-1

居間の広さが，縦3.5m，横4.2m，高さ2.4mであるとしよう。

(a) 空気の圧力が1.0atmであるとき，この部屋の空気の重さはいくらか。

解法： **Key Idea**：(1) 空気の質量を m とすると，空気の重さは mg である。(2) 質量 m は，式(15-2)($\rho = m/V$)により，空気の密度 ρ と体積 V に関係づけられる。これらと1.0気圧での空気の密度(表15-1)から，

$$\begin{aligned}mg &= (\rho V)g \\ &= (1.21\,\text{kg/m}^3)(3.5\,\text{m} \times 4.2\,\text{m} \times 2.4\,\text{m})(9.8\,\text{m/s}^2) \\ &= 418\,\text{N} \approx 420\,\text{N} \quad \text{(答)}\end{aligned}$$

これは，缶入りペプシコーラ110本分の重さに相当する。

(b) この部屋の床に働いている大気による力の大きさはいくらか。

解法： **Key Idea**：大気は，大きさ F の力で床全体を一様に押す。この力によって生じる圧力は，式(15-4)($p = F/A$)により，力 F と床の面積 A に関係づけられる：

$$\begin{aligned}F &= pA \\ &= (1.0\,\text{atm})\left(\frac{1.01 \times 10^5\,\text{N/m}^2}{1.0\,\text{atm}}\right)(3.5\,\text{m})(4.2\,\text{m}) \\ &= 1.5 \times 10^6\,\text{N} \quad \text{(答)}\end{aligned}$$

この巨大な力は，床の上はるか大気最上部まで続く空気柱の重さに等しい。

15-4 静止した流体

図15-2aは，水—あるいは他の液体—の入ったタンクを示したもので，その上面は大気中に開かれている。ダイバーなら誰でも知っているように，水と空気の境界面からの深さが増すにつれて圧力は*増加*する。ダイバーが使う深度計は，図15-1bに示したような圧力センサーである。登山家であれば誰でも知っているように，大気の中を登ってゆくと，高度とともに

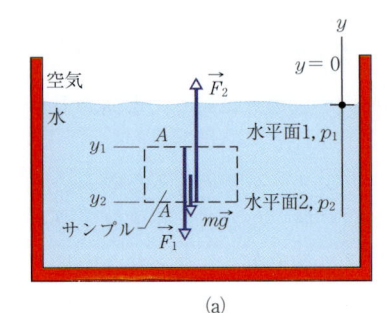

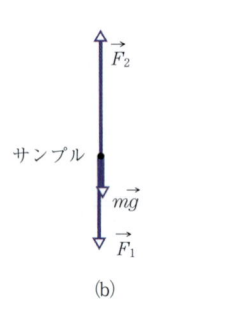

図 15-2 (a)水の入ったタンクの中に，底面積 A の仮想的な円柱状の水のサンプルを考える。力 $\vec{F_2}$ が円柱の上面に働き；力 $\vec{F_1}$ が底面に働き；重力 $m\vec{g}$ が円柱内の水に働く。(b)この水のサンプルに関する力の作用図。

に圧力は減少する。ダイバーや登山家が経験する圧力は，静止した（流れていない）流体によるものであることから，**静水圧**(hydrostatic pressure)とよばれる。本節では，静水圧の表式を，深さまたは高度の関数として求める。

まず，水面下で深さとともに増加する圧力について考えてみよう。タンクの中で鉛直方向に y 軸をとり，原点を空気と水の境界とし，上向きを正の向きにとる。次に，仮想的な円柱に含まれる水のサンプルを考える。この円柱の，底面（あるいは上面）は水平で面積を A，上面と下面の位置を y_1，y_2（水面から測るのでどちらも負の値）とする。

図15-2bは，円柱内の水に対する力の作用図である。水は静的平衡状態にある；静止していて力はつり合っている。鉛直方向には3つの力が働いている：円柱の上面に働く力 ($\vec{F_2}$) は，円柱の上にある水によるものである。同様に円柱の下面に働く力 ($\vec{F_1}$) は，円柱の下にある水によるものである。円柱内の水に働く重力は，円柱内の水の質量を m とすると，$m\vec{g}$ で表される。3つの力のつり合いは次のように表される：

$$F_2 = F_1 + mg \tag{15-5}$$

式(15-5)を，圧力を含む式に書き換えたい。式(15-4)より，

$$F_1 = p_1 A \quad および \quad F_2 = p_2 A \tag{15-6}$$

式(15-2)から，円柱内の水の質量 m は $m = \rho V$，円柱の体積 V は，底面積 A と高さ $y_1 - y_2$ の積である。したがって，m は $\rho A(y_1 - y_2)$ に等しい。この関係と式(15-6)を式(15-5)に代入すると，

$$p_2 A = p_1 A + \rho A g(y_1 - y_2)$$

または，

$$p_2 = p_1 + \rho g(y_1 - y_2) \tag{15-7}$$

この式は，液体中の圧力（深さの関数として）あるいは大気中の圧力（標高または高さの関数として）を計算するのに使える。液面下の深さ h での圧力 p を求める場合，水平面1を液面にとり，水平面2をその下の距離 h の位置にとる（図15-13）。液面での大気圧を p_0 で表すと，

$$y_1 = 0, \; p_1 = p_0 \quad および \quad y_2 = -h, \; p_2 = p$$

これを式(15-7)に代入すると，

$$p = p_0 + \rho g h \quad (深さ h での圧力) \tag{15-8}$$

液体中のある深さでの圧力は，水平方向の広がりには依存せず，その深さのみで決まることに注意して欲しい。

▶ 静的平衡状態にある液体中の任意の点での圧力は，その点の深さだけで決まり，液体や容器の水平方向の大きさにはよらない。

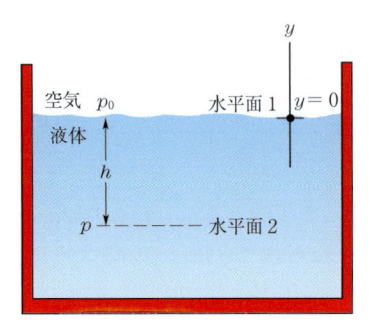

図 15-3 圧力 p は，式(15-8)に従って，液面からの深さ h とともに増加する。

したがって，式(15-8)は容器の形に関係なく成り立つ。もし容器の底面

が深さ h にあったとすると，式 (15-8) を使って，底面での圧力 p が求められる。

式 (15-8) の p は，水平面 2 での**全圧** (total pressure) または**絶対圧** (absolute pressure) とよばれる。なぜだろう。図 15-3 の水平面 2 での圧力 p が 2 つの成分からなることに注意しよう：(1) 大気による圧力 p_0，これは液体に下向きの力を加えている，(2) 水平面 2 より上にある液体による圧力 $\rho g h$，これは水平面 2 に下向きの力を加えている。一般に，絶対圧と大気圧との差は**ゲージ圧** (gauge pressure) と呼ばれる（計器 (gauge) がこの圧力差を測っていることに由来する）。図 15-3 におけるゲージ圧は $\rho g h$ である。

式 (15-7) は，液面より上でも成り立つ：水平面 1 より高い位置での大気圧を，水平面 1 での大気圧 p_1 を用いて表すことができる（ただし大気の密度は今考えている高さまで一様であるとする）。たとえば，図 15-3 の水平面 1 から距離 d だけ高い位置での大気圧を求めるには，次のように置き換えればよい：

$$y_1 = 0, \ p_1 = p_0 \quad \text{および} \quad y_2 = d, \ p_2 = p$$

$\rho = \rho_{\text{air}}$ とおいて次の結果を得る：

$$p = p_0 - \rho_{\text{air}} g d$$

✓ **CHECKPOINT 1:** 図は，オリーブ油の入った 4 つの容器を示す。深さ h での圧力が高い順に答えよ。

例題 15-2

ダイビングの初心者がプールで練習をしている。深さ L の場所でボンベからたっぷりと空気を吸い込んだ後，ボンベを捨てて水面まで上昇する。彼は指導されたことを忘れて，浮上する間に息をはき出さなかった。彼が水面に達した時，彼に加わる外圧と肺の中の圧力との差は 9.3 kPa であった。彼が浮上を始めた水深はいくらか。彼はどのような致命的危険にさらされるか。

解法：　**Key Idea**：ダイバーが深さ L で空気を肺一杯に吸い込んだとき，彼に加わる外圧は（そして肺の中の空気圧も）通常より大きい。大気圧を p_0，水の密度を ρ（表 15-1 から 998 kg/m³）とすると，式 (15-8) により，

$$p = p_0 + \rho g L$$

ダイバーが上昇するにつれて外圧は次第に減少し，水面では大気圧 p_0 となる。彼の血圧もまた減少し，やがて正常値になる。しかし，彼が息を吐き出さなかったために，肺の中の空気圧は深さ L にいたときの値のままである。水面では，彼の肺の中の高い圧力と，胸に加わる低い圧力の差は，

$$\Delta p = p - p_0 = \rho g L$$

これより，

$$L = \frac{\Delta p}{\rho g} = \frac{9300 \, \text{Pa}}{(998 \, \text{kg/m}^3)(9.8 \, \text{m/s}^2)} = 0.95 \, \text{m} \quad (\text{答})$$

この水深は決して深くはない！しかし，9.3 kPa（1 気圧の 9 %）という圧力差は，ダイバーの肺を破裂させ，減圧した血液中に空気を混入させるのに十分な値である。血液によって空気が心臓に運ばれるとダイバーは死に至る。ダイバーが指導された通りに，徐々に空気をはき出しながら浮上すれば，肺の中の圧力は外圧と等しく保たれるので危険はない。

例題 15-3

図 15-4 に示した U 字管の中に，静的平衡状態にある 2 種類の液体が入っている：右側の部分には密度 ρ_w ($= 998\,\mathrm{kg/m^3}$) の水が，左側の部分には密度 ρ_x (値は不明) の油が入っている．測定の結果，$l = 135\,\mathrm{mm}$，$d = 12.3\,\mathrm{mm}$ であった．この油の密度はいくらか．

解法： **Key Idea 1**：管の左側の部分にある油と水の境界面 (interface) での圧力 p_{int} は，その上にある油の密度 ρ_x と高さによって決まる． **Key Idea 2**：管の右側で油と水の境界面と同じ高さにある水の圧力もまた p_{int} である．理由：水が静的平衡状態にあるので，水中の同じ高さにある点での圧力は，たとえ水平方向に離れていても等しい．

管の右側では，境界面は水面から深さ l にあるので，式 (15-8) より，

$$p_{\mathrm{int}} = p_0 + \rho_w g l \quad \text{(管の右側)}$$

管の左側では，境界面は油の表面から深さ $l+d$ にあるので，再び式 (15-8) より，

$$p_{\mathrm{int}} = p_0 + \rho_x g (l+d) \quad \text{(管の左側)}$$

これら 2 式を等しいとおいて，未知数である密度について解くと，

$$\rho_x = \rho_w \frac{l}{l+d} = (998\,\mathrm{kg/m^3}) \frac{135\,\mathrm{mm}}{135\,\mathrm{mm} + 12.3\,\mathrm{mm}}$$

$$= 915\,\mathrm{kg/m^3} \quad \text{(答)}$$

答が大気圧 p_0 や自由落下の加速度 g には関係しないことに注意しよう．

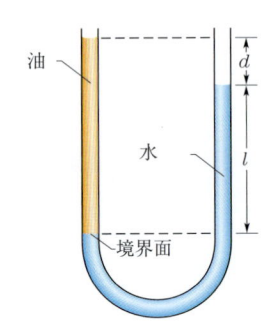

図 15-4 例題 15-3．油の密度は水よりも小さいため，管の左の部分の油は右の水よりも高い位置にある．いずれの流体柱も，水と油の境界面の高さでは同じ圧力 p_{int} になる．

15-5　圧力の測定

水銀気圧計

水銀気圧計 (mercury barometer) は大気圧を測るのに使われる基本的な装置である (図 15-5a)．水銀で満たされた長いガラス管の開いた端部を，水銀の入った皿の中に入れて倒立させる．水銀柱の上の空間に入っているのは水銀の蒸気だけで，その圧力は常温では無視できるほど非常に小さい．

式 (15-7) を用いて，水銀柱の高さ h から大気圧 p_0 を求めることができる．図 15-2 の水平面 1 を空気と水銀の境界面にとり，水平面 2 を水銀柱の上面とする (図 15-5a)．このとき，

$$y_1 = 0,\ p_1 = p_0 \quad \text{および} \quad y_2 = h,\ p_2 = 0$$

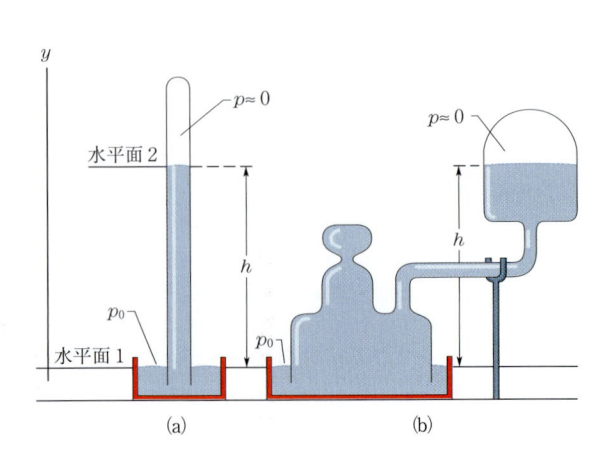

図 15-5　(a) 水銀気圧計．(b) 別の水銀気圧計．どちらの場合も距離 h は等しい．

これらを式(15-7)に代入すると，

$$p_0 = \rho g h \qquad (15\text{-}9)$$

ρ は水銀の密度である。

　圧力が与えられたとき，水銀柱の高さhは鉛直に立てた管の断面積にはよらない。図15-5bに示したような変わった形をした水銀気圧計も，図15-5aのものと同じ値を示す：意味をもつのは2つの水銀面の間の距離hだけである。

　式(15-9)は，圧力が与えられたときの水銀柱の高さが，気圧計が置かれた場所でのgの値と，気温によって変化する水銀の密度によって決まることを示している。水銀柱の高さ(mm単位)が圧力の値(torr単位)に等しくなるのは，気圧計の設置場所でのgの値が標準値$9.80665\,\mathrm{m/s^2}$であり，水銀の温度が0℃である場合に限る。もしこれらの条件が満たされない場合には(条件が満たされる場合はむしろまれであるが)，水銀柱の高さを圧力に換算するためには，若干の補正が必要である。

開管圧力計

開管圧力計(open-tube manometer)は，気体のゲージ圧p_gを測定するものである(図15-6)。液体の入ったU字管の一方の端部はゲージ圧を測りたい容器につながり，もう一方の端部は大気に開放されている。式(15-7)を使って，図15-6に示した高さhからゲージ圧を求めることができる。水平面1と2を図15-6に示したようにとると，

$$y_1 = 0, \ p_1 = p_0 \quad \text{および} \quad y_2 = -h, \ p_2 = p$$

これらを式(15-7)に代入すると，

$$p_g = p - p_0 = \rho g h \qquad (15\text{-}10)$$

ρ は管内の液体の密度である。ゲージ圧p_gはhと比例関係にある。

　ゲージ圧は，$p > p_0$か，$p < p_0$かによって，正または負の値をとり得る。膨らませたタイヤや人間の循環系では，(絶対)圧力は大気圧より大きいので，ゲージ圧は正の値になる。このような状態を**過圧状態**(overpressure)と呼ぶことがある。ストローで液体を吸い上げようとするときは，肺の中の(絶対)圧力は大気圧より低くなる。このとき，あなたの肺のゲージ圧は負の値になる。

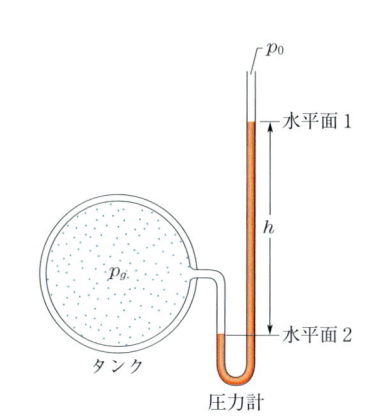

図15-6 左側のタンクに入った気体のゲージ圧を測るために接続された開管圧力計。U字管の右の部分は大気中に開かれている。

15-6　パスカルの原理

ねり歯磨きをチューブから絞り出すとき，あなたは**パスカルの原理**(Pascal's principle)の働きを見ている。またHeimlich法(腹部に急激な圧力を加えて喉につまった食物を排出する方法)も，この原理に基づいている。パスカルの原理は1652年にBlaise Pascalによってはじめて明確な形で述べられた(圧力の単位は彼の名前に因んでつけられた)。

図 15-7 ピストンに載った鉛の散弾（小さな鉛玉）が，容器の中の（非圧縮性の）液体の上面に圧力 p_{ext} を生じる。散弾を追加して p_{ext} が増えると，液体中のすべての点で同じだけ圧力が増える。

パスカルの原理の証明

容器に閉じ込められた非圧縮性流体 (incompressible fluid) に加えられた圧力変化は，減少することなく，液体のあらゆる部分とその容器の壁面に伝達される。

長い円筒容器に入れられた非圧縮性流体を考える（図15-7）。円筒に取り付けられたピストンの上には鉛の散弾が入った容器が載っている。大気と容器と散弾が，圧力 p_{ext} をピストンに，そして液体に加える。このとき，液体中の任意の点 P における圧力 p は，

$$p = p_{\text{ext}} + \rho g h \tag{15-11}$$

圧力 p_{ext} を Δp_{ext} だけ増すように，容器に散弾を少し追加することにしよう。式 (15-11) の ρ，g，h の量に変化はないので，点 P における圧力変化は，

$$\Delta p = \Delta p_{\text{ext}} \tag{15-12}$$

この圧力変化は h にはよらないので，パスカルの原理に述べられるように，この液体内のすべての点で成り立つ。

パスカルの原理と油圧式てこ

図15-8は，パスカルの原理を用いた油圧式てこのしくみを示している。面積 A_i の左側（入力側）のピストンに大きさ F_i の力を下向きに加えると，装置内の非圧縮性液体が，面積 A_o の右側（出力側）のピストンに上向きの力 F_o を及ぼす。系を平衡に保つためには，外部負荷（図示されていない）から出力側のピストンに下向きの力 F_o が働かなくてはならない。左側にかかる力 $\vec{F}_i$ と，負荷からの下向きの力 $\vec{F}_o$ が，液体の圧力を変化させる。変化量 Δp は，

$$\Delta p = \frac{F_i}{A_i} = \frac{F_o}{A_o}$$

これより，

$$F_o = F_i \frac{A_o}{A_i} \tag{15-13}$$

図15-8のように $A_o > A_i$ ならば，式 (15-13) は，負荷に働く出力 F_o が入力 F_i よりも大きくなることを示している。

入力側のピストンを距離 d_i だけ押し下げると，ピストンの両側で非圧縮性流体の移動体積 V が同じになるように，出力側のピストンは距離 d_o だけ上昇する。すなわち，

$$V = A_i d_i = A_o d_o$$

これを書き換えて，

$$d_o = d_i \frac{A_i}{A_o} \tag{15-14}$$

この式は，図15-8のように $A_o > A_i$ ならば，出力側ピストンの移動量は入

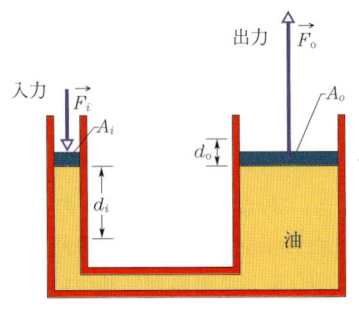

図 15-8 流体を用いて力 F_i の大きさを増幅する装置。しかし，仕事は増幅されない：入力と出力の力に対して仕事は等しい。

図 15-9 水の入った薄いプラスチックの袋が，プールの中で静的平衡状態にある。袋に働く重力は，周囲の水から袋に働く上向きの合力とつり合っているに違いない。

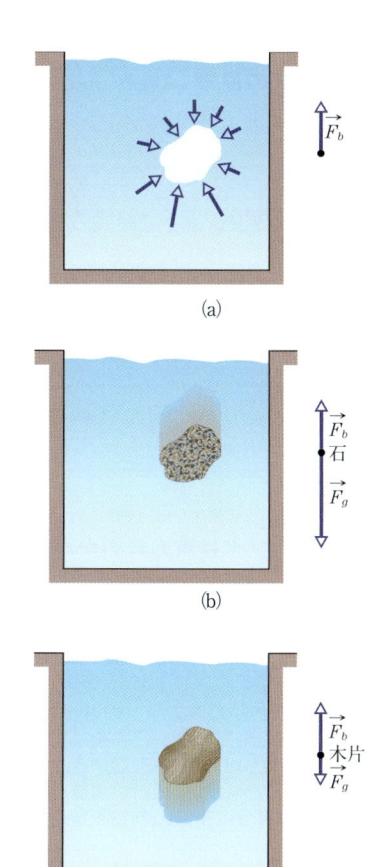

図 15-10 （a）空洞のまわりの水は，この空洞を埋めるどのようなものに対しても，上向きの合力（浮力）を生じる。（b）空洞と同じ体積の石に対しては，重力の大きさが浮力の大きさを上回る。（c）同じ体積の木片に対しては，重力の大きさは浮力の大きさより小さい。

力側ピストンの移動量よりも小さいことを示している。

式(15-13)と(15-14)より，このときになされる仕事は次のように表される：

$$W = F_o d_o = \left(F_i \frac{A_o}{A_i}\right)\left(d_i \frac{A_i}{A_o}\right) = F_i d_i \qquad (15\text{-}15)$$

したがって，外力によって入力側のピストンになされた仕事Wと，出力側のピストンがその上に置かれた負荷を持ち上げるときにする仕事Wに等しい。

油圧式てこの利点は：

▶ 油圧式てこを用いると，ある距離にわたって作用させた力を，より短い距離にわたって作用する，より大きな力に変換することができる。

力と距離の積は一定で，なされる仕事は等しい。しかし，大きな力を出せることはしばしば非常に役に立つ。ほとんどの人は自動車を直接持ち上げることはできないが，油圧ジャッキを使えば持ち上げることができる。ただし，ハンドルを自動車の上昇距離よりたくさん動かさなければならない。変位d_iは1回の動作ではなく，小さな動作の反復で達成させる。

15-7　アルキメデスの原理

水の詰まった非常に薄いプラスチックの袋（質量は無視できる）を，プールの中で学生が手で動かしている（図15-9）。袋と袋の中の水は静的平衡状態にあり，浮き上がろうとも沈もうともしない。袋の中の水に対する下向きの重力$\vec{F}_g$は，その周りの水からの上向きの合力とつり合っているに違いない。

この上向きの合力が**浮力**(buoyant force)$\vec{F}_b$である。この力は，周囲の水の圧力が水面から深くなるにつれて増加することによって生じる。つまり，袋の下部の圧力は上部の圧力より大きく，この圧力によって袋の下部に働く力は，上部に働く力より大きい。働いている力の一部を図15-10aに示した。袋が占めている空間は空白になっている。この空間の底部に描かれた力のベクトル（上向きの成分をもつ）が，袋の頂上に描かれたもの（下向きの成分をもつ）より長いことに注意してほしい。水から袋に働くこれらの力のベクトルの和をとると，水平成分は打ち消し合い，鉛直成分の和は，袋に上向きに働く浮力$\vec{F}_b$なる（図15-10aではプールの右側に力$\vec{F}_b$を示した）。

袋の水は静的平衡状態にあるので，$\vec{F}_b$の大きさは袋の水に働く重力，$\vec{F}_g$の大きさ$m_f g$に等しい：$F_b = m_f g$。（添字fは流体(fluid)の意味で，ここでは水である。）言葉で表せば，浮力の大きさは袋の中の水の重さに等しい。

図15-10bでは，袋の水を，図15-10aの空洞の部分をちょうど埋めるような石で置き換えた。水で占められていた空間を水の代わりに占めるという意味で，石が水を*押し*のけると言ってもよい。空洞の形は全く変わ

っていないので，空洞の表面に働く力は，水の入った袋がそこにあった場合と同じである．したがって，水の入った袋に働いていたのと同じ上向きの浮力が，今度はこの石に働く：浮力の大きさ F_b は，石によって押しのけられた水の重さ $m_f g$ に等しい．

水の入った袋の場合と違って，この石は静的平衡状態にはない．力の作用図(図15-10bのプールの右)に示したように，石に働く下向きの重力 $\vec{F}_g$ は，上向きの浮力の大きさより大きい．石は下向きに加速されプールの底へ沈んでいく．

次に，図15-10cに示したように，図15-10aの空洞を軽い木のブロックで埋めてみよう．この場合も空洞の表面に働く力には何の変化もなく，浮力の大きさ F_b は押しのけられた水の重さ $m_f g$ に等しい．石の場合と同様に，この木のブロックは静的平衡状態にはない．しかし，今度は(プールの右側に示したように)重力 $\vec{F}_g$ の大きさが浮力より小さく，ブロックは上向きに加速され，水面まで浮上する．

水の入った袋と石と木のブロックについて考察した結果は，あらゆる流体についてあてはまるもので，**アルキメデスの原理**(Archimedes' principle)としてまとめられる：

▶ 物体が，完全にあるいは部分的に流体の中に浸っているとき，その物体には周囲の流体から浮力 $\vec{F}_b$ が働く．この力は上向きで，大きさはその物体が押しのけた流体の重さ $m_f g$ に等しい．

流体中の物体に働く浮力の大きさは，その物体によって押しのけられた流体の質量を m_f とすると，

$$F_b = m_f g \quad (浮力) \tag{15-16}$$

浮　く

軽い木のブロックをプールの水面で放すと，ブロックは重力に引かれて水の中へと入ってゆく．このブロックが水を押しのけるにつれて，上向きの浮力の大きさ F_b は増加し，やがて F_b は下向きに働く重力の大きさ F_g

1986年8月21日の夜遅く，何か(おそらく火山による震動)がカメルーンのNyos湖に擾乱を与えた．この湖には高濃度の二酸化炭素が溶けこんでおり，この擾乱によって二酸化炭素が発泡した．泡は周囲の流体(水)よりも軽いので湖面まで浮き上がり，そこで二酸化炭素が放出された．この気体は周囲の流体(今度は空気)より重いので山腹を川のように流れ下り，1700人の人々と写真のように多数の動物を窒息させた．

と等しくなり，ブロックは止まる．このときブロックは静的平衡状態にあり，水に浮いているという．一般に，

> 物体が流体中に浮いているとき，その物体に働く重力の大きさ F_g は，その物体が押しのけた流体の重さ $m_f g$ に等しい．

これを次のように表すことができる：

$$F_b = F_g \quad (浮く) \tag{15-17}$$

式(15-16)から，$F_b = m_f g$ であることがわかっているので，

> 物体が流体中に浮いているとき，その物体に働く浮力の大きさ F_b は，物体に働く重力の大きさ F_g に等しい．

これを次のように表すことができる：

$$F_g = m_f g \quad (浮く) \tag{15-18}$$

言い換えると，浮いている物体は，それ自身の重さと等しい流体を押しのける．

流体中の見かけの重さ

重さを測るように較正された秤に石を載せると，秤の読みはその石の重さとなる．しかし，同じことを水中で行うと，水から受ける上向きの浮力のために測定値は小さくなる．この測定値は，見かけの重さ(apparent weight)である．一般に，見かけの重さは，物体の本当の重さとその物体に働く浮力に，次のように関係づけられる：

$$(見かけの重さ) = (本当の重さ) - (浮力の大きさ)$$

これは次のように書くこともできる：

$$重さ_{app} = 重さ - F_b \quad (見かけの重さ) \tag{15-19}$$

　力だめしか何かで重い石を持ち上げようとするとき，水中なら簡単にできるだろう．その場合，上向きの浮力が石を持ち上げるのを助けてくれるので，加える力は，その石の本当の重さではなく，見かけの重さを上まわればよい．

　浮いている物体に働く浮力の大きさは物体の重さに等しい．したがって，式(15-19)は，浮いている物体の見かけの重さはゼロであることを意味する——この物体を秤にのせると，読みはゼロを示すだろう．（宇宙飛行士は宇宙空間で行う複雑な作業の予行練習を水中で行う．水中では，宇宙空間と同じように彼らの見かけの重さはゼロである．）

✓ **CHECKPOINT 2:** 初めに密度 ρ_0 の流体中に浮いていたペンギンが，密度が $0.95\rho_0$ の流体に，次に密度 $1.1\rho_0$ の流体に入ったとしよう．(a) ペンギンに働く浮力の大きさの順に流体を並べなさい．(b) ペンギンによって押しのけられる流体の量が大きい順に流体を並べなさい．

例題 15-4

海水に浮いている質量 m_i の氷山において，海面上に見える体積の割合はいくらか．

解法：氷山の全体積を V_i としよう．見えない部分は海面下にあり，氷山によって押しのけられた流体（海水）の体積 V_f に等しい．求めたいのは，次式で表される比（fraction）であるが，どちらの体積もわかっていない：

$$\text{frac} = \frac{V_i - V_f}{V_i} = 1 - \frac{V_f}{V_i} \quad (15\text{-}20)$$

Key Idea：氷山は浮いているから，式(15-18) ($F_g = m_f g$) が成り立つ．この式を書き換えて，

$$m_i g = m_f g$$

これから，$m_i = m_f$ であることがわかる．したがって，この氷山の質量は，押しのけられた流体（海水）の質量に等しい．どちらの質量も未知であるが，式(15-2) ($\rho = m/V$) を用いて，これらの質量を表15-1に与えられた氷と海水の密度に関係づけることができる．$m_i = m_f$ だから，

$$\rho_i V_i = \rho_f V_f \quad \text{または} \quad \frac{V_f}{V_i} = \frac{\rho_i}{\rho_f}$$

これを式(15-20)に代入して，わかっている密度の値を使うと，次の結果を得る：

$$\text{frac} = 1 - \frac{\rho_i}{\rho_f} = 1 - \frac{917\,\text{kg/m}^3}{1024\,\text{kg/m}^3}$$
$$= 0.10 \quad \text{または} \quad 10\,\% \quad \text{(答)}$$

例題 15-5

半径 R が 12.0 m である球形の気球がヘリウムで満たされている．気球，吊りかご，それをつなぐケーブルの全質量 m は 196 kg である．ヘリウムの密度 ρ_{He} が 0.160 kg/m³，空気の密度 ρ_{air} が 1.25 kg/m³ であるような高度に気球が浮いているとき，この気球が保持できる最大の積荷の質量 M はいくらか．積荷，ケーブル，吊りかごが押しのける空気の体積は無視できるとする．

解法： **Key Idea**：気球，ケーブル，吊りかご，積荷，気球中のヘリウムは，全質量 $m + M + m_{\text{He}}$ の浮遊する物体である．m_{He} は気球中のヘリウムの質量である．この物体全体に働く重力の大きさは，この物体が押しのけた空気の重さと等しくなければならない（この物体を浮かす流体は空気である）．この物体によって押しのけられた空気の質量を m_{air} としよう．式(15-18) ($F_g = m_f g$) から，

$$(m + M + m_{\text{He}}) g = m_{\text{air}} g$$

または，

$$M = m_{\text{air}} - m_{\text{He}} - m \quad (15\text{-}21)$$

質量 m_{He} と m_{air} の値はわからないが，これらに対応する密度はわかっているので，式(15-2) ($\rho = m/V$) を用いて，式(15-21)を密度を使って表すことができる．積荷とケーブルと吊りかごが押しのける空気の量は無視できることから，押しのけられた空気の体積は球形の気球の体積 $V(= (4/3)\pi R^3)$ に等しい．これより，式(15-21)は次のようになる：

$$M = \rho_{\text{air}} V - \rho_{\text{He}} V - m = \left(\frac{4}{3}\pi R^3\right)(\rho_{\text{air}} - \rho_{\text{He}}) - m$$

$$= \left(\frac{4}{3}\pi\right)(12.0\,\text{m})^3 (1.25\,\text{kg/m}^3 - 0.160\,\text{kg/m}^3) - 196\,\text{kg}$$

$$= 7694\,\text{kg} \approx 7690\,\text{kg} \quad \text{(答)}$$

15-8 完全流体の運動

現実の流体の運動は非常に複雑で，まだ完全には理解されていない．代わりに，**完全流体**（ideal fluid）の運動を議論することにしよう．これは，数学的扱いが比較的簡単である一方，有用な結果を与える．以下にあげた完全流体に関する4つの仮定は，いずれも流れに関するものである．

1. **定常流** 定常流（steady flow）（または*層流*（laminar flow）という）の中の任意の固定点において，運動する流体の速度は，大きさも向きも，時間とともに変化しない．静かな川の中央付近の緩やかな水の流れは定常流であるが，急流が続くような場所の流れは定常流ではない．図15-11は，上昇する煙の流れの，定常流から非定常流（または乱流という）への移行を示している．煙の粒子の速さは上昇するにつれて増し，ある臨界速度を超えると流れは定常流（層流）から非

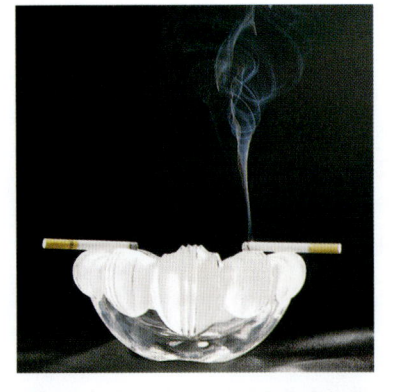

図 15-11 上昇する煙と加熱された気体の流れは，ある点で定常流から乱流に変わる．

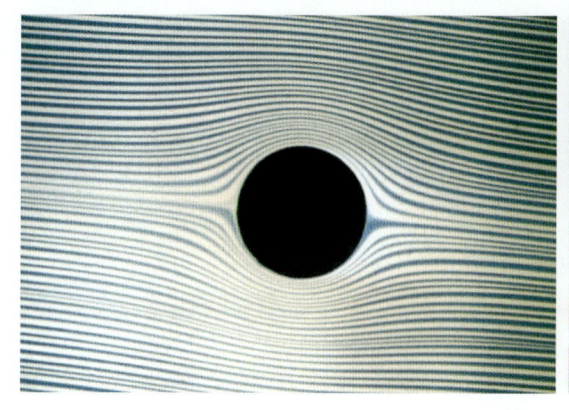

図15-12 円柱の周りの定常流：上流で注入された染料のトレーサーによって見えるようになる。

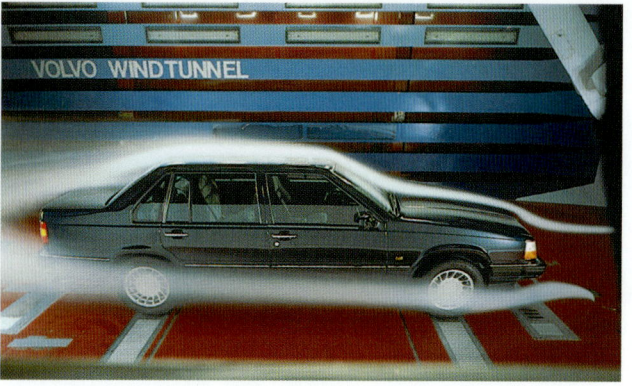

図15-13 自動車を通り過ぎる気流の流線が，風洞試験の煙によって見えるようになる。

定常流（非層流）に変わる。

2. ***非圧縮性の流れ*** 　静止した流体の場合にも仮定したように，われわれの扱う完全流体は非圧縮性であるとする；密度は一定かつ一様な値をもつ。

3. ***粘性のない流れ*** 　大雑把に言って，流体の粘性(viscosity)とは流体の流れにくさの目安である。たとえば，濃い蜂蜜は水よりも流れにくいので，蜂蜜は水より粘性が高いという。粘性は，固体間の摩擦に似ている；どちらも運動する物体の運動エネルギーを熱エネルギーへ移動する。摩擦がなければブロックは水平面上を一定の速さで滑り続ける。同様に，粘性のない流体中を運動する物体は，*粘性抵抗力*（粘性による抵抗，viscous drag force）を受けない；物体は流体中を一定の速さで運動する。英国の科学者Rayleigh卿は言った："完全流体中では，船のスクリューは役に立たないが，船は（いったん運動を始めれば）スクリューを必要としないだろう。"

4. ***渦なしの流れ*** 　これ以降の議論には関係してこないが，流れが渦なし(irrotational，回転しないという意味)であることも仮定する。この性質を確かめるために，テスト物体として小さな粉末粒子を流れとともに運動させよう。このテスト物体は，円を描いて運動してもよい（あるいはしなくてもよい）が，渦なしの流れにおいては，テスト物体はその質量中心を通る軸の周りには回転しない。観覧車の運動にたとえると，観覧車本体の運動は渦状(rotational)であるが，乗客の運動は渦なし(irrotational)である。

流体にトレーサーを加えることによって，流体の運動を可視化することができる。トレーサーとしては，液体の流れに注ぐ染料（図15-12）でもよいし，気体の流れに注入する煙の粒子（図15-11および15-13）でもよい。トレーサーの各微小部分は，*流線*(streamline)に沿って運動する。流線とは，流れの中で流体の微小要素がたどる経路である。第2章で見たように，粒子の速度は常に粒子の運動経路の接線方向であることを思い出してほしい。ここでの粒子は流体要素であり，その速度 $\vec{v}$ は，常に流線

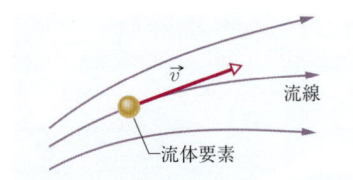

図 15-14 流体要素は流線に沿って運動する。任意の点で流体要素の速度ベクトルは流線に接している。

の接線方向となる（図 15-14）。このために，2 つの流線は決して交差しない；もし交差したとすると，この交差点に到達した流体要素は同時に 2 つの異なる速度をもつことになるが，そんなことはありえない。

15-9 連続の式

散水ホースの出口を親指で押さえて半分だけ閉じると，出てくる水の速さを増すことができることを知っているだろう。明らかに，水の速さ v は水の流れの断面積 A に依存する。

本節では，断面積の変化する管を流れる完全流体の定常流について，v と A の関係式を導きたい（図 15-15）。流れは右向きで，図に示した管（より長い管の一部分）の長さは L である。流体の速さは，図の管の左端で v_1，右端で v_2 である。管の断面積は，左端で A_1，右端で A_2 である。時間 Δt の間に，体積 ΔV（図 15-15a の紫色部分）の流体が左端からこの管に流入する。流体は非圧縮性であるから，同じ体積 ΔV（図 15-15b の緑色部分）が管の右端から流出しなくてはならない。

図 15-15 流体が長さ L の管を一定の割合で左から右へ流れる。流体の速さは左側で v_1，右側で v_2 である。管の断面積は，左側で A_1，右側で A_2 である。(a) の時刻 t から，(b) の時刻 $t+\Delta t$ にかけて，紫色で示した流体の一部が左側から入り，緑色で示した同じ量の流体が右側から出てゆく。

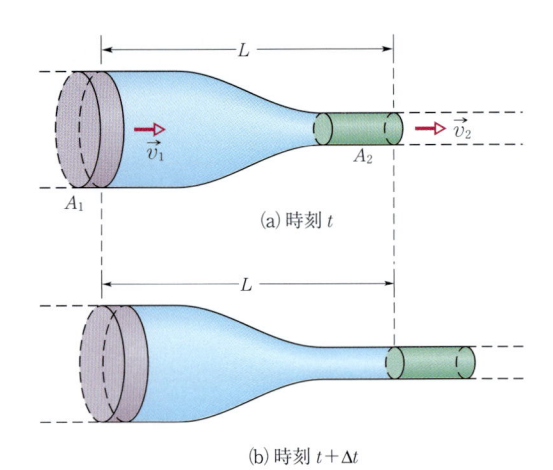

流体の速さと断面積の関係を求めるために，この共通の体積 ΔV を利用する。まず，図 15-16 を見て欲しい。この図は一様な断面積 A をもつ管を横から見たものである。図 15-16a では，管を横切るように描かれた破線を，流体要素 e が通過しようとしている。この要素の速さは v だから，時間 Δt の間に管に沿って距離 $\Delta x = v\Delta t$ だけ動く。この時間 Δt の間に破線を通過する流体の体積 ΔV は，

$$\Delta V = A\,\Delta x = Av\,\Delta t \tag{15-22}$$

式 (15-22) を図 15-15 に示した管の左右の端に適用すると，

$$\Delta V = A_1 v_1\,\Delta t = A_2 v_2\,\Delta t$$

または，

$$A_1 v_1 = A_2 v_2 \quad (連続の式) \tag{15-23}$$

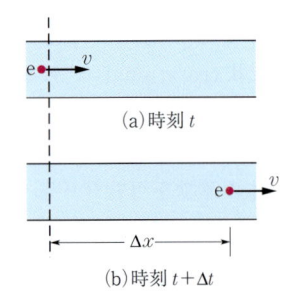

図 15-16 流体が管の中を一定の速度 v で流れる。(a) 時刻 t に，流体要素 e が破線を通過しようとしている。(b) 時刻 $t+\Delta t$ に，流体要素 e は，破線から $\Delta x = v\Delta t$ の距離にある。

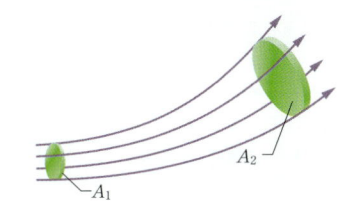

図 15-17 流管は，境界を定める流線によって定義される．体積流量率は，流管のすべての断面で等しくなければならない．

速さと断面積の間のこの関係は，完全流体の流れに対する**連続の式**(equation of continuity)と呼ばれる．この式から，流体の流れる断面積が減少すると(散水ホースを親指で部分的にふさぐ時のように)，流れの速さが増すことがわかる．

式(15-23)は，実際の管だけでなく，任意のいわゆる*流管*(流線で囲まれた仮想的な管，tube of flow)に対しても成り立つ．流体要素は流線を横切ることはないので，流管は現実の管と同じようにふるまう；流管中のすべての流体はその境界の中に留まらなくてはならない．図15-17は，流れの向きに沿って，断面積が A_1 から A_2 へ増加する流管を示す．式(15-23)より，面積が増えれば速さは減ることがわかっており，図15-17では右の方の流線の間隔が広く描かれている．同様に，図15-12では，円柱の直上と直下で流速は最大となっていることがわかる．

式(15-23)は，次のように書き変えることができる：

$$R_V = Av = 定数 \quad\quad (体積流量率，連続の式) \quad\quad (15\text{-}24)$$

R_V をこの流体の体積流量率(単位時間あたりの体積，volume flow rate)と呼び，SI単位系では，立方メートル毎秒(m^3/s)で表される．流体の密度 ρ が一様ならば，式(15-24)にその密度をかけて，質量流量率 R_m (単位時間あたりの質量，mass flow rate)が得られる：

$$R_m = \rho R_V = \rho Av = 定数 \quad\quad (質量流量率) \quad\quad (15\text{-}25)$$

質量流量率のSI単位は，キログラム毎秒(kg/s)である．式(15-25)は，図15-15の管に毎秒流入する質量が，この管から毎秒流出する質量に等しくなることを示している．

✓ **CHECKPOINT 3:** この配管図には，体積流量率(単位は cm^3/s)と流れの向きが示されている．値が示されていない管の体積流量率と流れの向きはどうなるか．

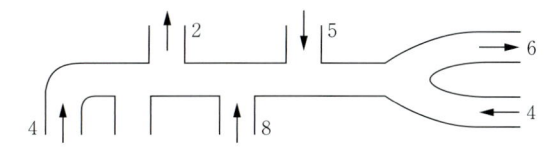

例題 15-6

安静にしている正常な人の大静脈(心臓から出る主要な血管)の断面積 A_0 は $3\,cm^2$，その中を流れる血液の速さ v_0 は $30\,cm/s$ である．典型的な毛細血管(直径 $\approx 6\,\mu m$)の断面積 A は $3 \times 10^{-7}\,cm^2$，流速 v は $0.05\,cm/s$ である．このような人には，何本の毛細血管があるか．

解法： **Key Idea**：毛細血管を通る血液はすべて大静脈を通っている．したがって，大静脈の体積流量率は毛細血管の体積流量率の総和に等しくなければならない．毛細血管はすべて同じ断面積 A と流速 v をもっている

と仮定する．n を毛細血管の数とすると，式(15-24)から，

$$A_0 v_0 = nAv$$

これを n について解いて次の結果を得る：

$$n = \frac{A_0 v_0}{Av} = \frac{(3\,cm^2)(30\,cm/s)}{(3 \times 10^{-7}\,cm^2)(0.05\,cm/s)} = 6 \times 10^9 \quad\text{(答)}$$

毛細血管の断面積の総計が，大静脈の断面積の約600倍であることは，すぐにわかるだろう．

例題 15-7

図15-18は，水道の蛇口から出た水が流れ落ちるにつれて細くなる様子を示している．図に示した断面積は，$A_0 = 1.2\,\text{cm}^2$ と $A = 0.35\,\text{cm}^2$ である．この2つの水平面は，鉛直方向に $h = 45\,\text{mm}$ 離れている．この蛇口からの体積流量率はいくらか．

図 15-18 例題 15-7．水が蛇口から流れ落ちると，その速さは増してゆく．流量率はすべての断面で同じであるから，流れは下に下がるにつれて細くなる．

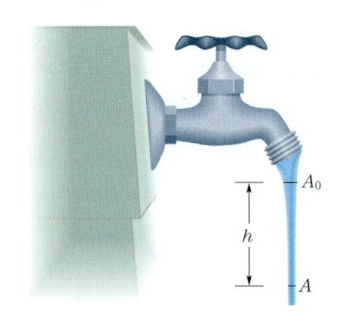

解法： **Key Idea**：上の断面における体積流量率は下の断面での体積流量率と等しい．したがって，v_0 と v を A_0 と A に対応する高さでの水の速さとすると，式(15-24)より，

$$A_0 v_0 = A v \qquad (15\text{-}26)$$

水は加速度 g で自由落下しているので，式(2-16)から次式が得られる：

$$v^2 = v_0^2 + 2gh \qquad (15\text{-}27)$$

式(15-26)と(15-27)から v を消去し，v_0 について解くと，

$$v_0 = \sqrt{\frac{2ghA^2}{A_0^2 - A^2}} = \sqrt{\frac{(2)(9.8\,\text{m/s}^2)(0.045\,\text{m})(0.35\,\text{cm}^2)^2}{(1.2\,\text{cm}^2)^2 - (0.35\,\text{cm}^2)^2}}$$
$$= 0.286\,\text{m/s} = 28.6\,\text{cm/s}$$

式(15-24)から，体積流量率 R_V が得られる：

$$R_V = A_0 v_0 = (1.2\,\text{cm}^2)(28.6\,\text{cm/s}) = 34\,\text{cm}^3/\text{s} \qquad (答)$$

15-10 ベルヌーイの式

図15-19は，完全流体が一定の割合で流れている管を表している．時間 Δt の間に体積 ΔV（図15-19aに紫色部分）が，管の左端（入口）から入り，同じ体積（図15-19bに緑色部分）が右端（出口）から出るとしよう．流体は一定密度 ρ の非圧縮性流体であるから，出てくる体積は入っていく体積に等しくなければならない．

y_1, v_1, p_1 を左から入る流体の高さ，速さ，圧力，y_2, v_2, p_2 を右から出ていく流体の高さ，速さ，圧力とする．この流体にエネルギー保存則を適用して，これらの量の間に次の関係が成り立つことを示そう：

$$p_1 + \frac{1}{2}\rho v_1^2 + \rho g y_1 = p_2 + \frac{1}{2}\rho v_2^2 + \rho g y_2 \qquad (15\text{-}28)$$

この式は次のように書くこともできる：

$$p + \frac{1}{2}\rho v^2 + \rho g y = 定数 \qquad (ベルヌーイの式) \qquad (15\text{-}29)$$

式(15-28)と(15-29)は**ベルヌーイの式**(Bernoulli's equation)の等価な表現である*．この名前は，1700年代に流体の流れについて研究した Daniel Bernoulli の名に因んで付けられた．連続の式(式15-24)と同じように，ベルヌーイの式は新しい原理ではなく，既に馴染みのある原理を，流体力学に適した形に書き換えたものにすぎない．これを確かめるために，式(15-28)で $v_1 = v_2 = 0$ とおき，ベルヌーイの式を静止した流体に適用してみると，

$$p_2 = p_1 + \rho g(y_1 - y_2)$$

これは，表記を少し変えれば式(15-7)と同じである．

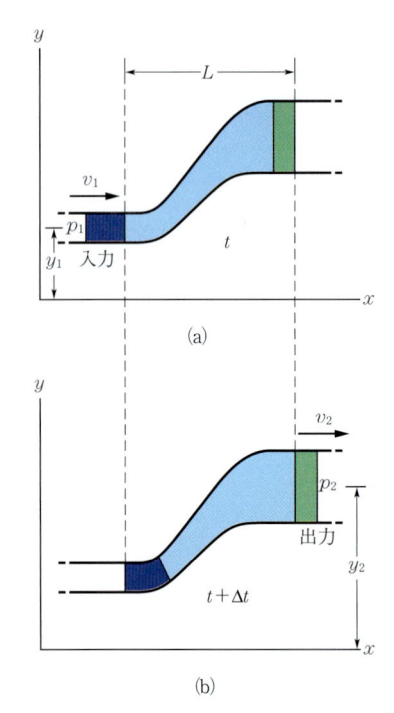

図 15-19 流体が，ある管の長さ L の部分を，左の入力側から右の出力側に向かって一定の割合で流れる．(a)に示した時刻 t から (b)に示した時刻 $t + \Delta t$ の間に，紫色部分の流体が入力側から入り，緑色部分の同じ量が出力側から出る．

* （ここで仮定しているような）渦なしの流れに対しては，式(15-29)の定数は流管内のすべての点で同じ値をとる；これらの点は，同じ流線上にある必要はない．同様に，式(15-28)の点1と点2は流管内のどこにあってもよい．

y が一定である（流れに沿って流体の高さが変わらない）とすると（たとえば $y = 0$），ベルヌーイの式の 1 つの重要な結果が導かれる．このとき，式 (15-28) は，

$$p_1 + \frac{1}{2}\rho v_1^2 = p_2 + \frac{1}{2}\rho v_2^2 \tag{15-30}$$

この式が意味するのは：

▶ 水平な流線に沿って運動している流体要素の速さが増すとき，流体の圧力は減少する．逆もまた成り立つ．

別の言い方をすると，流線の間隔が相対的に狭いとき（すなわち速さが相対的に大きいとき），圧力は相対的に低い．逆もまた成り立つ．

このような速さの変化と圧力変化の関係は，ひとつの流体要素に注目すれば納得できる．この流体要素が断面の狭い領域に近づくと，後ろからのより高い圧力によって加速され，この狭い領域ではより大きな速さをもつ．流体要素が断面の広い領域に近づくと，前方のより高い圧力によって減速され，この広い領域ではより小さな速さをもつ．

ベルヌーイの式が厳密に成り立つのは，完全流体に対してのみである．粘性があるときは，熱エネルギーが関係してくる．以下に示すベルヌーイの式の導出にあたっては，粘性はないものとする．

ベルヌーイの式の証明

図 15-19 に示した（完全）流体の全体積を系として考える．系が初期状態（図 15-19a）から終状態（図 15-19b）へ変化するとき，この系にエネルギー保存則を適用する．この過程で，距離 L だけ離れた 2 つの鉛直面の間にある流体の状態は変化しない；入口と出口での変化のみについて考えればよい．

エネルギー保存則を 仕事–運動エネルギーの定理の形で表すと，

$$W = \Delta K \tag{15-31}$$

この式は，系の運動エネルギーの変化が系に対してなされた正味の仕事に等しいことを表している．運動エネルギーの変化は，管の両端での速さの差から生じる：

$$\Delta K = \frac{1}{2}\Delta m\, v_2^2 - \frac{1}{2}\Delta m\, v_1^2 = \frac{1}{2}\rho \Delta V (v_2^2 - v_1^2) \tag{15-32}$$

$\Delta m (= \rho \Delta V)$ は，短い時間 Δt の間に，入口から入ってくる流体の質量であり，また出口から出ていく流体の質量でもある．

系に対してなされる仕事には 2 つの要因がある．質量 Δm の流体が入口から出口まで上昇する間に，この流体に働く重力 $(\Delta m \vec{g})$ がなす仕事 W_g は，

$$W_g = -\Delta m\, g(y_2 - y_1) = -\rho g \Delta V (y_2 - y_1) \tag{15-33}$$

上向きの変位と下向きの重力は反対の向きであるから，この仕事は負である．

また，管の中に流体を押し入れるために，この系に対して(入口で)仕事がなされ，管の先にある流体を押し出すために，この系によって(出口で)仕事がなされるはずである．断面積Aの管に含まれる流体に働く大きさFの力が，流体を距離Δxだけ動かす間になす仕事は，

$$F\Delta x = (pA)(\Delta x) = p(A\Delta x) = p\Delta V$$

したがって，系に対してなされる仕事は$p_1\Delta V$，系によってなされる仕事は$-p_2\Delta V$となる．これらの和W_pは，

$$W_p = -p_2\Delta V + p_1\Delta V = -(p_2 - p_1)\Delta V \quad (15\text{-}34)$$

したがって，式(15-31)の仕事－運動エネルギーの定理は，次のように表される：

$$W = W_g + W_p = \Delta K$$

この式に式(15-32)，(15-33)，(15-34)を代入すると，

$$-\rho g\Delta V(y_2 - y_1) - \Delta V(p_2 - p_1) = \frac{1}{2}\rho\Delta V(v_2^2 - v_1^2)$$

✓ **CHECKPOINT 4**: 図に示したパイプの中を，滑らかに水が流れて下降する．番号をつけて示したパイプの4つの部分を，(a)その中を流れる体積流量率，(b)その中を流れる流速，(c)その中の水圧が大きい順に答えよ．

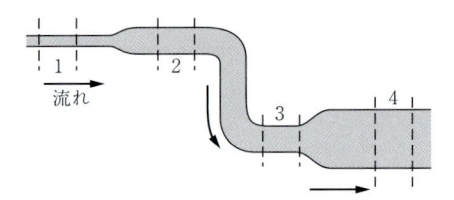

例題 15-8

密度$\rho = 791\,\text{kg/m}^3$のエタノールが，(図15-15のように)断面積が$A_1 = 1.20 \times 10^{-3}\,\text{m}^2$から$A_2 = A_1/2$へと変化する水平なパイプの中を滑らかに流れている．パイプの太い部分と細い部分の間の圧力差は，4120 Paである．このエタノールの体積流量率R_Vはいくらか．

解法： **Key Idea 1**: 体積流量率はパイプの太い部分と細い部分で等しい：太い部分を流れる流体は，すべて，細い部分も通過する．したがって，式(15-24)より，

$$R_V = v_1 A_1 = v_2 A_2 \quad (15\text{-}35)$$

しかし，2つの速さの値がわからないので，この式からR_Vの値を求めることはできない．

Key Idea 2: 流れが滑らかであるので，ベルヌーイの式を適用することができる．式(15-28)より，

$$p_1 + \frac{1}{2}\rho v_1^2 + \rho gy = p_2 + \frac{1}{2}\rho v_2^2 + \rho gy \quad (15\text{-}36)$$

添字1と2は，それぞれパイプの太い部分と細い部分に対応し，yを(共通の)高さとする．この式は，求めたい体積流量率R_Vを含まず，未知の速さv_1とv_2を含んでいるので，一見役に立ちそうには見えない．

しかし，これを利用するうまい方法がある：まず，式(15-35)と$A_2 = A_1/2$という関係を使うと，

$$v_1 = \frac{R_V}{A_1} \quad \text{および} \quad v_2 = \frac{R_V}{A_2} = \frac{2R_V}{A_1} \quad (15\text{-}37)$$

これらを式(15-36)に代入すると，未知の速さが消え，求めたい体積流量率に関する式が得られる．その後，R_Vについて解くと次の結果が得られる：

$$R_V = A_1\sqrt{\frac{2(p_1 - p_2)}{3\rho}} \quad (15\text{-}38)$$

ここでひとつ判断すべきことがある：パイプの両端間の圧力差が4120 Paであることはわかっているが，$p_1 - p_2$は4120 Paだろうか，あるいは-4120 Paだろうか．前者が正しいと推測することはできる．もしそうでなければ，式(15-38)の平方根が虚数になってしまう．だが，推測ではなく，その理由を考えてみよう．式

(15-35)から，狭い部分(小さいA_2)における速さv_2は，広い部分(大きいA_1)における速さより大きくなければならないことがわかる。この場合のように水平経路に沿って流体が運動するとき，流体の速さが増加するなら，流体の圧力は減少しなければならないことを思い出そう。したがって，p_1はp_2より大きく，$p_1 - p_2 =$ 4120 Pa が正しい。これと既知の値を式(15-38)に代入して次の結果を得る：

$$R_V = 1.20 \times 10^{-3} \text{m}^2 \sqrt{\frac{(2)(4120\,\text{Pa})}{(3)(791\,\text{kg/m}^3)}}$$
$$= 2.24 \times 10^{-3} \text{m}^3/\text{s} \quad (答)$$

例題 15-9

昔アメリカの西部で，無法者が蓋のない水のタンクに弾丸を撃ち込み，水面からhだけ下の位置に穴をあけた(図15-20)。この穴から流れ出てくる水の速さvはいくらか。

解法： **Key Idea 1**：要するに，断面積Aの広いパイプ(タンク)の中を，水が速さv_0で(下向きに)流れ，その後，断面積aの狭いパイプ(穴)の中を速さvで(水平に)運動する，というのがこの問題の設定である。

Key Idea 2：広いパイプを流れる水はすべて狭いパイプを流れる。したがって，体積流量率は2つの"パイプ"で同じでなければならない。すると，式(15-24)から，

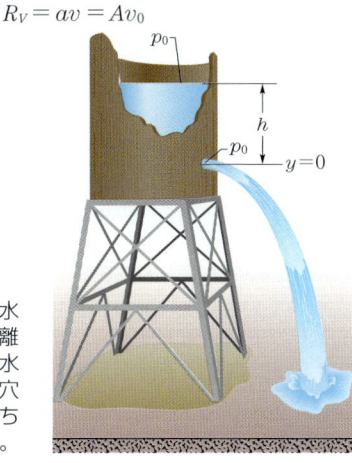

$$R_V = av = Av_0$$

図15-20 例題15-9。水タンクの水面から距離h下にあいた穴から水が流れ出る。水面と穴の場所での圧力はどちらも大気圧$p0$である。

これより，
$$v_0 = \frac{a}{A}v$$

$a \ll A$だから，$v_0 \ll v$である。

Key Idea 3：ベルヌーイの式(式15-28)より，vとv_0(およびh)の関係を求めることができる。タンクに開いた穴の位置を，高さ(したがって，重力ポテンシャルエネルギー)を測る基準にとる。タンクの水の上面と，弾丸によって開いた穴における圧力は，どちらも大気圧p_0である(いずれの位置でも，水は大気に接している)ことに注意しよう。これより，式(15-28)を次のように書くことができる：

$$p_0 + \frac{1}{2}\rho v_0^2 + \rho gh = p_0 + \frac{1}{2}\rho v^2 + \rho g(0) \quad (15\text{-}39)$$

(タンクの水面は式の左辺で，穴は右辺で表されている。右辺のゼロは，穴の位置が基準の高さであることを示す。)式(15-39)をvについて解く前に，上に得られた結果($v_0 \ll v$)を使って式を簡単化することができる。すなわち，v_0^2(したがって式(15-39)の$(1/2)\rho v_0^2$)は，他の項に比べて無視できる程度に小さいと考えて，これを省略する。残った式をvについて解くと，次式が得られる：

$$v = \sqrt{2gh} \quad (答)$$

この速さは，静止した状態から高さhだけ落下する物体の速さに等しい。

まとめ

密度 任意の物質に対して，**密度**ρは，単位体積あたりの質量として定義される：

$$\rho = \frac{\Delta m}{\Delta V} \quad (15\text{-}1)$$

通常，物質のサンプルは原子の大きさに比べて大きいので式(15-1)は次のように書くことができる：

$$\rho = \frac{m}{V} \quad (15\text{-}2)$$

流体の圧力 流体とは，流れることのできる物質である；剪断応力に耐えることができないために，容器の形にしたがって形を変える。しかし，その表面に垂直な力を及ぼすことはできる。この力は**圧力**pとして表される：

$$p = \frac{\Delta F}{\Delta A} \quad (15\text{-}3)$$

ΔFは，面積ΔAの面要素に働く力である。力が平面上で一様ならば，式(15-3)は，次のように書ける：

$$p = \frac{F}{A} \quad (15\text{-}4)$$

流体中の任意の点おいて，流体の圧力によって生じる力は，すべての方向について同じ大きさをもつ。ゲージ圧とは，ある点における実際の圧力（あるいは絶対圧）と大気圧との差である。

高さと深さによる圧力変化　静止した流体中の圧力は，鉛直方向の位置 y とともに変化する。上向きに y の正方向をとると，

$$p_2 = p_1 + \rho g(y_1 - y_2) \quad (15\text{-}7)$$

流体中の圧力は同じ高さにあるすべての点に対して同じ値となる。基準水平面（圧力が p_0）からの深さが h の流体サンプルに対して，p をこのサンプル内の圧力とすると，式(15-7)より，

$$p = p_0 + \rho g h \quad (15\text{-}8)$$

パスカルの原理　パスカルの原理は，式(15-7)から導かれる：閉じた容器に入った流体に圧力変化が生じると，それは，減衰することなく流体のあらゆる部分，および流体を含む容器の壁に伝わる。

アルキメデスの原理　ある物体が完全に，あるいは部分的に流体の中に浸っているとき，その物体には周囲の流体から浮力 $\vec{F_b}$ が働く。この力は上向きで，大きさは，

$$F_b = m_f g \quad (15\text{-}16)$$

m_f はその物体が押しのけた流体の質量である。

物体が流体に浮いているとき，その物体に働く（上向きの）浮力の大きさ F_b は，その物体に働く（下向きの）重力の大きさ F_g に等しい。浮力が働いている物体の見かけの重さは，本当の重さと次のような関係にある：

$$\text{重さ}_{\text{app}} = \text{重さ} - F_b \quad (15\text{-}19)$$

完全流体の流れ　完全流体は，圧縮せず，粘性がなく，その流れは定常的で渦なしである。**流線**とは個々の流体粒子がたどる経路である。流管とは流線の束である。任意の流管内の流れに対して，**連続の式**が成り立つ：

$$R_V = Av = \text{定数} \quad (15\text{-}24)$$

R_V は**体積流量率**，A は任意の点での流管の断面積，v はその点での流体の速度で，断面 A にわたって一定であると仮定する。**質量流量率** R_m は次式で表される：

$$R_m = \rho R_V = \rho A v = \text{定数} \quad (15\text{-}25)$$

ベルヌーイの式　完全流体の流れに力学的エネルギーの保存則を適用すると，任意の流管に沿って，次のベルヌーイの式が成り立つ：

$$p + \frac{1}{2}\rho v^2 + \rho g y = \text{定数} \quad (15\text{-}29)$$

問　題

1. 図15-21は，水で満たされたタンクを示す。5つの水平な床と天井が示されており，これらはすべて同じ面積で，タンクの上面から，L，$2L$，$3L$ の距離だけ下にある。これらの床と天井について，水から加わる力の大きい順に答えよ。

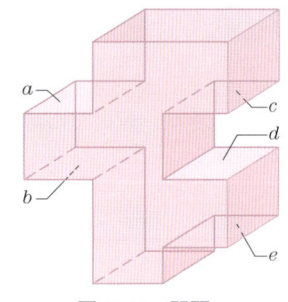

図 15-21　問題 1

2. 急須の尻漏り：急須の口から水がゆっくりと注がれるとき，水が口の下側へ回り込み，離れて落ちるまでかなりの長さにわたって注ぎ口の裏側を伝う場合がある。（水の層は，大気圧によって急須の口の下側に支えられている。）図15-22において，注ぎ口の内側で，点 a は水の上面，点 b は下面を示す；注ぎ口の下側で，点 c は上面，点 d は下面を示す。これらの4つの点を，その点における水のゲージ圧の大きい順にならべよ。

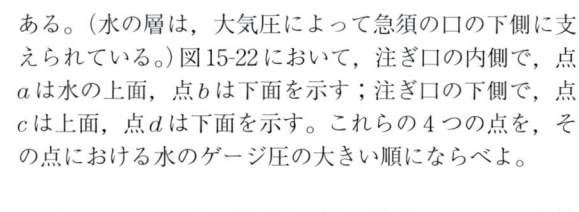

3. 図15-23は，赤い液体と灰色の液体の入ったU字管を4通り示す。このうちの1つでは，液体は静的平衡状態にはなりえない。(a) 静的平衡となりえないのはどれか。(b) それ以外の3つの場合について，静的平衡にあることを仮定する。それぞれの場合で，赤い液体の

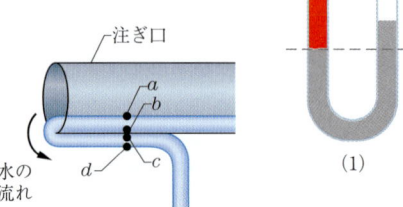

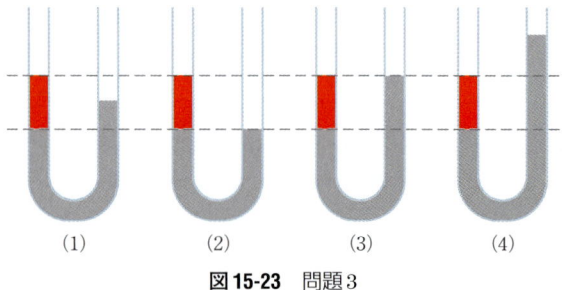

図 15-22　問題 2

図 15-23　問題 3

密度は，灰色の液体の密度と比べて，大きいか，小さいか，等しいか．

4. 図15-8に示したような油圧式てこが3つあり，これらを使って同じ（出力側にある）荷物を同じ距離だけ持ち上げる．これらのてこは，入力側は同じであるが，出力側のピストンの面積が異なる．てこ1のピストンの面積はA，てこ2のピストンの面積は$2A$，てこ3のピストンの面積は$3A$である．これらのてこで荷物を持ち上げる場合に，(a) 入力側で必要な仕事，(b) 入力側で必要な力の大きさ（一定であるとする），(c) 入力側のピストンを動かす距離，を大きい順に答えよ．

5. 不規則な形をした3 kgの物質の塊を流体中に完全に沈める．この塊によって押しのけられた流体の質量は2 kgであった．(a) この塊から手を放すと，上に動くか，下に動くか，その位置にとどまるか．(b) 次に，この塊を，より密度の小さい流体の中に完全に沈めてから手を放すとどうなるか．

6. 図15-24は，コーン・シロップの中に浮かんだ4つの固体の物体を示す．これらの物体を，密度の大きい順にならべよ．

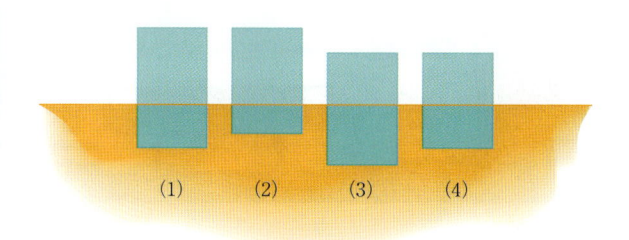

図 15-24　問題6

7. 図15-25は，縁まで一杯に水を満たした，蓋のない3つの同じ容器を示す．このうち2つにはおもちゃのあひるが浮かんでいる．これらを容器と中身の全体の重さの大きい順にならべよ．

図 15-25　問題7

8. 静止したエレベーターの中で，バケツの水にブロックが浮いている．このエレベーターが，(a) 一定の速さで上昇する場合，(b) 一定の速さで下降する場合，(c) 加速しながら上昇する場合，(d) gより小さい加速度で下降する場合について，このブロックは浮き上がるか，より深く沈むか，同じ場所にとどまるか．

9. 錨を積んだボートが，ボートより少し広いプールに浮いている．この錨が(a) 水中に落とされた場合，(b) 周辺の地面の上に投げられた場合に，水面は上がるか，下がるか，同じ高さにとどまるか．(c) もし，錨ではなくコルクがボートから水の中に落ちて水に浮かんだ場合，水面は上がるか，下がるか，同じ高さにとどまるか．

10. 図15-26は，水が流れる3つの真直ぐなパイプを表す．図には，それぞれのパイプを流れる水の速さと，パイプの断面積が示されている．これらのパイプを，1分間あたりにこの断面積を通る水の体積が大きい順にならべよ．

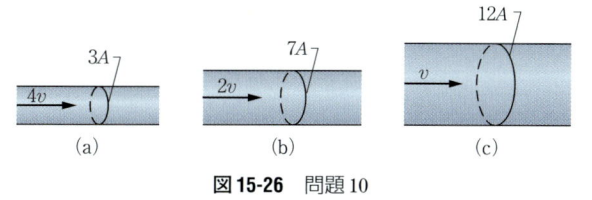

図 15-26　問題10

16 振　　動

1985年9月19日，メキシコ西海岸を震源地とする地震波が，震源から400kmも離れたメキシコシティーに広範かつ甚大な被害を与えた。

震源とメキシコシティーの間ではたいした被害がなかったにもかかわらず，なぜ，地震波は遠く離れたメキシコシティーにひどい被害を与えたのであろうか？

答えは本章で明らかになる。

16-1　振　　動

われわれの身のまわりには，様々な振動――繰り返し運動――がある。揺れるシャンデリア，桟橋で揺れる船体，自動車エンジンのピストン，他にも，ギターの弦，ドラム，ベル，受話器，スピーカーの振動板，腕時計に組み込まれた水晶（クォーツ）等々，これらは皆，振動している。目には見えないが，音を伝える空気分子の振動，熱を伝える固体中の原子の振動，情報を伝えるラジオやテレビアンテナ中の電子の振動もある。

　現実の世界においては，振動はたいてい減衰する；摩擦力の作用により，力学的エネルギーが熱エネルギーへ移動し，振動は次第に弱まる。このような力学的エネルギーの損失を完全になくすことはできないが，なんらかの形でエネルギーを補充することはできる。たとえば，胴体や足を揺らしてブランコをこぐと，ブランコはいつまでも振動し続ける。このように，生化学的エネルギーを振動系の力学的エネルギーへと移動することもできるのである。

16-2 単振動

x軸の原点を中心に往復繰り返し運動している粒子の運動の軌跡を図16-1aに示す．本節ではこの運動を記述するにとどめ，運動の原因については後で議論する．

振動数(frequency，周波数ともいう)は振動で重要な物理量のひとつである．振動数は，1秒間に繰り返される振動の回数として定義される．振動数の記号にはfが用いられ，SI単位は**ヘルツ**(Hzと記す)である：

$$1 \text{ hertz} = 1 \text{ Hz} = 1 \text{ 振動/秒} = 1 \text{ s}^{-1} \qquad (16\text{-}1)$$

1回の振動(またはサイクル)に要する時間を運動の**周期**(period)Tという．振動数と周期は次のような関係にある：

$$T = \frac{1}{f} \qquad (16\text{-}2)$$

一定の時間間隔で繰り返される運動は，どのような運動でも**周期運動**(periodic motion)，あるいは**調和運動**(harmonic motion)とよばれる．しかし，本章では図16-1aに示されているような特別な繰り返し運動に注目する．この運動において，粒子の変位xは，時間の関数として次式で与えられる：

$$x(t) = x_\text{m} \cos(\omega t + \phi) \qquad \text{(変位)} \qquad (16\text{-}3)$$

x_m，ω，ϕは定数である．この運動は**単振動**(Simple Harmonic Motion；SHM)と呼ばれ，運動が時間の正弦的関数で表されることを意味する．式(16-3)(この場合の正弦的関数はコサイン関数である)のグラフを図16-1bに示す．(図16-1aを反時計回りに90°回転して，粒子の位置を連続曲線で滑らかに結ぶと図16-1bが得られる．) 図16-2には，グラフの形を決定する物理量とその呼び方が示されている．さて，これらの物理量の定義を説明しよう．

x_mは運動の**振幅**(amplitude)と呼ばれる正の定数で，運動の初期条件に依存する．粒子の変位の向きに関係なく，変位の最大値の大きさを振幅と

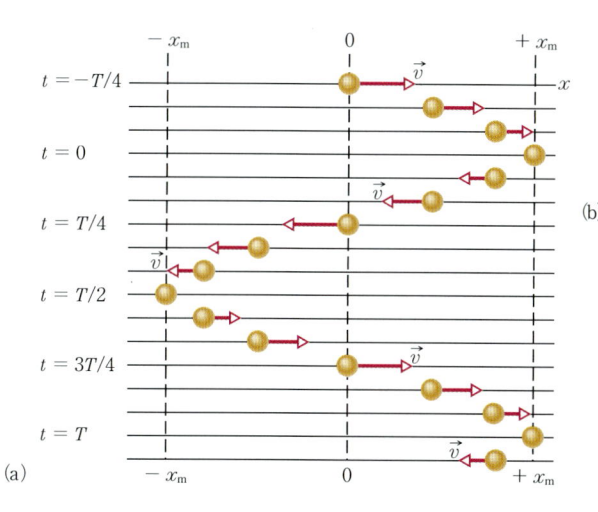

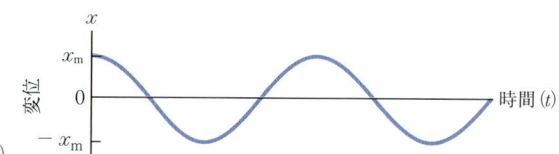

図16-1 (a)x軸の原点を中心に$-x_\text{m} \sim +x_\text{m}$の範囲で往復運動する粒子の位置を示す一連の(同じ時間間隔での)スナップショット．ベクトルの矢印の長さは粒子の速度に比例して描かれている．速さは原点で最大，$\pm x_\text{m}$では0である．時刻$t=0$での粒子位置が$+x_\text{m}$であれば，$t=T$(Tは振動の周期)に粒子はまた$+x_\text{m}$に戻る．このような運動が繰り返される．(b)(a)の運動のxを時間の関数として示したグラフ．

42 第16章 振　　動

$$x(t) = x_\mathrm{m} \cos(\omega t + \phi)$$

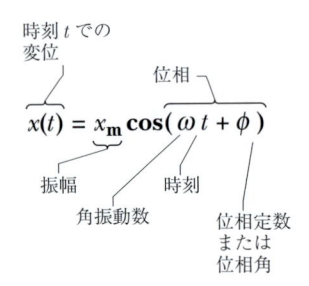

時刻 t での変位／振幅／角振動数／位相／時刻／位相定数または位相角

図16-2 単振動を表す式(16-3)の早わかり図。

いう。添え字 m は，最大値 (maximum) の m を意味している。式(16-3) のコサインの値は ±1 の範囲で変化するので，変位 $x(t)$ は ±x_m の範囲で変化する。

式(16-3) において時間とともに変わる量 $\omega t + \phi$ は運動の**位相**と (phase) 呼ばれ，定数 ϕ は**位相定数** (phase constant) あるいは**位相角** (phase angle) と呼ばれる。ϕ の値は $t = 0$ における変位と速度に依存する。図 16-3a の $x(t)$ では $\phi = 0$ とおいている。

角振動数 (angular frequency) と呼ばれる定数 ω の意味を考えよう。まず，運動の1周期後には $x(t)$ が元の値に戻らなければならないことに注目する；任意の t に対して $x(t)$ と $x(t+T)$ は等しい。式(16-3)（簡単のために $\phi = 0$ とする）より；

$$x_\mathrm{m} \cos \omega t = x_\mathrm{m} \cos \omega (t + T) \tag{16-4}$$

コサインは，位相が 2π rad 増加すると元の値に戻るので，式(16-4) より，

$$\omega(t + T) = \omega t + 2\pi$$

または，

$$\omega T = 2\pi$$

このようにして，式(16-2) より，角振動数は次式で与えられる；

$$\omega = \frac{2\pi}{T} = 2\pi f \tag{16-5}$$

角振動数の SI 単位は rad/s である（これに矛盾しないためには，ϕ の単位は rad でなければならない）。2つの異なる単振動の $x(t)$ を図 16-3 に示す。(a) は振幅が異なる場合，(b) は周期が異なる場合，(c) は位相角が異なる場合である。

> ✓ **CHECKPOINT 1：** 周期 T の単振動をしている粒子（図 16-1 を参照）が $t = 0$ において $-x_\mathrm{m}$ にあった。以下のそれぞれの時刻において，その粒子は $-x_\mathrm{m}$，あるいは $+x_\mathrm{m}$，あるいは 0，あるいは $-x_\mathrm{m}$ と 0 の間，あるいは 0 と $+x_\mathrm{m}$ の間か？
> (a) $t = 2.00\,T$，(b) $t = 3.50\,T$，(c) $t = 5.25\,T$ ？

(a)

(b)

(c)

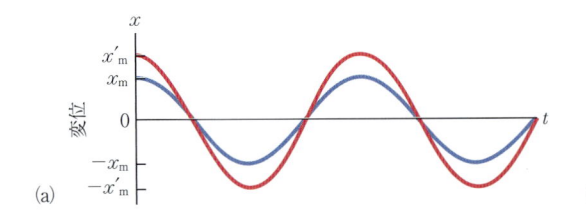

図16-3 各図の青線は式(16-3)で $\phi = 0$ とおいて得られる曲線である。(a) 赤線と青線は振幅が異なる（赤線の最大値 x'_m は x_m より大きく，最小値はより小さくなっている）。(b) 周期が違う場合（$T' = T/2$；赤い曲線は水平方向に圧縮されている），(c) 赤い曲線の位相が $\phi = -\pi/4$ ずれている場合（ϕ の値が負の場合，曲線は右に平行移動する）。

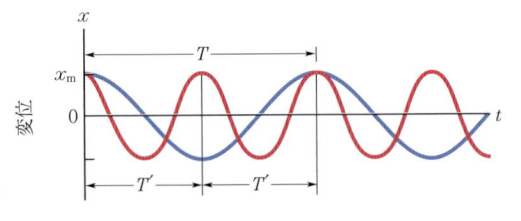

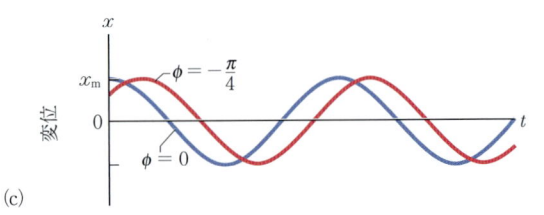

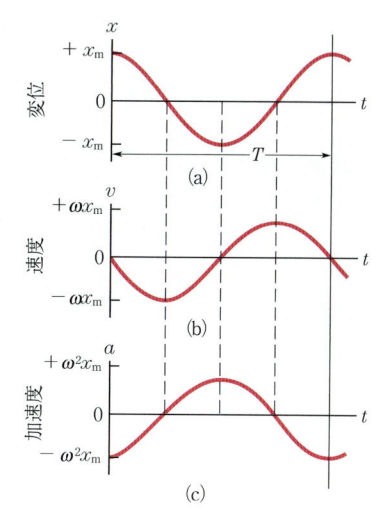

図 16-4 (a)位相角 ϕ が 0 で単振動する粒子の変位 $x(t)$。T は 1 周期を示す。(b)粒子の速度 $v(t)$，(c)粒子の加速度 $a(t)$。

単振動の速度

式 (16-3) を微分すれば，単振動をしている粒子の速度を求めることができる；

$$v(t) = \frac{dx(t)}{dt} = \frac{d}{dt}[x_m \cos(\omega t + \phi)]$$

または，

$$v(t) = -\omega x_m \sin(\omega t + \phi) \quad \text{(速度)} \quad (16\text{-}6)$$

図 16-4a には $\phi = 0$ の場合の式 (16-3) のプロットが，図 16-4b には $\phi = 0$ の場合の式 (16-6) のプロットが示されている。式 (16-6) に現れる正の値 ωx_m（式 (16-3) における振幅 x_m に対応する）は，**速度振幅** (velocity amplitude) v_m と呼ばれる。図 16-4b からわかるように，振動している粒子の速度は $\pm v_m = \pm \omega x_m$ の範囲に限られる。この図において，曲線 $v(t)$ が曲線 $x(t)$ に対して 1/4 周期分，左へ平行移動していることに注意しよう；変位の大きさが最大 ($|x(t)| = x_m$) のとき，速度の大きさは最小 ($v(t) = 0$) になり，逆に，変位の大きさが最小 ($x(t) = 0$ のとき) のとき，速度の大きさは最大 ($|v(t)| = v_m = \omega x_m$) になる。

単振動の加速度

振動の速度がわかれば，もう 1 回微分して，振動する粒子の加速度を求めることができる。式 (16-6) より，

$$a(t) = \frac{dv(t)}{dt} = \frac{d}{dt}[-\omega x_m \sin(\omega t + \phi)]$$

または，

$$a(t) = -\omega^2 x_m \cos(\omega t + \phi) \quad \text{(加速度)} \quad (16\text{-}7)$$

図 16-4c には $\phi = 0$ の場合の式 (16-7) のプロットが示されている。式 (16-7) に現れる正の値 $\omega^2 x_m$ は，**加速度振幅** (acceleration amplitude) a_m と呼ばれる；振動している粒子の加速度は $\pm a_m = \pm \omega^2 x_m$ の範囲で変化する（図 16-4c）。この図において，曲線 $a(t)$ が曲線 $v(t)$ に対して 1/4 周期分，左へ平行移動していることに注意しよう。

式 (16-7) と (16-3) を組み合わせると，

$$a(t) = -\omega^2 x(t) \quad (16\text{-}8)$$

この関係こそが単振動の特徴を表わす本質的な関係である。

▶ 単振動では，加速度は変位に比例し（比例係数は負の値），これら 2 つの物理量は角振動数の 2 乗で関係づけられる。

したがって，図 16-4 で示されるように，変位が正の最大値のとき，加速度は負の最大値をとる。また，逆に，加速度が正の最大値のとき，変位は負の最大値をとる。変位がゼロのときは，加速度もゼロになる。

PROBLEM-SOLVING TACTICS

Tactic 1：位相角

位相角 ϕ が $x(t)$ のグラフにどのような効果をもたらすか調べてみよう。$\phi = 0$ のとき，グラフは典型的なコサイン曲線となる（図16-4a）。ϕ が増加すると曲線は t 軸に沿って左へ平行移動していく。ϕ が減少すると曲線は右へ平行移動する（図16-3c に $\phi = -\pi/4$ の場合が示されている）。異なった位相角をもつ2つの単振動の図は，互いに位相差（phase difference）があるといわれる（一方はもう一方に対して"位相がずれている（phase shifted）"とか"位相が一致していない（out of phase）"という言い方もある）。図16-3c の場合の位相差は $\pi/4$ である。

単振動では周期 T で運動が繰り返され，コサイン関数では 2π rad ごとに関数値が繰り返される。したがって，1周期 T の違いは，位相角 2π rad の違いに相当する。図16-4では，$x(t)$ は $v(t)$ に対して位相が右方向に1/4周期（$-\pi/2$ rad）ずれている。また，$a(t)$ に対しては右方向に1/2周期（$-\pi$ rad）ずれている。位相が 2π rad ずれても，関数のプロットが重なるので何も変わったようには見えない。

16-3 単振動における力の法則

粒子の加速度が時間とともにどのように変化するかがわかれば，ニュートンの第2法則を使って，そのような加速度を生じるために，どんな力が働いているのかを知ることができる。ニュートンの第2法則と式(16-8)を結びつけると，単振動に対して，次のような関係が成り立つ；

$$F = ma = -(m\omega^2)x \tag{16-9}$$

この結果が示す，"変位に比例して変位と反対向きの力"は，既におなじみのばねに対するフックの法則である；

$$F = -kx \tag{16-10}$$

この場合，ばね定数は次式で与えられる；

$$k = m\omega^2 \tag{16-11}$$

実際のところ，式(16-10)を単振動の別の定義とみなすことができる；

> 単振動とは，変位に比例し，変位と反対向きの力を受けている粒子の運動である。

図16-5のばね-ブロック系は，**線形単振動子**（linear simple harmonic oscillator）または線形振動子（linear oscillator）を構成している。"線形"とは，力 F が x に比例している（より高い x の指数ではない）ことを意味している。このブロックの単振動の角振動数 ω は，式(16-11)で表されているように，ばね定数 k とブロックの質量に関係づけられる；

$$\omega = \sqrt{\frac{k}{m}} \quad \text{（角振動数）} \tag{16-12}$$

式(16-5)と(16-12)を結びつけると，図16-5の線形振動子の周期は次のように表される；

$$T = 2\pi\sqrt{\frac{m}{k}} \quad \text{（周期）} \tag{16-13}$$

式(16-12)と(16-13)より，ばねが強い（k が大きい）ほど，また，ブロッ

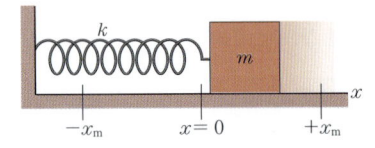

図16-5 線形単振動子。床面との摩擦はない。ブロックを引っ張ってから離すと，ブロックは図16-2の粒子と同じように単振動を始める。変位は式(16-3)で与えられる。

16-3 単振動における力の法則

クが軽い（m が小さい）ほど，角振動数が大きくなることがわかる。

振動する系はすべて（図16-5の線形振動子はもちろん），飛び込みの踏み切り板であろうが，バイオリンの弦であろうが，線形振動子と同じように何らかの"ばね的な要素"と"慣性的な要素"をもっている。図16-5の線形振動子においては，これらの2つの要素は別の部分が担っている。ばね的要素はばね（質量がないと仮定）がすべてを担い，慣性的要素はブロック（十分硬くて変形しないと仮定）がすべて担っている。しかし，バイオリンの弦においては，第17章で見るように，弦が2つの要素を担っている。

> ✓ **CHECKPOINT 2:** 次の関係のうち，どれが，単振動している粒子に働く力とその変位の関係を表しているか？
> (a) $F=-5x$, (b) $F=-400x^2$, (c) $F=10x$, (d) $F=3x^2$

例題 16-1

質量 680 g のブロックがばね定数 $k=65$ N/m のばねに取り付けられ，摩擦のない平面上に置かれている。つり合いの位置 $x=0$ にあったこのブロックを $x=11$ cm の位置まで引っ張り，$t=0$ に離した。

(a) この結果引き起こされるブロックの運動の角振動数，振動数，周期はいくらか。

解法：**Key Idea**：このブロック-ばね系は線形単振動子を構成し，ブロックは単振動するので，角振動数は式(16-12)で与えられる；

$$\omega = \sqrt{\frac{k}{m}} = \sqrt{\frac{65\,\text{N/m}}{0.68\,\text{kg}}} = 9.78\,\text{rad/s} \approx 9.8\,\text{rad/s} \quad \text{(答)}$$

振動数は，式(16-5)より，次のように求められる；

$$f = \frac{\omega}{2\pi} = \frac{9.78\,\text{rad/s}}{2\pi\,\text{rad}} = 1.56\,\text{Hz} \approx 1.6\,\text{Hz} \quad \text{(答)}$$

周期は，式(16-2)より，次のように求められる；

$$T = \frac{1}{f} = \frac{1}{1.56\,\text{Hz}} = 0.64\,\text{s} = 640\,\text{ms} \quad \text{(答)}$$

(b) 振動の振幅はいくらか。

解法：**Key Idea**：摩擦がなければこのばね-ブロック系の力学的エネルギーは保存される。このばねは，つり合いの位置から 11 cm 引っ張られ，運動エネルギーがゼロ，弾性エネルギーが最大値の状態で離された。したがって，つり合いの位置から 11 cm の位置にあるときは，常に運動エネルギーはゼロである。この位置以上にばねが伸びることはなく，変位の最大値は，11 cm である。

$$x_\text{m} = 11\,\text{cm} \quad \text{(答)}$$

(c) 振動しているブロックの最大の速さはいくらか。また，それは，どの位置で起きるか。

解法：**Key Idea**：最大の速さ v_m は，式(16-6)の速度振幅 ωx_m だから，

$$v_\text{m} = \omega x_\text{m} = (9.78\,\text{rad/s})(0.11\,\text{m}) = 1.1\,\text{m/s} \quad \text{(答)}$$

最大速さとなるのはブロックが $x=0$ を通過する瞬間である；図16-4aと図16-4bを比べると，$x=0$ のときに速さが最大であることがわかる。

(d) ブロックの最大加速度の大きさ a_m はいくらか。

解法：**Key Idea**：最大加速度の大きさ a_m は，式(16-7)の加速度振幅 $\omega^2 x_\text{m}$ だから，

$$a_\text{m} = \omega^2 x_\text{m} = (9.78\,\text{rad/s})^2 (0.11\,\text{m}) = 11\,\text{m/s}^2 \quad \text{(答)}$$

ブロックの変位が最大のとき加速度が最大となり，ブロックに働いている力も最も大きくなる；図16-4aと図16-4cを比べると，変位と加速度が同時に最大値をとることがわかる。

(e) この運動において，位相定数 ϕ の値はいくらか。

解法：**Key Idea**：式(16-3)がブロックの変位を時間の関数として表している。時刻 $t=0$ でブロックは変位 $x=x_\text{m}$ にあったと仮定している。この初期条件を式(16-3)に代入して，x_m を式から消去すると，

$$1 = \cos\theta \quad (16\text{-}14)$$

コサインの逆関数より，

$$\phi = 0\,\text{rad} \quad \text{(答)}$$

（$2\pi\,\text{rad}$ の任意の整数倍は同様に式(16-14)を満足するがそのうちで一番小さな角度を選んだ）

(f) このばね-ブロック系の変位を表す関数はどのように書けるか。

解法：**Key Idea**：$x(t)$ の一般形は式 (16-3) によって与えられている．これまでに求めた数値を代入すると，
$$x(t) = x_m \cos(\omega t + \phi)$$
$$= (0.11\,\text{m})\cos[(9.8\,\text{rad/s})t + 0]$$
$$= 0.11\cos(9.8t) \quad \text{(答)}$$
x の単位はメートル，t の単位は秒である．

例題 16-2

図 16-5 のような直線上を振動するブロックを考える．時刻 $t=0$ において，変位 $x(0)$ が $-8.50\,\text{cm}$，速度 $v(0)$ が $-0.920\,\text{m/s}$，加速度 $a(0)$ が $+47.0\,\text{m/s}^2$ であるとする．

(a) この系の角振動数 ω はいくらか？

解法：**Key Idea**：単振動しているブロックの変位は式 (16-3)，速度は式 (16-6)，加速度は式 (16-7) によって与えられ，それぞれの式の中に ω が含まれている．そこで，それぞれの式に $t=0$ を代入して，ω が求められるかどうか調べてみよう．

$$x(0) = x_m \cos\phi \quad (16\text{-}15)$$
$$v(0) = -\omega x_m \sin\phi \quad (16\text{-}16)$$
$$a(0) = -\omega^2 x_m \cos\phi \quad (16\text{-}17)$$

式 (16-15) には ω が現れない．式 (16-16) と式 (16-17) では，左辺の値はわかっているが，x_m と ϕ の値はわかっていない．しかし，式 (16-17) を式 (16-15) で割れば x_m と ϕ の両方を消去できて，次のように ω を求めることができる：

$$\omega = \sqrt{-\frac{a(0)}{x(0)}} = \sqrt{-\frac{47.0\,\text{m/s}^2}{-0.0850\,\text{m}}} = 23.5\,\text{rad/s} \quad \text{(答)}$$

(b) 位相定数 ϕ と振幅 x_m はいくらか？

解法：ここでも (a) と同じ **Key Idea** を適用できる．ただし，今度は，ω がわかっていて，ϕ と x_m を知りたいのである．そこで，式 (16-16) を式 (16-15) で割ると，

$$\frac{v(0)}{x(0)} = \frac{-\omega x_m \sin\phi}{x_m \cos\phi} = -\omega \tan\phi \quad \text{(答)}$$

これを $\tan\phi$ について解くと，

$$\tan\phi = -\frac{v(0)}{\omega x(0)} = -\frac{-0.920\,\text{m/s}}{(23.5\,\text{rad/s})(-0.0850\,\text{m})}$$
$$= -0.461 \quad \text{(答)}$$

この方程式には 2 つの解が存在する（電卓では最初の解が表示されるだろう）；

$$\phi = -25° \quad \text{および} \quad \phi = 180° + (-25°) = 155°$$

Key Idea：適切な解を選び出すために，2 つの場合について振幅 x_m の値を計算してみる．式 (16-15) に $\phi = -25°$ を代入すると，

$$x_m = \frac{x(0)}{\cos\phi} = \frac{-0.0850\,\text{m}}{\cos(-25°)} = -0.094\,\text{m}$$

同様にして，$\phi = 155°$ を代入すると $x_m = 0.094\,\text{m}$ となる．単振動の振幅は正の定数だから，正しい位相定数と振幅は，

$$\phi = 155° \quad \text{と} \quad x_m = 0.094\,\text{m} = 9.4\,\text{cm} \quad \text{(答)}$$

PROBLEM-SOLVING TACTICS

Tactic 2：運動が単振動であることを見出す

線形単振動においては加速度 a と変位 x は次の関係で結びつけられている；

$$a = -(\text{正の定数})x$$

すなわち，加速度はつり合い位置からの変位に比例しているが，その向きは反対である．振動系において，いったんそのような関係が見つかれば，正の定数が ω^2 に等しいので（式 16-8），運動の角振動数の値を知ることができる．さらに，式 (16-5) を用いて周期 T，振動数 f を知ることができる．

力 F が変位 x の関数として表される場合もあるだろう．その運動が線形単振動であるなら，力と変位は次の関係で結びつけられている；

$$F = -(\text{正の定数})x$$

すなわち，力は変位に比例しているが，その向きは反対である．いったんこのような関係が見つかれば，正の定数が k に等しいので（式 16-10），質量がわかっていれば，式 (16-12)，(16-13)，(16-5) を用いて角振動数 ω，周期 T，振動数 f を知ることができる．

16-4 単振動のエネルギー

第 8 章において，線形振動子のエネルギーは運動エネルギーとポテンシャルエネルギーの間を往き来し，この 2 つの和である力学的エネルギーが一定に保たれていることを学んだ．ここでは，この状況を定量的に検

16-4 単振動のエネルギー

討してみよう。

図16-5のような線形振動子のポテンシャルエネルギーは，すべてがばねの弾性に伴ったものである．その値はばねがどの程度伸び縮みしているか，すなわち，変位$x(t)$によって決まる．式(8-11)と(16-3)を用いると次の関係が導かれる；

$$U(t) = \frac{1}{2}kx^2 = \frac{1}{2}kx_m^2 \cos^2(\omega t + \phi) \qquad (16\text{-}18)$$

$\cos^2 A$と書かれた関数は，$(\cos A)^2$の意味である．$\cos(A^2)$を意味する$\cos A^2$と間違えないように注意しよう．

図16-5の系の運動エネルギーは，すべてブロックの運動に伴ったものである．その値はどのくらい速くブロックが動いているか，すなわち，$v(t)$によって決まる．式(16-6)を用いると次の関係が導かれる；

$$K(t) = \frac{1}{2}mv^2 = \frac{1}{2}m\omega^2 x_m^2 \sin^2(\omega t + \phi) \qquad (16\text{-}19)$$

式(16-12)を用いてω^2のところにk/mを代入すると，式(16-19)を次のように書き換えることができる；

$$K(t) = \frac{1}{2}mv^2 = \frac{1}{2}kx_m^2 \sin^2(\omega t + \phi) \qquad (16\text{-}20)$$

したがって，力学的エネルギーは，式(16-18)と(16-20)から，

$$E = U + K$$

$$= \frac{1}{2}kx_m^2 \cos^2(\omega t + \phi) + \frac{1}{2}kx_m^2 \sin^2(\omega t + \phi)$$

$$= \frac{1}{2}kx_m^2 [\cos^2(\omega t + \phi) + \sin^2(\omega t + \phi)]$$

任意の角度αに対して，

$$\cos^2\alpha + \sin^2\alpha = 1$$

の関係が成り立つので，上式の[ ]内の値は1となる．したがって，

$$E = U + K = \frac{1}{2}kx_m^2 \qquad (16\text{-}21)$$

このように，線形振動子の力学的エネルギーは時間に依存しない一定値となる．ポテンシャルエネルギーと運動エネルギーを時間の関数として図16-6aに，変位xの関数として図16-6bに示した．

これらのことから，なぜ振動系には弾性と慣性という要素が含まれているかを理解できるだろう．弾性はポテンシャルエネルギーを，慣性は運動エネルギーを蓄える．

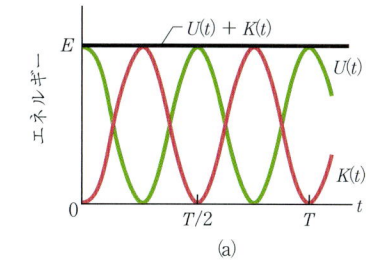

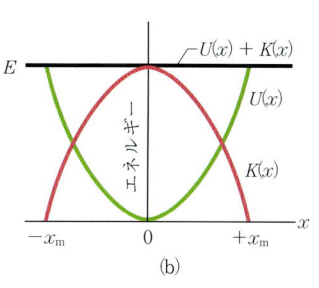

図16-6 (a)線形調和振動子のポテンシャルエネルギー$U(t)$, 運動エネルギー$K(t)$, 全エネルギーEを時間tの関数として表したグラフ．すべてのエネルギーは正の値で，ポテンシャルエネルギーと運動エネルギーは，振動の1周期の間に2回最大値をとることに注意．(b)ポテンシャルエネルギー$U(x)$, 運動エネルギー$K(x)$, 全エネルギーEを線形振動子（振幅x_m）の変位xの関数として表したグラフ．$x = 0$ではすべてのエネルギーが運動エネルギー，$x = \pm x_m$ではすべてのエネルギーはポテンシャルエネルギーである．

✓ **CHECKPOINT 3:** 図16-5において，ブロックが$x = +2.0\,\text{cm}$の位置にあるとき，運動エネルギーが3J，ばねの弾性ポテンシャルエネルギーが2Jであるとする．(a)ブロックが$x = 0\,\text{cm}$の位置にあるとき運動エネルギーはいくらか？ (b)$x = -2.0\,\text{cm}$の位置にあるときばねの弾性ポテンシャルエネルギーはいくらか？ (c)$x = -x_m$の位置にあるときばねの弾性ポテンシャルエネルギーはいくらか？

例題 16-3

(a) 例題 16-1 の線形振動子の力学的エネルギーはいくらか？（ブロックの初期位置は $x = 11\,\text{cm}$, 初速度は $v = 0$, ばね定数は $k = 65\,\text{N/m}$ であるとする。）

解法： **Key Idea**：力学的エネルギー E（ブロックの運動エネルギー $K = (1/2)\,mv^2$ とばねのポテンシャルエネルギー $U = (1/2)\,kx^2$ の和）は，ばねが振動している間，常に一定値である。したがって，E の値はどの瞬間に対して計算してもよい。初期条件として，$x = 11\,\text{cm}$ の位置で，速度 $v = 0$ が与えられているので，この状態での E の値を求めると；

$$E = U + K = \frac{1}{2}\,mv^2 + \frac{1}{2}\,kx^2$$
$$= 0 + \frac{1}{2}\,(65\,\text{N/m})\,(0.11\,\text{m})^2$$
$$= 0.393\,\text{J} \approx 0.39\,\text{J} \quad (\text{答})$$

(b) ブロックの位置が $x = (1/2)\,x_\text{m}$ のとき，ポテンシャルエネルギー U と運動エネルギー K はいくらか？ブロックの位置が $x = -(1/2)\,x_\text{m}$ のときはいくらか？

解法： **Key Idea**：ブロックの位置が与えられているので，ばねのポテンシャルエネルギーは，$U = (1/2)\,kx^2$ を用いて簡単に計算できる。$x = (1/2)\,x_\text{m}$ のときは，

$$U = \frac{1}{2}\,kx^2 = \frac{1}{2}\,k\left(\frac{1}{2}\,x_\text{m}\right)^2 = \left(\frac{1}{2}\right)\left(\frac{1}{4}\right)kx_\text{m}^2$$

この値は，k, x_m の値を代入して求めることもできるが，(a) で求めた全エネルギーが $(1/2)\,kx_\text{m}^2$ であるという **Key Idea** を使って計算してもよい；

$$U = \frac{1}{4}\left(\frac{1}{2}\,kx_\text{m}^2\right) = \frac{1}{4}\,E = \frac{1}{4}\,(0.393\,\text{J}) = 0.098\,\text{J} \quad (\text{答})$$

(a) の **Key Idea**（$E = K + U$）を用いると，

$$K = E - U = 0.393\,\text{J} - 0.098\,\text{J} \approx 0.30\,\text{J} \quad (\text{答})$$

$x = -(1/2)\,x_\text{m}$ に対しても同じ計算手順を繰り返して同じ答えが得られる；図 16-6b に見られるように左右対称になっている。

16-5 回転単振動

図 16-7 は回転における単振動の一例を示している；これまでに学んだ圧縮や引っ張りに伴う弾性ではなく，吊り線のねじれに伴う弾性に起因したものである。このような仕掛けは，**ねじれ振り子** (torsion pendulum) と呼ばれる。

円板を静止状態の位置（基準線の角度が $\theta = 0$）から角変位 θ だけ回転して静かに手を離すと，この円板は基準位置（$\theta = 0$）を中心としていわば**回転単振動** (angular simple harmonic motion) する。$\theta = 0$ の位置からどちらかの向きに角 θ だけ円板を回転させると，ねじれを元に戻そうとするトルク（力のモーメント）が発生する；

$$\tau = -\kappa\theta \tag{16-22}$$

κ（ギリシャ文字，カッパと読む）は**ねじれ係数** (torsion constant) と呼ばれ，吊り線の長さ，直径，材質に依存する定数である。

式 (16-22) を式 (16-10) と比べると，式 (16-22) は回転に関するフックの法則とみなすことができそうである。このとき，式 (16-13)（線形単振動の周期を与える）は回転単振動の周期の式に書き換えられるであろう。式 (16-13) の k を対応する量（式 16-22 の κ）で置き換え，さらに，式 (16-13) の m を対応する量（振動円板の慣性モーメント I）で置き換えると，

$$T = 2\pi\sqrt{\frac{I}{\kappa}} \quad (\text{ねじれ振り子}) \tag{16-23}$$

これは，ねじれ振り子の回転単振動の周期を表す式である。

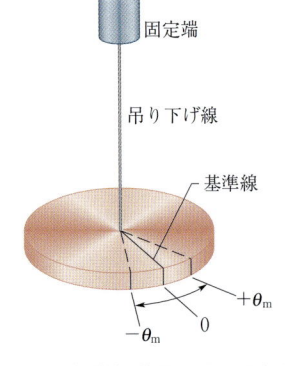

図 16-7 回転単振動子あるいはねじれ振り子は線形調和振動子（図 16-5）の回転版である。円盤の回転は水平面内である；基準線が角振幅 θ_m で振動する。吊り下げ線のねじれがばねと同様にポテンシャルエネルギーを蓄え，平衡位置への復元力を与える。

PROBLEM-SOLVING TACTICS

Tactic 3：運動が回転単振動であることを見出す

系が回転単振動をするとき，角加速度 α と角変位 θ は次式で関係づけられる；

$$\alpha = -(正の定数)\theta$$

これは式 (16-8) $(a = -\omega^2 x)$ に対応する。角加速度 α はつり合い位置からの角変位 θ に比例し，変位と逆向きに系を回転させようとする。このような関係が得られたら，正の定数を ω^2 とおいて，ω，f，T を求めることができる。

角変位とトルクの間の関係から回転単振動を見いだすこともあろう。この場合，式 (16-22)（$\tau = -\kappa\theta$）または次の関係が成り立っている；

$$\tau = -(正の定数)\theta$$

この式は，式 (16-10) $(F = -kx)$ に対応している。トルク τ はつり合い位置からの角変位 θ に比例し，変位と逆向きに系を回転させようとする。このような関係が得られたなら，正の定数をねじれ定数 κ とする。系の慣性モーメント I がわかっていれば，式 (16-23) を用いて周期 T を求めることができる。

例題 16-4

図 16-8a は，長さ $L=12.4\,\text{cm}$，質量 $m=135\,\text{g}$ の細い棒を，中点に結んだ長い線で吊り下げた状況を示している。ねじれ振動の周期 T_a は $2.53\,\text{s}$ と測定された。一方，同じ線で吊り下げられた不規則な形をした物体（X と呼ぶ）のねじれ振動の周期 T_b は $4.76\,\text{s}$ と測定された。この物体 X の吊り下げ線のまわりの慣性モーメントはいくらか？

解法：　**Key Idea**：棒あるいは物体 X の慣性モーメントは，どちらも測定された周期と関係している（式 16-23）。細い棒の中点を通りその棒に垂直な軸まわりの慣性モーメントは $(1/12)mL^2$（表 11-2e）で与えられるので，

$$I_a = \frac{1}{12}mL^2 = \left(\frac{1}{12}\right)(0.135\,\text{kg})(0.124\,\text{m})^2$$

$$= 1.73 \times 10^{-4}\,\text{kg}\cdot\text{m}^2$$

棒と物体 X について，それぞれ，式 (16-23) を書くと，

$$T_a = 2\pi\sqrt{\frac{I_a}{\kappa}} \quad \text{および} \quad T_b = 2\pi\sqrt{\frac{I_b}{\kappa}} \quad \text{(答)}$$

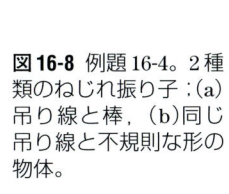

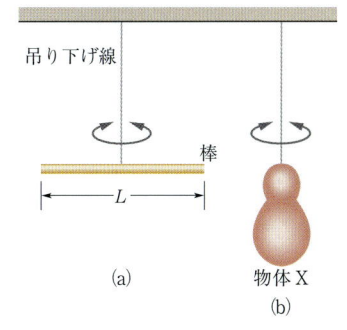

図 16-8 例題 16-4。2 種類のねじれ振り子：(a) 吊り下げ線と棒，(b) 同じ吊り下げ線と不規則な形の物体。

κ は吊り下げ線の性質で決まる量だから両式で同じ値をとる；周期と慣性モーメントだけが異なる。

これらの式を 2 乗して，2 番目の式を 1 番目の式で割って，I_b について解くと，

$$I_b = I_a \frac{T_b^2}{T_a^2} = (1.73 \times 10^{-4}\,\text{kg}\cdot\text{m}^2)\frac{(4.76\,\text{s})^2}{(2.53\,\text{s})^2}$$

$$= 6.12 \times 10^{-4}\,\text{kg}\cdot\text{m}^2 \quad \text{(答)}$$

16-6　振り子

さて，復元力が（ねじれた線や伸び縮みしたばねの弾性ではなく）重力に関係するような単振動についてを議論しよう。

単振り子

りんごに長い紐をつけ，その紐の上端を固定し，少しだけ揺れを与えて観察すると，その運動が周期的であることがすぐにわかるだろう。この運動は単振動か？もしそうなら，その周期はいくらか？この疑問に答えるために，図 16-9a に示すような，質量を無視できる長さ L の伸びない紐で吊るされた質

量 m の粒子（錘と呼ぶ）からなる**単振り子**（simple pendulum）を考える。この錘は，振り子の固定点を通る鉛直線を中心に，紙面内を左右に往復運動をする。

錘に働いている力は，紐からの力 $\vec{T}$ と重力 $\vec{F_g}$ である（図 16-9b）。紐が鉛直線となす角を θ とする。重力 $\vec{F_g}$ を，動径成分 $F_g\cos\theta$ と錘の軌跡に沿った接線成分 $F_g\sin\theta$ に分解して考える。接線成分は，常に錘を中心位置へ戻すように錘の変位と逆向きに働く力だから，振り子の固定点のまわりの復元トルクを作り出す。錘の中心位置は，錘が振動せずに静止しているときの安定点であり，**平衡点**（$\theta = 0$）と呼ばれる。

式 (11-33) （$\tau = r_\perp F$）より，この復元トルクは次のように表される；

$$\tau = -L(F_g \sin\theta) \tag{16-24}$$

負符号はトルクが常に角 θ を減少させる方向に働くことを示している。L は固定点のまわりの回転半径である。式 (16-24) を式 (11-36)（$\tau = I\alpha$）に代入し，F_g を mg で置き換えると，

$$-L(mg \sin\theta) = I\alpha \tag{16-25}$$

I は固定点のまわりの振り子の慣性モーメント，α はその点のまわりの角加速度である。

θ が小さい場合，$\sin\theta$ は θ （角度はラジアンで測る）で近似できる（たとえば，$\theta = 5.00° = 0.0873$ rad のとき $\sin\theta = 0.0872$ となり違いはわずか 0.1%）。この近似を使って式 (16-25) を簡単化し，若干の並べ替えを行うと，

$$\alpha = -\frac{mgL}{I}\theta \tag{16-26}$$

この式は，式 (16-8)（運動が単振動であることを保証する式）に対応する回転単振動の式となっている。この式は，振り子の角加速度が角変位に比例し，符号が逆であることを示している。図 16-9a の錘が右向きに運動しているとしよう。角加速度は，錘が止まるまで*左向き*に増加していき，停止後，錘は左向きに動き始める。錘が鉛直線の左側に移動すると右向き角加速度が錘を右へ戻そうと働く。このようにして，単振動で表される往復運動を繰り返すことになる。より厳密に言えば：振れ角が微小である単振り子の運動は，近似的に単振動とみなすことができる。この微小角という制約を別な言い方で表すと，運動の**角振幅** θ_m（angular amplitude，振れの最大値）は小さくなければならない。

式 (16-26) と (16-8) を比べると，振り子の角振動数は $\omega = \sqrt{mgL/I}$ となることがわかる。これを式 (16-5)（$\omega = 2\pi/T$）に代入すると，振り子の周期は，

$$T = 2\pi\sqrt{\frac{I}{mgh}} \tag{16-27}$$

単振り子の質量は，固定点から L のところに吊り下げられている粒子状の錘に集中している。式 (11-26) の結果（$I = mr^2$）を使えば，振り子の慣性モーメントは $I = mL^2$ である。これを式 (16-27) に代入して整理すると，

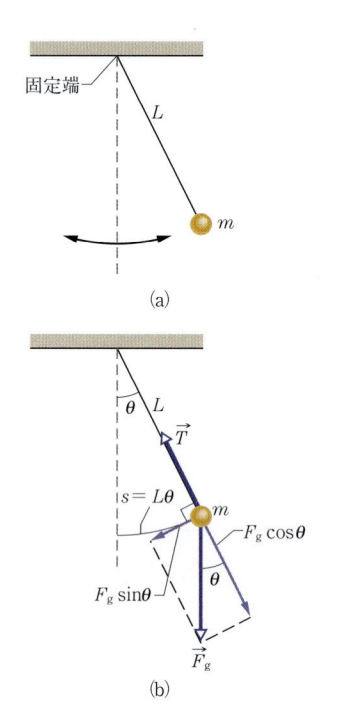

図 16-9 (a) 単振り子 (b) 錘に働く力は，重力 F_g と紐からの力 T。重力の接線成分 $F_g \sin\theta$ がつり合いの位置に戻そうとする復元力となる。

$$T = 2\pi\sqrt{\frac{L}{g}} \quad \text{(単振り子,微小振幅の場合)} \quad (16\text{-}28)$$

より簡単なこの式が,微小振幅で振動する単振り子の周期を与える。(本章での問題では,振動はすべて微小角振動であると仮定する。)

物理振り子

物理振り子(physical pendulum)と呼ばれる現実の振り子は,複雑な質量分布をもつので,単振り子の状況とは大きく異なっている。物理振り子は単振動をするのだろうか?もしそうなら,その周期はいくらか?

図16-10は,右向きに角 θ だけ変位した任意の物理振り子を表している。重力 $\vec{F}_g$ は固定点Oから距離 h だけ離れた質量中心Cに作用する。物理振り子(図16-10)と単振り子(図16-9a)では,形の違いにもかかわらず,重要な相違点はひとつだけである;復元力となる重力の成分 $F_g \sin\theta$ のモーメントの腕が,物理振り子の場合は h,単振り子の場合は L である。他の点においては,物理振り子の解析は,単振り子と全く同様に式(16-27)まで進めることができる。そして,微小振幅 θ_m の場合には運動は近似的に単振動となる。

式(16-27)の L を h で置き換えると物理振り子の周期を表す式が求められる;

$$T = 2\pi\sqrt{\frac{I}{mgh}} \quad \text{(物理振り子,微小振幅の場合)} \quad (16\text{-}29)$$

I は単振り子と同様にOのまわりの振り子の慣性モーメントを表す。I は単純に mL^2 ではない(その大きさは物理振り子の具体的な形状に依存する)が,それでも質量 m には比例する。

回転中心を質量中心に選んだ場合,物理振り子は振動しない。形式的には,式(16-29)で $h = 0$ とおくことに対応している。このとき $T \to \infty$ となる。これは,いくら時間が経過しても1回も振動しないということを表す。

固定点のまわりに周期 T で振動する物理振り子と同じ周期 T で振動する長さ L_0 の単振り子を考える。式(16-28)を用いてこのような L_0 を求めることができる。点Oから距離 L_0 だけ離れた物理振り子上の点は,物理振り子の*振動中心*(center of oscillation)と呼ばれる。

g の測定

物理振り子を用いると,地上の各地点における自由落下の加速度 g の値を測定することができる(地質調査では,これまでに数え切れないほど多くの g 測定が行われてきた)。

簡単な例として,端から吊り下げられた長さ L の一様な棒を考える。この振り子では,式(16-29)の h(固定点と質量中心の距離)は $(1/2)L$ である。表11-2eによれば,質量中心を通り,棒に垂直な軸のまわりの慣性モーメントは $(1/12)mL^2$ で与えられる。式(11-29)の平行軸の定理 $(I = I_{\text{com}} + Mh^2)$ を使うと,棒の一端のまわりの慣性モーメントは,

$$I = I_{\text{com}} + mh^2 = \frac{1}{12}mL^2 + m\left(\frac{1}{2}L\right)^2 = \frac{1}{3}mL^2 \quad (16\text{-}30)$$

式(16-29)に $h = (1/2)L$ と $I = (1/3)mL^2$ を代入し,g について解くと次の関

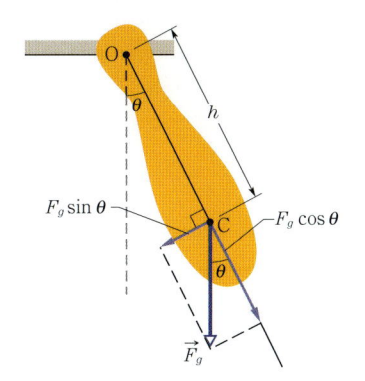

図 16-10 物理振り子。復元力は $hF_g \sin\theta$。$\theta = 0$ のとき,質量中心Cは回転中心Oの真下にくる。

$$g = \frac{8\pi^2 L}{3T^2} \tag{16-31}$$

したがって，L と周期 T の測定により，その振り子の位置における g の値を知ることができる（精密な測定が必要とされる場合は，振り子を真空容器の中に入れて揺らす等のいくつかの改善が必要である）。

例題 16-5

長さ 1 m の物差しが，質量中心から距離 h にある固定端のまわりに揺れている（図 16-11a）。

(a) 振動の周期 T はいくらか？

解法： **Key Idea**： この物差しは単振り子ではなく物理振り子である；なぜなら質量が固定端と反対側の端点に集中していない。振動の周期は式 (16-29) で与えられる。これを計算するには，固定端のまわりの慣性モーメント I が必要である。物差しを長さ L，質量 m の一様な棒だとすると，式 (16-30) より $I = (1/3)mL^2$ となる。式 (16-29) の h は $(1/2)L$ である。式 (16-29) にこれらを代入すると，

$$T = 2\pi\sqrt{\frac{I}{mgh}} = 2\pi\sqrt{\frac{\frac{1}{3}mL^2}{mg(\frac{1}{2}L)}} = 2\pi\sqrt{\frac{2L}{3g}} \tag{16-32}$$

$$= 2\pi\sqrt{\frac{(2)(1.00)}{(3)(9.8\,\text{m/s}^2)}} = 1.64\,\text{s} \quad \text{（答）}$$

周期は振り子の質量 m によらないことに注意しよう。

(b) 棒の固定点 O から振動中心までの距離 L_0 はいくらか？

解法： **Key Idea**： 図 16-11a の物理振り子と同じ振動周期をもつ単振り子の長さ L_0（図 16-11b）を求める。式 (16-28) と (16-32) を等しいとおくと；

$$T = 2\pi\sqrt{\frac{L_0}{g}} = 2\pi\sqrt{\frac{2L}{3g}} \quad \text{（答）}$$

これより，

$$L_0 = \frac{2}{3}L = \left(\frac{2}{3}\right)(100\,\text{cm}) = 66.7\,\text{cm} \quad \text{（答）}$$

図 16-11a の点 P は固定点 O からこの距離だけ離れた点を示している。この点が棒の振動中心である。

図 16-11 例題 16-5。(a) 1 m 尺が一端で吊り下げられている物理振り子。(b) 2 つの振り子が同じ周期となるように長さ L_0 を決めた単振り子。(a) の振り子の点 P は振動中心を示す。

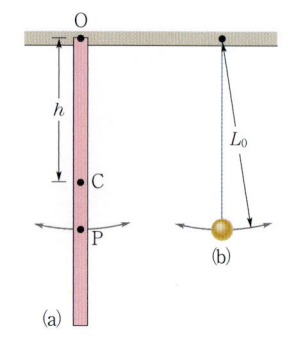

✓ **CHECKPOINT 4**： 同じ大きさ，同じ形で質量が異なる (m_0, $2m_0$, $3m_0$) の 3 つの物理振り子がある。固定端のまわりの振動周期の大きい順に並べよ。

例題 16-6

水泳が得意なペンギンが水に飛び込もうとしている（図 16-12）。飛び込み台は長さ $L = 2.0$ m，質量 $m = 12$ kg の一様な板で，左端は蝶番で支持され，右端はばね定数 $k = 1300$ N/m のばねで支えられている。ペンギンが飛び込むと飛び込み板は小さな振幅で振動する。板は十分に硬くて曲がらないと仮定する。振動の周期 T を求めよ。

解法： ばねが関係しているので，その振動は単振動であると予想されるが，そのような仮定はしないでおこう。その代わり，次のような **Key Idea** を用いる；板の振動が単振動ならば，振動する右端の加速度と変位の間には式 (16-8) $(a = -\omega^2 x)$ の関係がなければならない。この関係が見いだせれば，ω と周期 T を求めることができる。板の右端の加速度と変位の間の関係を調べて見よう。

右端が振動すると板は蝶番のまわりに回転するので，この回転軸のまわりのトルク $\vec{\tau}$ を考えよう。このトル

図 16-12 例題 16-6。ペンギンが飛び込むと板とばねが振動する；板は左端の蝶番で保持されている。

クはばねから板に働く力$\vec{F}$に起因している。$\vec{F}$は時間とともに変化するのでトルク$\vec{\tau}$も変化するが，任意の瞬間において$\vec{\tau}$と$\vec{F}$の間には式(11-36)($\tau = rF\sin\phi$)の関係が成り立っている。ここでは，

$$\tau = LF \sin 90° \qquad (16\text{-}33)$$

Lは力$\vec{F}$のモーメントの腕，90°はモーメントの腕と力の作用線のなす角度である。式(11-36)($\tau = I\alpha$)と式(16-33)を結びつけると，

$$LF = I\alpha \qquad (16\text{-}34)$$

Iは蝶番のまわりの板の慣性モーメント，αはそのまわりの角加速度である。板は，固定点のまわりに回転する細い棒とみなすことができるので，式(16-30)より，板の慣性モーメントは$I = (1/3)mL^2$で与えられる。

振動する板の右端を通り垂直上向きをxの正の向きとする。ばねから板の右端に働く力は，右端の垂直変位をxとすると，$F = -kx$と表される。

これらの関係を式(16-34)のI, Fに代入すると，

$$-Lkx = \frac{mL^2\alpha}{3} \qquad (16\text{-}35)$$

この式には（蝶番のまわりの）角加速度と（垂直方向の）変位が混在している。しかし，式(16-35)のαは，接線加速度についての式(11-22)($a_t = \alpha r$)を用いてx方向の加速度aで置き換えることができる。接線加速度はa，回転半径rはLだから，$\alpha = a/L$となる。このような置き換えをすると，式(16-35)は，

$$-Lkx = \frac{mL^2 a}{3L}$$

さらに整理して，

$$a = -\frac{3k}{m}x \qquad (16\text{-}36)$$

式(16-36)は式(16-8)と同じ形をしている($a = -\omega^2 x$)。したがって，この板の運動は単振動である。式(16-36)と(16-8)の比較から，

$$\omega^2 = \frac{3k}{m}$$

これより，$\omega = \sqrt{3k/m}$が得られる。さらに，式(16-5)($\omega = 2\pi/T$)を用いて，

$$T = 2\pi\sqrt{\frac{m}{3k}} = 2\pi\sqrt{\frac{12\,\text{kg}}{3(1300\,\text{N/m})}} = 0.35\,\text{s} \quad \text{(答)}$$

驚いたことに，周期は板の長さLに無関係な量となっている。

16-7 単振動と等速円運動

1610年，ガリレオは当時発明された望遠鏡を用いて木星の4つの衛星を発見した。数週間の観測によって，ガリレオは，各衛星は木星に対して相対的に往復運動（今日我々が単振動と呼ぶ運動）をしていると推測した。木星は衛星の往復運動の中点に位置する。ガリレオ自身の手で書かれた彼の観測結果は，いまでも利用することができる。MITのA.P.Frenchはガリレオのデータを用いて，カリスト（木星の衛星のひとつ）の木星に対する相対運動を調べた。図16-13の白丸はガリレオの測定結果で，曲線はベストフィット曲線（データ点に最も良く合う曲線）を示す。この曲線は

図16-13 地球から観測した木星とその衛星カリストの間の角度。○は1610年のガリレオの測定値である。曲線はベストフィット曲線で，この変化が単振動であることを強く示唆している。地球から木星までの平均距離から見積もると，10分角は約2×10^6 kmに対応する。(A.P.French"Newtonian Mechanics";W.W.Norton & Company,New York,1971 p.288より引用)

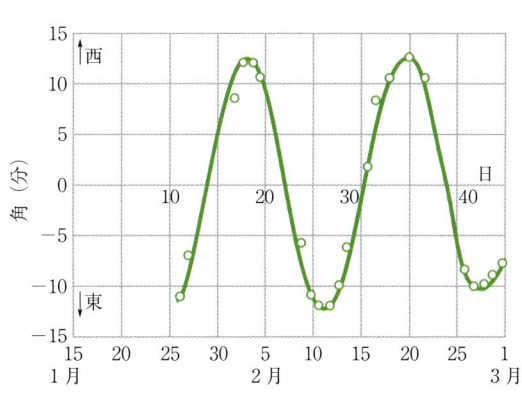

式 (16-3)（単振動の変位を表す関数）を強く示唆している。このプロットより，周期が約16.8日であることが読み取れる。

実際には，カリストは木星のまわりの円軌道を，ほぼ一定の速さで運動をしている。この運動は，単振動とは全く異なる等速円運動である。ガリレオが見たものは（あなたにも性能の良い双眼鏡とちょっとした忍耐があれば見ることができるものは）等速円運動を運動平面内の軸に射影したものである。ガリレオのこの注目すべき観測結果によって，単振動は等速円運動を真横から眺めたものであることが導かれた。もっと形式的ないい方をすれば，

▶ 単振動は等速円運動をその直径へ射影したものである。

図16-14aに一例を示す。基準粒子P′が一定の角速度ωで基準円の周上を運動している。円の半径x_mは粒子の位置ベクトルの大きさである。$t=0$の回転角をϕとすると，任意の時刻tにおける粒子の回転角は$\omega t + \phi$である。

粒子P′のx軸上への射影点をPとして，これを2番目の粒子と考える。粒子P′の位置ベクトルのx軸上への射影がPの位置$x(t)$を与えるので，
$$x(t) = x_m \cos(\omega t + \phi)$$
これはまさに式(16-3)である。われわれの結論は正しかった。基準粒子P′が等速円運動すると，その射影である粒子Pは，円の直径上を単振動する。

図16-14bは，基準粒子の速度ベクトル$\vec{v}$を表している。式(11-18) ($v = \omega r$) より，速度ベクトルの大きさはωx_mであり，x軸上への射影は，
$$v(t) = -\omega x_m \sin(\omega t + \phi)$$
これはまさに式(16-6)である。図16-4bのPの速度成分が左向き(xの負の向き)なので負符号が現れる。

図16-14cは基準粒子の動径加速度$\vec{a}$を示している。式(11-23) ($a_r = \omega^2 r$) より，動径加速度の大きさは$\omega^2 x_m$でり，x軸上への射影は，
$$a(t) = -\omega^2 x_m \cos(\omega t + \phi)$$
これはまさに式(16-7)である。このように，変位，速度，加速度のいずれを見ても，等速円運動の射影は確かに単振動となっている。

16-8 減衰単振動

水中で振り子を揺らしても，水の抵抗が振り子の運動を弱めるので，振り子はすぐに止まってしまう。空気中では振り子は長い間揺れ続けるが，空気抵抗や固定点での摩擦のために（振り子の運動からエネルギーが失われ）最後には止まってしまう。

外力を受けて振動子の運動が弱まるとき，振動子またはその運動は**減衰する** (damped) という。図16-15には，理想化された減衰振動子のモデルが示されている。ここでは，ばね定数kのばねに吊られた質量mのブロックが鉛直方向に振動する。ブロックから伸びた棒の先についた羽板は液体に浸かっている（棒，羽板ともに質量は無視できる）。羽板が上下

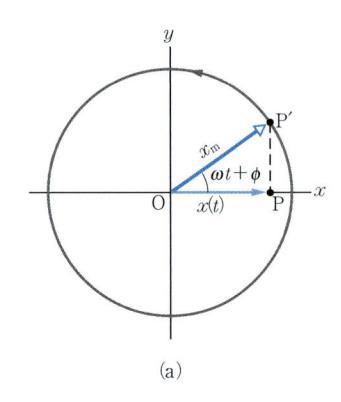

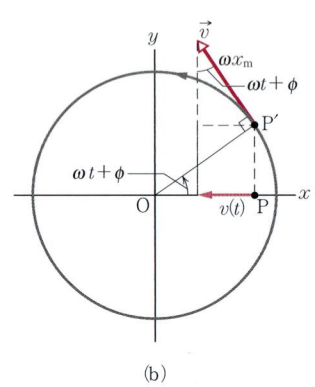

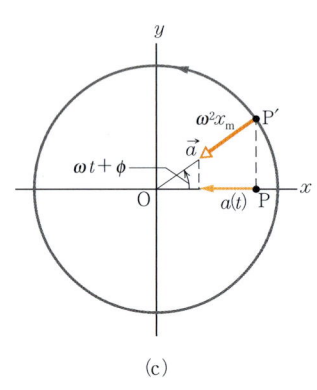

図16-14 (a)基準粒子P′が半径x_mで等速円運動している。x_m軸上への射影であるPは単振動する。(b)基準粒子P′の速度$\vec{v}$の射影は単振動の速度となる。(c)基準粒子P′の加速度$\vec{a}$の射影は単振動の加速度となる。

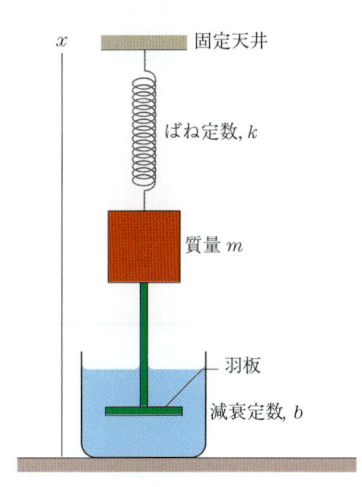

図16-15 基理想化された減衰単振動。羽板が液体中に浸っているため，ブロックがx方向に振動する際にブロックには振動を減衰させる力が働く。

運動をすると液体がその運動を妨げる抵抗力を及ぼし，その影響は全振動系に伝わる。時間が経つにつれて，エネルギーが液体と羽板の熱エネルギーに移り，ブロック-ばね系の力学的エネルギーは減少する。

液体が及ぼす減衰力（damping force）$\vec{F}_d$の大きさは，ブロックと羽板の速度$\vec{v}$に比例するとしよう（ブロックと羽板がゆっくり動くなら，この仮定は正確である）。このとき，図16-15における減衰力のx成分は，

$$F_d = -bv \tag{16-37}$$

bは**減衰定数**（damping constant）と呼ばれ，液体と羽板の両方の性質に依存した量である。SI単位系での単位はkg/sとなる。負符号は$\vec{F}_d$が運動と反対向きに働くことを示している。

ばねからブロックに働く力は，$F_s = -kx$である。ブロックに働く重力の大きさはF_dやF_sに比べて無視できる大きさであるとしよう。ニュートンの第2法則のx成分（$F_{net,x} = ma_x$）を書くと，

$$-bv - kx = ma \tag{16-38}$$

vの代わりにdx/dt，aの代わりにd^2x/dt^2を代入して整理すると，次式のような微分方程式が得られる；

$$m\frac{d^2x}{dt^2} + b\frac{dx}{dt} + kx = 0 \tag{16-39}$$

この方程式の解は次式で与えられる；

$$x(t) = x_m e^{-bt/2m} \cos(\omega' t + \phi) \tag{16-40}$$

x_mは振幅，ω'は減衰振動子の角振動数であり，次式で与えられる；

$$\omega' = \sqrt{\frac{k}{m} - \frac{b^2}{4m^2}} \tag{16-41}$$

もし$b=0$（減衰がない）ならば，式(16-41)は減衰がないときの角振動数の式(16-12)（$\omega = \sqrt{k/m}$）に帰着し，式(16-40)は減衰がないときの変位の式(16-3)に帰着する。減衰係数が小さいけれども0でない（$b \ll \sqrt{km}$）ときは$\omega' \approx \omega$である。式(16-40)は，振幅$x_m e^{-bt/2m}$が時間とともに減衰するコサイン関数とみなすことができる（図16-16）。減衰のない振動の場合，力学的エネルギーは一定値（式(16-21)，$E = (1/2)kx_m^2$）をとる。しかし，減衰振動の場合は，力学的エネルギーは一定ではなく，時間とともに減少する。減衰が小さいならば，式(16-21)のx_mを$x_m e^{-bt/2m}$（減衰振動の振幅）で置き換えて$E(t)$を求めることができる；

$$E(t) \approx \frac{1}{2}kx_m^2 e^{-bt/m} \tag{16-42}$$

この式から，振幅と同様に力学的エネルギーも時間とともに指数関数的に減衰していくことがわかる。

> **CHECKPOINT 5:** 図16-15の減衰振動子に対して，3通りのばね定数，減衰定数，質量の組み合わせを考える。力学的エネルギーが最初の状態の1/4となる時間の長い順に答えなさい。
>
> | | | | |
> |---|---|---|---|
> | Set 1 | $2k_0$ | b_0 | m_0 |
> | Set 2 | k_0 | $6b_0$ | $4m_0$ |
> | Set 3 | $3k_0$ | $3b_0$ | m_0 |

例題 16-7

図 16-15 の減衰振動子において，$m = 250\,\mathrm{g}$，$k = 85\,\mathrm{N/m}$，$b = 70\,\mathrm{g/s}$ とする。

(a) 運動の周期はいくらか？

解法： Key Idea： $b \ll \sqrt{km} = 4.6\,\mathrm{kg/s}$ だから，周期は減衰のない場合とほとんど同じである。式(16-13)より，

$$T = 2\pi\sqrt{\frac{m}{k}} = 2\pi\sqrt{\frac{0.25\,\mathrm{kg}}{85\,\mathrm{N/m}}} = 0.34\,\mathrm{s} \quad (\text{答})$$

(b) 減衰振動の振幅が最初の値の半分になるまでの時間はいくらか？

解法： Key Idea： 時刻 t における振幅は式(16-40)の $x_\mathrm{m} e^{-bt/2m}$ で表されている。$t=0$ での値は x_m だから，この値が半分となる時刻 t を求めればよい；

$$x_\mathrm{m} e^{-bt/2m} = \frac{1}{2} x_\mathrm{m}$$

両辺の x_m を消してから自然対数をとると，右辺は $\ln(1/2)$，左辺は，

$$\ln(e^{-bt/2m}) = -bt/2m$$

これより，

$$t = \frac{-2m \ln\frac{1}{2}}{b} = \frac{-(2)(0.25\,\mathrm{kg})(\ln\frac{1}{2})}{0.070\,\mathrm{kg/s}} = 5.0\,\mathrm{s} \quad (\text{答})$$

$T = 0.34\,\mathrm{s}$ だから，この時間は振動周期の約15回分に相当する。

(c) 力学的エネルギーが最初の半分になる時間はいくらか？

解法： Key Idea： 時刻 t における力学的エネルギーの式は，$(1/2)kx_\mathrm{m}^2 e^{-bt/m}$ で与えられる（式16-42）。$t=0$ では $(1/2)kx_\mathrm{m}^2$ だから，以下の関係を満足する t を求めればよい；

$$\frac{1}{2}kx_\mathrm{m}^2 e^{-bt/m} = \frac{1}{2}\left(\frac{1}{2}kx_\mathrm{m}^2\right)$$

両辺を $(1/2)kx_\mathrm{m}^2$ で割ってから，(b)と同様にして t について解くと，

$$t = \frac{-m \ln\frac{1}{2}}{b} = \frac{-(0.25\,\mathrm{kg})(\ln\frac{1}{2})}{0.070\,\mathrm{kg/s}} = 2.5\,\mathrm{s} \quad (\text{答})$$

この値は(b)で求めた時間のちょうど半分であり，振動周期の約 7.5 倍である。図16-16 にこの例題の状況が示されている。

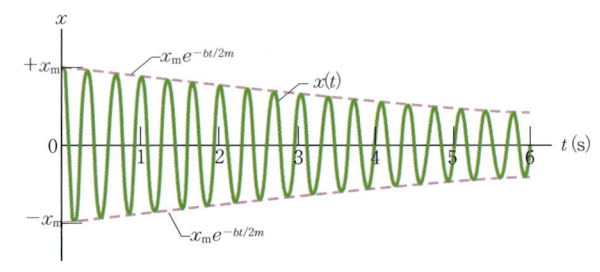

図 16-16 図16-15の減衰振動に対して，例題16-7で与えられた値を用いたときの変位関数 $x(t)$。$x_\mathrm{m} e^{-bt/2m}$ で与えられる振幅は時間の経過とともに指数関数的に減少する。

16-9 強制振動と共鳴

ブランコに座ってブランコの揺れに身を任せている人の運動は*自由振動*(free oscillation)である。一方，誰かが周期的にブランコを押しているならその運動は*強制振動*(forced oscillation または driven oscillation)となる。強制振動する系には2つの角振動数が関係する：（1）固有角振動数 ω（系が自由な状態で振動するときの角振動数 ω）と，（2）強制振動を生じさせる外部駆動力（強制力）の角振動数 ω_d である。

図 16-15 の "固定天井" と記された部分を，角振動数 ω_d で上下に振動させると，これは理想化された強制振動のモデルとなる。このような強制振動が与えられると，系は角振動数 ω_d で振動し，その変位は次式で与えられる；

$$x(t) = x_m \cos(\omega_d t + \phi) \tag{16-43}$$

x_m は振動の振幅である。

振幅 x_m は ω_d，ω に依存する複雑な関数となる。速度振幅の方がやや記述しやすい：速度振幅は，次のような**共鳴**(resonance)条件が満たされるときに最大となる；

$$\omega_d = \omega \quad (共鳴) \tag{16-44}$$

式(16-44)は変位振幅が最大となる近似的な条件にもなっている。したがって，ブランコをその固有角振動数で押すと，変位振幅と速度振幅はともに増大する（子供たちはこのことを試行錯誤の後すぐに学び取ってしまう）。別の角振動数（大きくても小さくても）で押しても，変位振幅と速度振幅は小さな値にしかならないであろう。

図16-17は，振幅が駆動振動数に対してどのように変化するかを，3通りの減衰係数 b に対して示したものである。すべての場合において，$\omega_d/\omega = 1$ となる（式(16-44)の共鳴条件が成り立つ）ときに変位振幅がほぼ最大となっていることに注意しよう。図16-17では，減衰係数が小さいほど，共鳴ピーク(resonance peak)が鋭く大きくなることも示されている。

すべての機械的構造物はひとつ以上の固有振動数をもっている。この固有振動のひとつに一致するような強い駆動力を構造物が受けると，その構造物の振動はそれを破壊するほど大きくなる可能性がある。たとえば，飛行機の設計技師は，主翼のいかなる固有振動数も，飛行中のエンジンの角振動数に一致しないように注意を払う必要がある。エンジンの回転速度がある値に達すると決まって激しく振動するような主翼は危険きわまりない。

図 16-17 外部駆動力の角振動数 ω_d が変化すると，強制振動子の振幅 x_m も変化する。その振幅はほぼ $\omega_d/\omega = 1$（共鳴条件）のとき最大になる。3つの曲線は減衰係数 b の異なった3つの値に対応している。

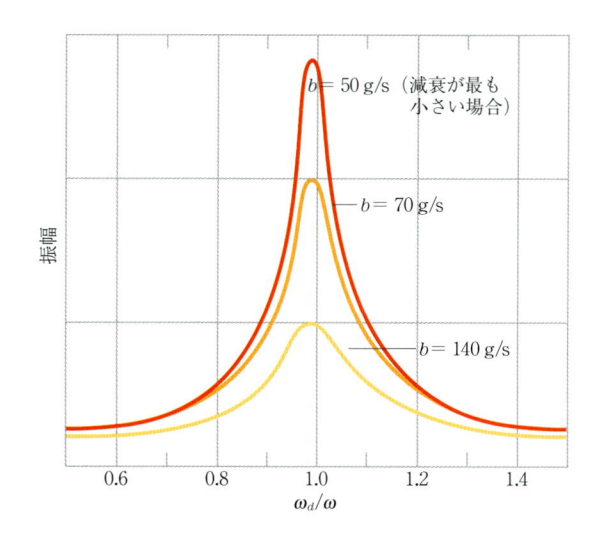

1985年9月のメキシコ地震はM8.1（訳注：英語では地震のマグニチュードをRichter scaleという）の非常に大きなものであったが，震源から400 kmも離れたメキシコシティーに到達した地震波が，甚大な被害を与えるほど大きいとは考えられなかった。しかしメキシコシティーの大部分は古代の湖底の上に建てられており，その土質は水分が多く柔らかであった。地震波の振幅は，メキシコシティーへ至る途中の固い地盤では小さかったが，メキシコシティーの軟弱地盤で増大した。地震波の加速度振幅は$0.20g$に達し，角振動数も（驚くべきことに）約$3\,\text{rad/s}$に集中した。地面が大きく揺れただけでなく，中層ビルディングの多くが約$3\,\text{rad/s}$の共鳴振動数をもっていた。これらの中層ビルのほとんどが地震の間に倒壊したが，低層ビル（共鳴振動数が高い）や高層ビル（共鳴振動数が低い）は倒れずに残ったのである。

まとめ

振動数 周期的（あるいは振動）運動の1秒間あたりの振動回数を振動数fという。振動数のSI単位は，ヘルツである；

$$1\,\text{ヘルツ} = 1\,\text{Hz} = 1\,\text{振動/秒} = 1\,\text{s}^{-1} \quad (16\text{-}1)$$

周期 周期Tは1回の振動に要する時間である。これは振動数と以下の関係にある；

$$T = \frac{1}{f} \quad (16\text{-}2)$$

単振動 単振動においては，粒子のつり合い位置からの変位$x(t)$は次式で与えられる；

$$x(t) = x_\text{m}\cos(\omega t + \phi) \quad (16\text{-}3)$$

x_mは変位の**振幅**，$(\omega t + \phi)$は運動の**位相**，ϕは**位相定数**である。**角振動数**ωは，周期，振動数と以下の関係にある；

$$\omega = \frac{2\pi}{T} = 2\pi f \quad (16\text{-}5)$$

式(16-3)を微分することによって単振動する粒子の速度，加速度を時間の関数として求めることができる；

$$v = -\omega x_\text{m}\sin(\omega t + \phi) \quad \text{（速度）} \quad (16\text{-}6)$$

$$a = -\omega^2 x_\text{m}\cos(\omega t + \phi) \quad \text{（加速度）} \quad (16\text{-}7)$$

式(16-6)のωx_mを運動の速度振幅v_m，式(16-7)の$\omega^2 x_\text{m}$を運動の加速度振幅a_mという。

線形振動子 フックの法則の復元力（$F = -kx$で表される）を受ける質量mの粒子の運動は単振動となり，その角振動数と周期は次のようになる；

$$\omega = \sqrt{\frac{k}{m}} \quad \text{（角振動数）} \quad (16\text{-}12)$$

$$\omega = 2\pi\sqrt{\frac{m}{k}} \quad \text{（周期）} \quad (16\text{-}13)$$

このような系の振動は**線形単振動**と呼ばれる。

エネルギー 単振動をしている粒子は，運動エネルギー$K = (1/2)mv^2$とポテンシャルエネルギー$U = (1/2)kx^2$をもっている。U, Kはそれぞれ変化するが，もし摩擦がなければ，力学的エネルギー$E = K + U$は変化せず一定の値をとる。

振り子 単振動子の例として，**ねじれ振り子**（図16-7），**単振り子**（図16-9），**物理振り子**（図16-10）をあげられる。微小振幅の場合のこれらの周期は，それぞれ，

$$T = 2\pi\sqrt{\frac{I}{\kappa}} \quad (16\text{-}23)$$

$$T = 2\pi\sqrt{\frac{L}{g}} \quad (16\text{-}28)$$

$$T = 2\pi\sqrt{\frac{I}{mgh}} \quad (16\text{-}29)$$

単振動と等速円運動 単振動は等速円運動を円の直径へ射影したものである。図16-14は円運動のパラメータ（位置，速度，加速度）と単振動のパラメータとの対応関係を示している。

減衰調和振動 現実の振動系においては，力学的エネルギーEは減少する。なぜなら，抵抗力のような外力が振動を邪魔し，力学的エネルギーが熱エネルギーに移るためである。このとき振動は**減衰する**といわれ

る。減衰力が$F_d = -bv$ (vは振動子の速度, bは減衰定数)で与えられるとすると, 振動子の変位は次式で与えられる;

$$x(t) = x_m e^{-bt/2m} \cos(\omega' t + \phi) \quad (16\text{-}40)$$

ω'は減衰振動子の角振動数で, 次式で与えられる;

$$\omega' = \sqrt{\frac{k}{m} - \frac{b^2}{4m^2}} \quad (16\text{-}41)$$

減衰定数bが小さければ($b \ll \sqrt{km}$), $\omega' \approx \omega$となる。ωは減衰のない振動子の角振動数である。bが小さいとき, 振動子の力学的エネルギーは次式で与えられる;

$$E(t) \approx \frac{1}{2} k x_m^2 e^{-bt/m} \quad (16\text{-}42)$$

強制振動と共鳴　角振動数ω_dの外力が固有角振動数ωの振動系に作用すると, その系は角振動数ω_dで振動する。速度振幅v_mは, 次式の**共鳴**の条件が満たされるとき最大となる;

$$\omega_d = \omega \quad (16\text{-}44)$$

系の振幅x_mも同じ条件のとき, 近似的に最大となる。

問題

1. 以下の変位xと加速度aの関係式のうち, この粒子が単振動するのはどの式か？　(a) $a = 0.5x$, (b) $a = 400x^2$, (c) $a = -20x$, (d) $a = -3x^2$

2. 単振動に対して$x = (2.0\text{m})\cos(5t)$の関係が与えられ, $t = 2\text{s}$での速度を知りたいとき, tに対して値を代入し, その後, 微分すべきか, あるいはその逆に(微分してから数値を代入)すべきか？

3. 図16-18には, 単振動している粒子の加速度$a(t)$のグラフが示されている。(a) どの点が変位$-x_m$に対応する点か？ (b) 点4での粒子の速度は正, 負, ゼロのいずれか？ (c) 点5での粒子は, $-x_m$, $+x_m$, 0のどの位置か, あるいは, $-x_m$と0の間か, あるいは, 0と$+x_m$の間にあるか？

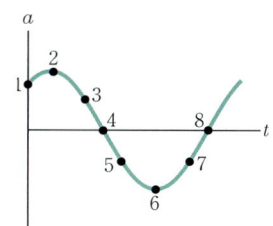

図16-18　問題3

4. 図16-19aの単振動において位相定数ϕの範囲はどれか？ (a) $-\pi < \phi < -\pi/2$, (b) $\pi \leq \phi < 3\pi/2$, (c) $-3\pi/2 < \phi < -\pi$

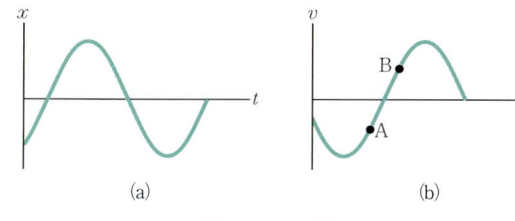

図16-19　問題4

5. 図16-19bには, 単振動している粒子の速度$v(t)$のグラフが示されている。(a) A点において, (b) B点において, 粒子は瞬間的に静止しているか, $-x_m$に向かっているか, $+x_m$に向かっているか？ 速度が, (c) A点のとき, (d) B点のとき, 粒子の位置は, $-x_m$, $+x_m$, 0あるいは, $-x_m \sim 0$, $0 \sim +x_m$の範囲にあるか？ (e) A点では, (f) B点では, 粒子の速度は増加しているか, 減少しているか？

6. 図16-20には, 位相以外の違いがない一対の単振動AとBが3通り示されている。各対において曲線Aを曲線Bに一致させるには, どれだけ位相をずらさなければならないか（ラジアンと度で答えよ）？ 多くの解のうち, 絶対値が最も小さなものを選べ。

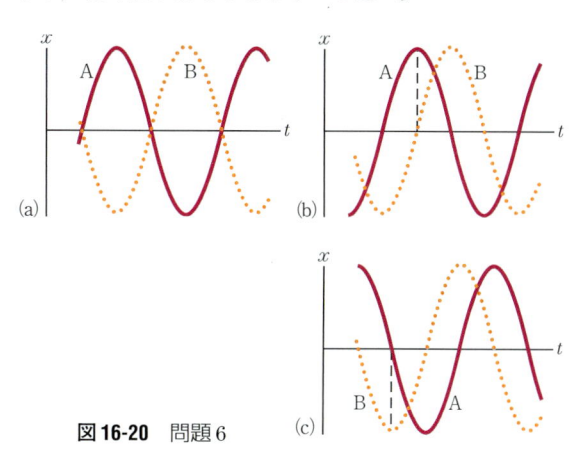

図16-20　問題6

7. 図16-21aと図16-21bには, 同じ質量とばね定数をもった4つの線形振動子の同じ瞬間のスナップショッ

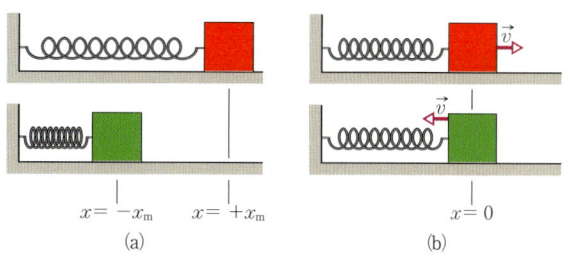

図16-21　問題7

トが示されている。(a) 図 16-21a の 2 つの振動の位相差はいくらか？ (b) 同様に図 16-21b の 2 つの振動子の位相差はいくらか？ (c) 図 16-21a の赤い色の振動子と図 16-21b の緑色の振動子の位相差はいくらか？

8. (a) 図 16-22a に示された曲線（あるいは直線）のうち，どれが単振動の加速度 $a(t)$ と変位 $x(t)$ の関係を表しているか？ (b) 図 16-22b の曲線（あるいは直線）のうち，どれが単振動の速度 $v(t)$ と変位 $x(t)$ の関係を表しているか？

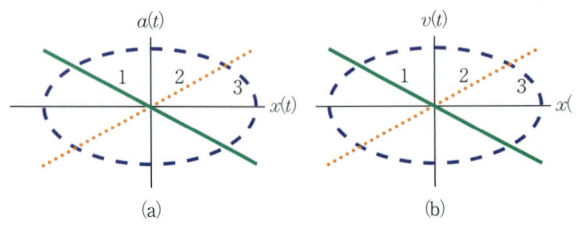

図 16-22 問題 8

9. 図 16-23 では，大きなブロック B の上に小さなブロック A が載っている。A と B の間には摩擦がある。摩擦のない床の上に置かれたブロック B は，最初 $x = 0$（ばねの自然長）にある。ばねを距離 d だけ右側に引っ張って離すとばね－ブロック系は単振動をする。振幅 x_m でブロック A は B の上を滑るぎりぎりの状態になる。(a) ブロック A の加速度は一定か，変化するか？ (b) A を加速する摩擦力の大きさは一定か，変化するか？ (c) $x = 0$ と $x = \pm x_m$ ではどちらが滑りやすいか？ (d) 単振動を d より大きな変位で開始すると，滑りやすくなるか，滑りにくくなるか？

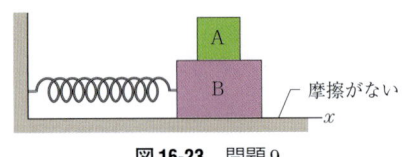

図 16-23 問題 9

10. 図 16-24 では，2 通りの方法でバネ－ブロック系に単振動を与える。最初の実験では，ブロックをつり合いの位置から d_1 だけ引っ張って離す。2 番目の実験では，より大きな距離 d_2 だけ引っ張って離す。1 番目の実験に比べて，2 番目の実験での (a) 振幅，(b) 周期，(c) 振動数，(d) 最大運動エネルギー，(e) 最大ポテンシャルエネルギーは，大きいか，小さいか，同じか。

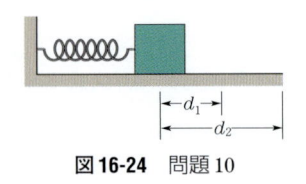

図 16-24 問題 10

11. 図 16-25 には，3 つの物理振り子が示されている。それぞれの振り子は，同じ質量の球が，質量を無視できる変形しない棒で結びつけられている。また支持点 O から鉛直に吊り下げられ，そのまわりに回転できるようになっている。振動周期の長い順にならべよ。

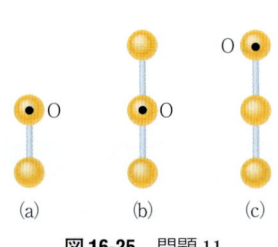

図 16-25 問題 11

12. 摩擦のない水平面に置かれたブロックがばね定数 k のばねで壁と結ばれている。弾丸がブロックに撃ち込まれ，ブロックは単振動を始めた。弾丸のスピードをもっと速くすると，単振動の，(a) 振幅，(b) 周期，(c) 最大ポテンシャルエネルギー，は大きくなるか，小さくなるか，あるいは変わらないか？

13. 図 16-26 のような振動エネルギー伝達装置を作ることを考えよう。この装置では，2 つのばね－ブロック系が変形可能な棒にぶら下がっている。系 1 のばねを引き伸ばした後に放つと，系 1 の単振動系は振動数 f_1 で棒に振動を与える。すると棒は同じ振動数 f_1 で系 2 に駆動力を与える。4 種類のばね（ばね定数 k；1600, 1500, 1400, 1200 N/m）と 4 種類の質量 m のブロック（800, 500, 400, 200 kg）が選べるものとする。どのばねにどのブロックを組み合わせたら系 2 の振動振幅が最大となるかを直感的に答えなさい。

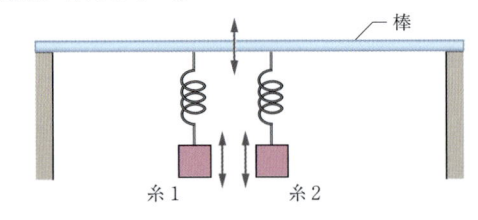

図 16-26 問題 13

17 波動 I

砂サソリは，数十センチ以内に近づいたカブトムシが動くと，素早く向きを変えてカブトムシに飛びつく（昼食のために）。夜行性の砂サソリにはカブトムシは見えないし，カブトムシの足音を聞くわけでもない。

このサソリはどうやって餌の場所を正確に知るのだろうか？

答えは本章で明らかになる。

17-1 波と粒子

手紙と電話は，遠方の友人に連絡をとるための2通りの手段である。

第1の方法（手紙）は"粒子"の概念を含んでいる：物体がある点から他の点へ情報とエネルギーを伴って移動する。これまでの章の大部分は，粒子あるいは粒子系に関するものであった。

第2の方法（電話）は"波動"——本章と次章で扱う——の概念を含んでいる。波動によっても，ある点から他の点へ情報とエネルギーが伝わっていくが，物質は移動しない。電話で話をするとき，音波があなたのメッセージを声帯から電話機に伝え，そこからは電磁気的な波が引き継ぎ，銅線や光ファイバーを通って，場合によっては通信衛星を経由して空中を伝わって情報伝達の役割を果たす。受け取り側では，電話機から別の音波があなたの友人の耳に届く。あなたからのメッセージは友人に届くが，あなたが触れたものが相手に届けられたわけではない。レオナルド・ダ・ヴィンチは水の波について次のように書いている："波は発生点から広がって消

えてしまうが，水自身が消え去るわけではない；同様に，穂波が麦畑を走るように見えても，麦自身はその場所に留まっている。"彼は波の本質を理解していた。

　*粒子*と*波動*は古典物理学における2つの重要な概念である；ほとんどすべての物理現象は，粒子または波動に関係づけることができる。これら2つの概念はまったく異なる。*粒子*という言葉はエネルギーを運ぶことのできる1点に集中した小さな物質を想像させる。一方，*波動*という言葉は全くその逆で，波の伝わる空間に広く分布したエネルギーを連想させる。しばし粒子を脇において，波について学ぶことにしよう。

17-2　波の種類

波には主として次の3種類がある。

1. ***力学的波***　この波は身の回りにあり最もなじみ深い。たとえば，水波，音波，地震波である。これらの波は共通の重要な性質をもつ：ニュートンの運動の法則に支配されており，波を伝える媒質（水，空気，岩石等）があって初めて存在できる。

2. ***電磁波***　この波は力学的波よりなじみが薄いが，われわれが日常的に利用しているものである。たとえば，可視光，紫外線，ラジオやテレビの電波，マイクロ波，X線，レーダーの電波である。これらの波はそれを伝える媒質を必要としない：星の光は真空である宇宙空間を通って地球に到達している。すべての電磁波は真空中を一定の速さ c で伝わる：

$$c = 299\,792\,458 \,\mathrm{m/s} \qquad （光速） \qquad (17\text{-}1)$$

3. ***物質波***　この波は現代技術ではよく使われているが，われわれに最もなじみのないものであろう。これらの波は，電子，陽子，他の素粒子，または，原子，分子に関係したものである。われわれは通常これらを構成物質と考えているので，この波は物質波と呼ばれる。

　この章で学ぶ多くの事柄は，すべての種類の波に適用できるものである。しかし，個々の例においては力学的波を例にあげて議論する。

17-3　横波と縦波

ぴんと張ったひもを伝わる波は最も単純な力学的波である。引っ張ったひもの一端を上下にひと振りすると，図17-1aのようにひとつのパルス状の波がひもを伝わっていく。このパルスとその運動は，ひもに張力が働いているために引き起こされる。ひもの一端を上向きに引き上げると，ひもの端部は張力により隣の部分を上向きに引っ張る。隣の部分が上向きに動くと，その部分はさらにその隣の部分を上向きに引っ張る。その間に，今度は握ったひもの一端を振りおろす。ひもの各部分が次々上向きに動いていく一方，既に下がった部分が，その隣を下向きに引き戻す。正味の結果

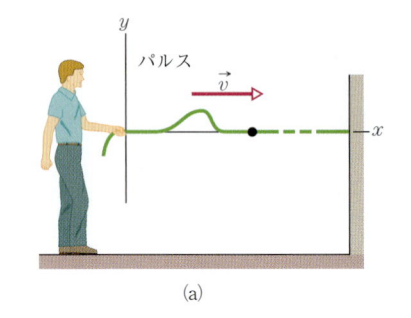

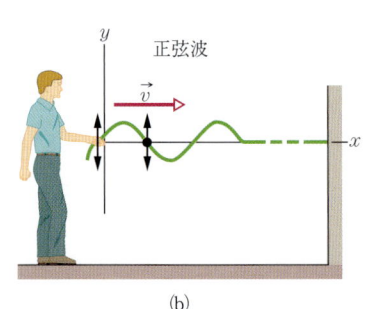

図17-1　(a)引っ張られた弦に沿ってパルスが送り出される。●で示される弦上の任意の点はパルスの通過にともない，最初持ち上げられ，その後下がる。弦の微小要素の運動方向は波の伝わる方向に垂直だからこの波は*横波*である。(b)正弦波が弦に沿って送り出される。波の通過にともない，弦上の任意の点は連続的に上下運動する。これも横波である。

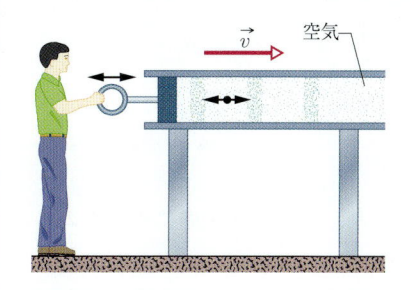

図 17-2 左端につけたピストンを往復運動することにより，空気の入った管のなかに音波を発生させる。●で示される空気の要素の振動方向は波の伝わる方向に平行だから，この波は縦波である。

として，ひもの歪（パルス）がひもに沿って速度 $\vec{v}$ で伝わっていくことになる。

ひもを持った手を連続的な単振動で上下に揺らすと，連続的な波が速度 $\vec{v}$ で伝わっていく。手の上下運動が時間の正弦的関数であれば，ある瞬間の波形も図 17-1b のように正弦的な形になる；波形はサイン曲線あるいはコサイン曲線となる。

ここでは理想的なひもを仮定する；すなわち，摩擦が働かず，伝わっていく波は減衰しない。さらに，ひもは十分に長く，向こうの端からの波の跳ね返りを考える必要がないと仮定する。

図 17-1 の波を調べる方法には 2 通りある；ひとつは右方向に伝わっていく**波形**（wave form）に着目する方法である。もうひとつは，波がひもを伝わるときに，ひもの一部分である微小要素の上下運動に着目する方法である。図 17-1 を見れば，ひもの各微小要素の運動方向が，波の伝わる方向に直交していることに気づくだろう。このような運動を**横方向**の運動と言い，このような波は**横波**（transverse wave）と呼ばれる。

図 17-2 は，どのように音波が生成されるかを示したものである：空気で満たされた長い管の中でピストンを素早く左右に動かすと，音のパルスを発生させることができる。ピストンを右へ動かすと，ピストンに接した空気の微小部分が右へ動き，押された隣の部分の圧力が上昇する。この圧力上昇は，さらに右側にある空気の微小部分を右へ押す。次にピストンを左へ動かすと，ピストンに接した部分の圧力が下がる。いったん右へ移動したその隣の部分，そしてさらに右側の部分は，今度は左へ戻される。このように，空気の移動とそれに伴う空気圧の変化が，管に沿って右向きパルスとなって伝播していく。

図 17-2 のように，ピストンを単振動的に押し引きすれば，正弦波が管の中を伝播する。空気の微小要素の運動は，波の伝播方向と平行なので**縦方向**の運動であり，このような波は**縦波**（longitudinal wave）と呼ばれる。本章では横波（特に弦の振動）を扱い，縦波（特に音波）については次章で議論する。

縦波も横波も，波がある点から他の点へ移動していく（図 17-1 においては弦の左端から右端へ，図 17-2 においては管の左端から右端へ）ので**進行波**（traveling wave）と呼ばれる。端から端へ移動するのは波であり，波が伝わっていく媒質（弦や空気）自身の移動はないことに注意しよう。

本章冒頭の写真の砂サソリは，餌の場所を特定するのに縦波と横波の両方を利用している。カブトムシがほんの少しでも砂地を乱すと，砂の表面に沿って波のパルスが伝わる（図 17-3）。縦波パルスの速さは $v_l = 150\,\mathrm{m/s}$，横波パルスの速さは $v_t = 50\,\mathrm{m/s}$ である。

サソリは 8 本の足を直径約 5 cm の円を描くように広げ，伝播速度の大きな縦波をまず感知し，カブトムシの方向を向く；これはどの方向の足が最初にパルスを検出するかで決まる。次にサソリは，遅れて到着する横波を感知し，最初のパルスからの時間差 Δt を測って，カブトムシまでの距離 d を決定する。この距離は次式で与えられる：

図 17-3 カブトムシの運動により，速い縦波パルスと遅い横波パルスが砂地の表面を伝わる。砂サソリはまず縦波を感知する；この図では最初にパルスを検出するのは一番後ろの右足である。

$$\Delta t = \frac{d}{v_t} - \frac{d}{v_l}$$

これより，

$$d = (75\,\mathrm{m/s})\,\Delta t$$

もし $\Delta t = 4.0\,\mathrm{ms}$ ならば $d = 30\,\mathrm{cm}$ が得られ，サソリは正確にカブトムシの位置を特定することができる。

17-4 波長と振動数

弦の波（そして，弦上の任意の微小要素の運動）を完全に記述するためには，波の形を与える関数が必要である。すなわち，時刻 t での弦上の位置 x の横方向の変位 y を表す関数 $y = h(x, t)$ を知らなければならない。一般に，図17-1bのような正弦的波形はサインまたはコサインで表される；どちらも同じ波形を表すことができるが，本章ではサイン関数を用いる。

図17-1bに示されたような，x 軸の正の向きに伝播する正弦波を考えよう。波が弦の微小要素（短い区間）を次々に通過していくとき，その微小要素は y 軸に平行に振動する。時刻 t において位置 x にある微小要素の変位は次式で与えられる：

$$y(x, t) = y_\mathrm{m} \sin(kx - \omega t) \tag{17-2}$$

この式は変数として位置 x を含んでいるので，弦のすべての微小要素の変位を時間の関数として知ることができる。したがって，任意の時刻における波形や，波の伝播と共にどのように波形が変化していくかも知ることができる。式 (17-2) に出てくる物理量の名称は図17-4に示されており，定義は以下に示される。

その前に，x 軸の正の向きに伝播する正弦波の"スナップショット"（図17-5）を調べてみよう。波の頂上につけられた短い矢印が，右へ進む波の動きを示している。スナップショットを順に見ていくと，短い矢印は波形と共に右へ移動するが，弦自身の動きは常に y 軸に平行である。赤くマークされた $x=0$ の弦の微小要素の動きに着目するとよい。最初のスナップショット（図17-5a）において，その変位は $y = 0$ である。次のスナップショットにおいては，波の谷（最下点）が通過しているので，変位は最小値となる。その後，逆戻りして $y = 0$ を通過する。4番目のスナップショットにおいては，波の山（最高点）が通過するので変位は最大値となる。5番目のスナップショットにおいては，変位は再び $y = 0$ に戻り1回の振動が完結する。

振幅と位相

波の**振幅**（amplitude）y_m は，図17-5に示されるように，波の通過にともなって微小要素が平衡位置からずれるときの，最大変位の大きさである（添え字 m は最大値を意味している）。y_m は大きさだから常に正の値である：図17-5aでは正の向きに書かれているが，負の向きに測っても正の量である。

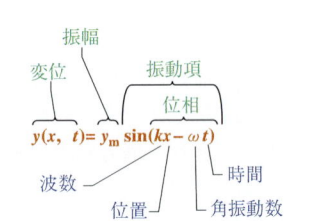

図 **17-4** 縦波の正弦波を表す式 (17-2) に使われる量の名称。

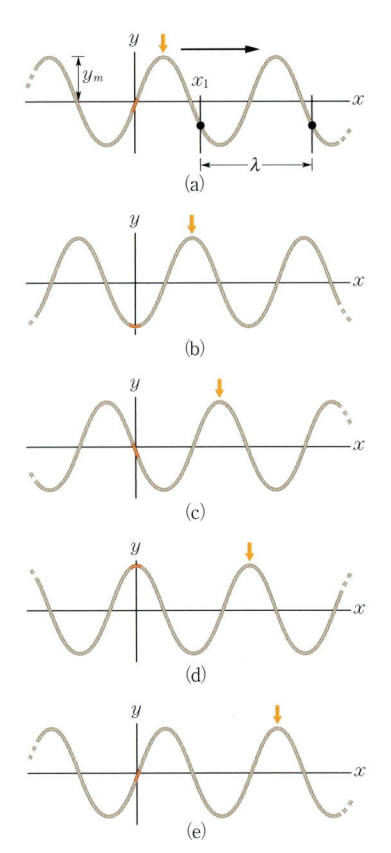

図 **17-5** 弦上を x 軸の正の向きに進む波の波形のスナップショット。振幅 y_m と任意の x_1 から測った波長 λ が示されている。

波の**位相**(phase)は，式(17-2)におけるサイン関数の引数 $kx - \omega t$ である．ある特定の位置 x にある弦の微小要素を波が通過していくとき，位相は時間について線形に（1次関数的に）変化する．したがって，サイン関数の値は $+1$ から -1 の間を振動する．波の山がその微小要素を通過するとき，サイン関数は正の最大値 $(+1)$ をとる；位置 x における y の値は y_m である．波の谷が通過するときは，サイン関数は最小値 (-1) をとる；位置 x における y の値は $-y_m$ である．波を表すサイン関数と時間とともに変化する波の位相は，弦の微小要素の振動を表しており，波の振幅が微小要素の変位の最大値を与える．

波長と波数

波の**波長**(wave length) λ は，反復する波形の間の（波の伝播方向の）距離である．図17-5a ($t=0$ でのスナップショット)に波長の一例が示されている．式(17-2)は $t=0$ での波形を表している：

$$y(x, 0) = y_m \sin kx \qquad (17\text{-}3)$$

定義により，1波長離れた点 $x = x_1$ と $x = x_1 + \lambda$ で，変位 y は等しい．したがって，式(17-3)より，

$$y_m \sin kx_1 = y_m \sin k(x_1 + \lambda) = y_m \sin(kx_1 + k\lambda) \qquad (17\text{-}4)$$

サイン関数は角（または引数）が 2π 増すごとに同じ値を繰り返すから，式(17-4)において，$k\lambda = 2\pi$ でなければならない：

$$k = \frac{2\pi}{\lambda} \qquad \text{(波数)} \qquad (17\text{-}5)$$

k を波の**波数**(angular wave number)と呼ぶ．この量のSI単位は，ラジアン/メートルあるいはメートルの逆数である（k は以前の章で出てきたばね定数ではないことに注意せよ）．

図17-5において，波は1スナップショット毎に右方向へ $(1/4)\lambda$ ずつ進むから，5番目のスナップショットまでで丁度 1λ だけ進むことになる．

周期，角振動数，振動数

図17-6は，弦上の特定の位置（$x = 0$ とする）の変位（式17-2）を，時間の関数として表したグラフである．振動している弦上の特定の微小要素に注目すると，その運動は単振動的な上下運動であり，式(17-2)で $x = 0$ とおいた式に従う：

$$y(0, t) = y_m \sin(-\omega t) = -y_m \sin \omega t \qquad (x = 0) \qquad (17\text{-}6)$$

ここで，任意の角度 α に対して $\sin(-\alpha) = -\sin \alpha$ であることを用いた．図17-6はこの関係式を表すグラフである；波の形を表しているのではない．

弦上の任意の微小要素が1回振動するのに要する時間を波の振動**周期**(period) T と定義する．図17-6のグラフ上に周期の一例を示した．1周期の初めと終わりの時刻に式(17-6)を適用して，それらが等しいとおくと次

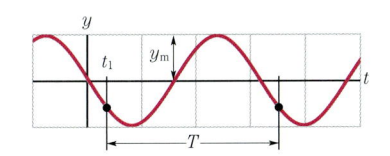

図 17-6 図17-5の正弦波が $x = 0$ の点を通過するとき，そこでの弦の微小要素の変位を表すグラフ．振幅 y_m と任意の t_1 から測った周期 T が示されている．

の結果が得られる：

$$-y_m \sin \omega t_1 = -y_m \sin \omega (t_1 + T) = -y_m \sin (\omega t_1 + \omega T) \quad (17\text{-}7)$$

この式が成り立つのは $\omega T = 2\pi$ のときだから，

$$\omega = \frac{2\pi}{T} \quad \text{(角振動数)} \quad (17\text{-}8)$$

ω を波の**角振動数**（angular frequency）と呼ぶ；SI単位はラジアン/秒である。

図17-5の進行波のスナップショットをもう一度見てみよう。スナップショット間の時間間隔は $(1/4)T$ である。5番目のスナップショットまでで，すべての弦の微小要素は1回振動する。

波の**振動数**（frequency，周波数ともいう）f は $1/T$ で定義され，次式のように角振動数と関係づけられる：

$$f = \frac{1}{T} = \frac{\omega}{2\pi} \quad \text{(振動数)} \quad (17\text{-}9)$$

第16章の単振動の振動数と同様に，この振動数も単位時間あたりの振動回数であるが，ここでの振動は波の通過による弦の微小要素の振動を意味する。第16章と同様に f は通常ヘルツ，あるいはその倍数（たとえば kilohertz など）で測られる。

✓ **CHECKPOINT 1：** 図はそれぞれ別の弦を伝わっていく3つの進行波のスナップショットを重ねて表示したものである。それぞれの波の位相は，(a) $2x - 4t$，(b) $4x - 8t$，(c) $8x - 16t$，で与えられる。図中でどの波がどの位相に対応するか？

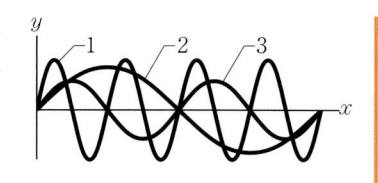

17-5　進行波の速さ

図17-7は，式(17-2)で表される波を，短い時間間隔 Δt でとった2つのスナップショットを示している。波は x 軸の正の向き（図17-7では右向き）に進んでいる：波形全体のパターンが時間 Δt の間に Δx だけ右へ移動している。その比 $\Delta x/\Delta t$（あるいは微小時間間隔の極限 dx/dt）が**波の速さ**（wave speed）v である。どのようにしてその値を知ることができるだろうか？

図17-7の波が動くとき，動いていく波形上の各点（たとえば頂点A）の変位 y は変化しない（弦上の点の変位は変化するが，波形上の点の変位は変化しない）。波が動いても点Aの変位が変わらないということは，変位を与える式(17-2)の位相が一定であることを意味する：

$$kx - \omega t = \text{定数} \quad (17\text{-}10)$$

この位相は定数だが，x, t はどちらも変化することに注意しよう。実際，この位相を一定に保つには，t が増加するにつれて x も増加しなければな

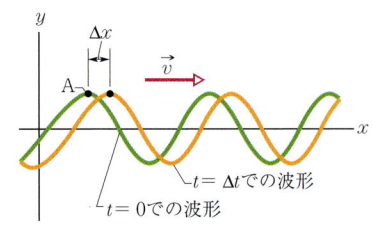

図17-7　時刻 $t = 0$ と $t = \Delta t$ での図17-5の波の波形のスナップショット。波が右向きに速度 $\vec{v}$ で伝わるとき，曲線全体は Δt の間に Δx だけ移動する。点Aは波に乗って動いていくが，弦の微小要素はただ上下運動しているだけである。

らない．このことから，波形のパターンが x の正の向きに移動していくことがわかる．

式 (17-10) を微分して，波の速さ v を求めることができる：

$$k\frac{dx}{dt} - \omega = 0$$

または

$$\frac{dx}{dt} = v = \frac{\omega}{k} \qquad (17\text{-}11)$$

式 (17-5) ($k = 2\pi/\lambda$) と式 (17-8) ($\omega = 2\pi/T$) を用いて波の速さ書き換える：

$$v = \frac{\omega}{k} = \frac{\lambda}{T} = \lambda f \qquad \text{(波の速さ)} \qquad (17\text{-}12)$$

$v = \lambda/T$ という関係式は，1 周期だけ振動する間に 1 波長の距離だけ進む速さが波の速さであることを示している．

式 (17-2) は x の正の向きに進む波を表している．t を $-t$ で置き換えることにより，逆向きに進む波の式を求めることができる．これは次の条件に対応している：

$$kx + \omega t = \text{定数} \qquad (17\text{-}13)$$

この関係式は時間 t の増加に対し x が減ることを要求する（式 (17-10) と比べてみよ）．したがって，x の負の向きに進む波は次式で表される：

$$y(x, t) = y_\mathrm{m} \sin(kx + \omega t) \qquad (17\text{-}14)$$

式 (17-2) の波に対する解析と同様な手順で式 (17-14) の波を考察すると，その速さについて次式が得られる：

$$\frac{dx}{dt} = -\frac{\omega}{k} \qquad (17\text{-}15)$$

この式の負符号は，波が確かに x の負の向きに進むことを示しており（式 (17-11) と比べてみよ），時間の符号を変えたことの正しさも示している．

今度は次式で与えられるような任意の波形をもつ波について考えよう．

$$y(x, t) = h(kx \pm \omega t) \qquad (17\text{-}16)$$

h は任意の関数であり，サイン関数は選択肢のひとつである．これまでの考察は，変数 x, t が $kx \pm \omega t$ の組み合わせで入ってくるような波はすべて進行波であることを示している．さらに，すべての進行波は式 (17-16) の形でなければならない．したがって，$y(x, t) = \sqrt{ax + bt}$ も進行波を表す式（物理的にはちょっと奇異ではあるが）．一方，関数 $y(x, t) = \sin(ax^2 - bt)$ は進行波を表す式ではない．

例題 17-1

弦の長さ方向に沿って伝播する進行波が次式で与えられるとする．

$$y(x, t) = 0.00327 \sin(72.1x - 2.72t) \qquad (17\text{-}17)$$

定数は SI 単位系での値であり，それぞれ，0.00327 m，72.1 rad/m，2.72 rad/s である．

(a) この波の振幅はいくらか？

解法： **Key Idea**：式 (17-17) は式 (17-2) と同じ形をしているので，この波は正弦波である：
$$y(x, t) = y_\mathrm{m} \sin(kx - \omega t) \quad (17\text{-}18)$$
式 (17-17) と式 (17-18) を比べると，振幅は，
$$y_\mathrm{m} = 0.00327\,\mathrm{m} = 3.27\,\mathrm{mm} \quad (答)$$

(b) この波の波長，周期，振動数はいくらか？

解法： 式 (17-17) と (17-18) を比べれば，波数と角振動数は次のようになる：
$$k = 72.1\,\mathrm{rad/m} \quad \text{および} \quad \omega = 2.72\,\mathrm{rad/s}$$
式 (17-5) を用いて波長 λ を k に関係づけると，
$$\lambda = \frac{2\pi}{k} = \frac{2\pi\,\mathrm{rad}}{72.1\,\mathrm{rad/m}} = 0.0871\,\mathrm{m} = 8.71\,\mathrm{cm} \quad (答)$$
次に，式 (17-8) を用いて波長 T を ω に関係づけると，
$$T = \frac{2\pi}{\omega} = \frac{2\pi\,\mathrm{rad}}{2.72\,\mathrm{rad/s}} = 2.31\,\mathrm{s} \quad (答)$$
式 (17-9) より，
$$f = \frac{1}{T} = \frac{1}{2.31\,\mathrm{s}} = 0.433\,\mathrm{Hz} \quad (答)$$

(c) この波の速度はいくらか？

解法： 波の速さは式 (17-12) で与えられる：
$$v = \frac{\omega}{k} = \frac{2.72\,\mathrm{rad/s}}{72.1\,\mathrm{rad/m}} = 0.0377\,\mathrm{m/s} = 3.77\,\mathrm{cm/s} \quad (答)$$
式 (17-17) の位相が位置変数 x を含んでいるので，この波は x 軸に沿って動く。また，波は式 (17-2) の形で書かれているので，ωt の項の前の負符号は，この波が x 軸の正の向きに進んでいることを示している ((b), (c) において計算した量は波の振幅には依存していないことに注意しよう)。

(d) $x = 22.5\,\mathrm{cm}$，$t = 18.9\,\mathrm{s}$ での変位 y はいくらになるか？

解法： **Key Idea**：式 (17-17) が位置 x，時間 t の関数として変位を与える。与えられた数値をこれに代入すると，
$$y = 0.00327 \sin(72.1 \times 0.225 - 2.72 \times 18.9)$$
$$= (0.00327\,\mathrm{m}) \sin(-35.1855\,\mathrm{rad})$$
$$= (0.00327\,\mathrm{m})(0.588)$$
$$= 0.00192\,\mathrm{m} = 1.92\,\mathrm{mm} \quad (答)$$
このように，変位は正の値となる (サイン関数の値を計算する前に電卓の角度モードをラジアンに変えることを忘れないこと)。

例題 17-2

式 (17-17) で与えられる波について，例題 17-1d では，$x = 0.225\,\mathrm{m}$，$t = 18.9\,\mathrm{s}$ での弦の微小要素の横方向変位 y が 1.92 mm であることを示した。

(a) その時刻におけるこの弦の微小要素の横方向速度 u はいくらか？(この速度は y 方向で，弦の微小要素の振動に伴うものである。波形が x 軸方向に移動する速度 v とを混同しないように注意せよ。)

解法： **Key Idea**：横方向速度 u は微小要素の変位 y の時間変化率である。一般に変位は次式で与えられる：
$$y(x, t) = y_\mathrm{m} \sin(kx - \omega t) \quad (17\text{-}19)$$
ある特定の位置 x における微小要素に対して，変位 y の変化率を求めるには，x を定数とみなして式 (17-19) を時間 t について微分すればよい。変数のうちのいくつかを定数とみなして行う微分を*偏微分* (partial derivative) とよび，d/dx ではなく $\partial/\partial x$ という記号が用いられる。ここでは次のように表される：
$$u = \frac{\partial y}{\partial t} = -\omega y_\mathrm{m} \cos(kx - \omega t) \quad (17\text{-}20)$$
次に，例題 17-1 で与えられた数値を代入すると，
$$u = (-2.72\,\mathrm{rad/s})(3.27\,\mathrm{mm}) \cos(-35.1855\,\mathrm{rad})$$
$$= 7.20\,\mathrm{mm/s} \quad (答)$$
このように，時刻 $t = 18.9\,\mathrm{s}$ において，$x = 22.5\,\mathrm{cm}$ の弦の微小要素は y の正の向きに 7.20 mm/s の速度で運動する。

(b) この時刻において，同じ微小要素の横方向の加速度 a_y はいくらか？

解法： **Key Idea**：横方向加速度 a_y は微小要素の横方向速度の時間変化率である。再び t を変数，x を定数とみなして式 (17-20) を t で偏微分すると，
$$a_y = \frac{\partial u}{\partial t} = -\omega^2 y_\mathrm{m} \sin(kx - \omega t)$$
式 (17-19) と比べると，この式は次のように書くことができる：
$$a_y = -\omega^2 y$$
この式から，振動している弦の微小要素の横方向加速度は，その横方向変位に比例し，かつ逆符号であることがわかる。このことは，微小要素自身の動き—横方向の単振動—と完全につじつまがあっている。数値を代入して計算すると，
$$a_y = -(-2.72\,\mathrm{rad/s})^2 (1.92\,\mathrm{mm})$$
$$= -14.2\,\mathrm{mm/s^2} \quad (答)$$
まとめると，時刻 $t = 18.9\,\mathrm{s}$ において，$x = 22.5\,\mathrm{cm}$ にある弦の微小要素の平衡位置からの変位は，y の正の向きに 1.92 mm であり，加速度は y の負の向きに 14.2 mm/s^2 の大きさをもつ。

✓ CHECKPOINT 2: 3つの波の式がある。
(1) $y(x,t) = 2\sin(4x - 2t)$, (2) $y(x,t) = 2\sin(3x - 4t)$, (3) $y(x,t) = 2\sin(3x - 3t)$
これらの式を (a)波の速さ，(b)最大横方向速度の大きい順にならべよ。

PROBLEM-SOLVING TACTICS

Tactic 1: 大きな位相角
例題17-1dや例題17-2のように，2π（または$360°$）をはるかに超える角度に遭遇し，それらのサインやコサインの値を問われることがある。これらの角度に2π radの整数倍を足したり引いたりしても，三角関数の値は変わらない。たとえば例題17-1dにおいて，その角度は-35.1855 radとなった。この角度に(6)(2π rad)を足すと，
$$-35.1855 \text{ rad} + (6)(2\pi \text{ rad}) = 2.51361 \text{ rad}$$
こうすると角度は2π radより小さくなるが三角関数の値は-35.1855 radに対するものと同じ値である（図17-8）。たとえば，2.51361 radと-35.1855 radのサインはどちらも0.588である。

電卓は自動的に小さな角度に変換してくれる。注意：大きな角度のサイン，コサインを求めるとき，数値を四捨五入してはいけない。大きな角度のサインを計算するときは，大部分の角度を捨てて，残った値のサインを計算することになる。仮に，-35.1855 radをまるめて-35 radとすると（この差は0.5%なので，この近似は普通なら許される），サインの値を与える角度としては27%変えたことになる。同様に，大きな角度を度からラジアンに変える場合，近似的な変換係数（例えば$57.3° \approx 1$ rad）ではなく，正確な係数（例えば$180° = \pi$ rad）を使うように注意が必要である。

-35.1855 rad $+2.51361$ rad

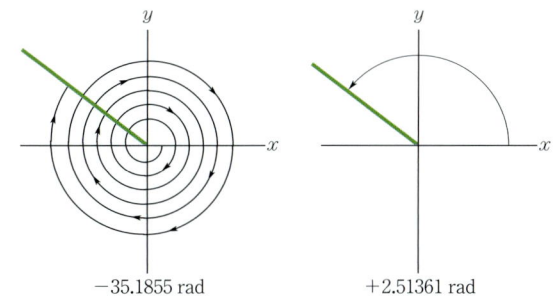

図 17-8 2つの角度は違っているが，三角関数の値は同じである。

17-6 弦を伝わる波の速さ

波の速さは，式(17-12)により，波の波長と振動数に関係づけられるが，その値は波を伝える媒質の性質によって決められる。波が媒質中（たとえば，水，空気，鉄，弦）を進むためには，波が通過する媒質の粒子を振動させる必要がある。このためには，媒質は質量（運動エネルギーの元）と弾性（ポテンシャルエネルギーの元）をもたなければならない。したがって，媒質の質量と弾性が，媒質中を伝わる波の速さを決定する。逆に言えば，媒質の特性から波の伝播速度を計算することができる。本節では，2つの方法で，弦を伝わる波の速さを計算する。

次 元 解 析

次元解析（dimension analysis）においては，与えられた状況に関連するすべての物理量の次元を注意深く解析する必要がある。ここでは，質量と弾性から速さv（長さ/時間，LT^{-1}，の次元をもつ）がどうやって構成されるかを調べてみる。

質量に関しては，弦の微小要素の質量を用いるが，これを弦の質量mを弦の長さlで割った量で表すことにする。この比は弦の*線密度*（linear density）μと呼ばれる。$\mu = m/l$の次元は質量/長さ（ML^{-1}）である。

たるんだ弦に沿って波を伝えることはできない：弦は両端に加えられる

力によりピンと引っ張られた状態になければならない。弦の張力 τ は，弦の両端に加えられている力の大きさに等しい。弦の隣接する微小部分が互いに張力で引っ張り合っているために，波が通過するとき，波は弦の微小要素に付加的な伸びを与えて変位させる。このように弦の張力を弦の伸び（弾性）に関連づけることができる。張力や伸ばす力は力の次元，すなわち，MLT^{-2}（$F = ma$ により）をもっている。

ここでの目標は，μ（次元 ML^{-1}）と τ（次元 MLT^{-2}）をいかに組み合わせて速さ v（次元 LT^{-1}）を作るかである。試行錯誤の後，次のような組み合わせが見つかるだろう：

$$v = C\sqrt{\frac{\tau}{\mu}} \tag{17-21}$$

C は次元解析では決定できない定数である。波の速さを決定する第2の方法により，式(17-21) は正しい関係であり，$C = 1$ であることがわかる。

ニュートンの第2法則からの導出

図17-1bの正弦波のかわりに，図17-9のような対称的な単発のパルス波形を考えてみよう。このパルスは速さ v で左から右へ動いていく。パルスが静止している座標系——パルスが止まって見えるような，パルスと一緒に動く系——で考えると都合がよい。この系では，弦は図17-9において右から左へ通り過ぎて行くように見える。

パルスの一部を半径 R の円弧とみなし，長さ Δl の微小要素が中心 O から 2θ の角を見込むとしよう。弦の張力に等しい大きさをもつ力 τ が，この微小要素の両端を円弧の接線方向に引っ張っている。この力の水平成分は互いに打ち消しあうが，鉛直成分は足し合わされて半径方向の復元力 $\vec{F}$ となる。その大きさは，

$$F = 2(\tau \sin \theta) \approx \tau(2\theta) = \tau \frac{\Delta l}{R} \quad (\text{力}) \tag{17-22}$$

図17-9の微小角 θ に対する近似を使い，$\sin\theta$ を θ で置き換えた。また，$2\theta = \Delta l/R$ の関係も用いた。

μ を弦の線密度とすると，微小要素部分の質量は次式で与えられる：

$$\Delta m = \mu \Delta l \quad (\text{質量}) \tag{17-23}$$

図17-9の瞬間において，弦の微小要素部分 Δl は円弧に沿って動いているので，中心へ向かう向心加速度をもっている：

$$a = \frac{v^2}{R} \quad (\text{加速度}) \tag{17-24}$$

式(17-22)，(17-23)，(17-24) はニュートンの第2法則を構成する要素を含んでいる。これらの式を力＝質量×加速度の形でまとめると，

$$\frac{\tau \Delta l}{R} = (\mu \Delta l) \frac{v^2}{R}$$

これを速さ v について解けば，

$$v = \sqrt{\frac{\tau}{\mu}} \quad (\text{速さ}) \tag{17-25}$$

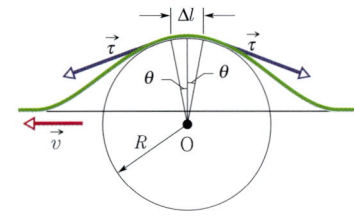

図17-9 パルスが静止していて，弦が速さ v で右から左へ移動するような基準系で見た対称パルス。このパルスの頂上部の長さ Δl の弦の微小要素にニュートンの第2法則を適用すると，速さ v が求められる。

この式は，式 (17-21) において $C = 1$ とおいた式と全く同じである．式 (17-25) は，図 17-9 のパルス波形の速さを与えるだけでなく，同じ張力で張られた同じ弦の上のどんな波にも適用できる．

式 (17-25) を言葉で表すと；

> ピンと張られた理想的な弦を伝わる波の速さは，弦の張力と弦の線密度のみに依存していて，波の振動数にはよらない．

波の振動数はどうやって波を発生させたかで決まり（例えば図 17-1b の手の振り方），波の波長は $\lambda = v/f$ で与えられる式 (17-12) の関係で決まる．

✓ **CHECKPOINT 3:** 弦の一端を振動させて，進行波を送り出したとしよう．振動数を増加すると，(a) 波の速さ，(b) 波の波長は，増加するか，減少するか，変わらないか？ 代わりに弦の張力を増したら (a) 波の速さ，(b) 波の波長は，増加するか，減少するか，変わらないか？

例題 17-3

図 17-10 では，2 本の弦がしっかり結ばれ，両端の支持棒の間に張られている．弦の線密度は $\mu_1 = 1.4 \times 10^{-4}$ kg/m と $\mu_2 = 2.8 \times 10^{-4}$ kg/m で，長さはそれぞれ $L_1 = 3.0$ m, $L_2 = 2.0$ m である．弦 1 は 400 N の張力で引っ張られている．両端の支持棒から同時に結び目に向かってパルスを送り出したとき，どちらのパルスが先に結び目に到達するか？

解法： **Key Idea 1:** パルスの速さを v とすると，パルスが長さ L を進むのに要する時間は $t = L/v$ である．

Key Idea 2: 引っ張られた弦を伝わるパルスの速さは，弦の張力 τ と線密度 μ で決まり，式 (17-25) で与えられる ($v = \sqrt{\tau/\mu}$)．

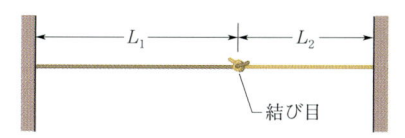

図 17-10 例題 17-3．長さ L_1 と L_2 の 2 本の弦が結ばれて，固定端の間に張られている．

Key Idea 3: 結ばれた 2 本の弦は一緒に引っ張られているので，張力はともに τ ($= 400$ N) である．

これらの **Key Ideas** をまとめると，弦 1 上のパルスが結び目に到達する時間は，

$$t_1 = \frac{L_1}{v_1} = L_1 \sqrt{\frac{\mu_1}{\tau}} = (3.0\,\text{m}) \sqrt{\frac{1.4 \times 10^{-4}\,\text{kg/m}}{400\,\text{N}}}$$
$$= 1.77 \times 10^{-3}\,\text{s}$$

同様に，弦 2 のデータを用いて計算すると，

$$t_2 = L_2 \sqrt{\frac{\mu_2}{\tau}} = 1.67 \times 10^{-3}\,\text{s}$$

したがって，弦 2 の上を伝わるパルスが先に結び目に到達する．

さて，**Key Idea 2** に戻ってみると，弦 2 の線密度は弦 1 より大きいから，弦 2 のパルスは弦 1 のパルスより遅いことがわかる．この事実だけから答えを導いても構わないだろうか？しかし，これは間違いである．到達時間はパルスが進む距離にも関係する．

17-7 弦を伝わる波のエネルギーと輸送率

引っ張られた弦に波を送り出すとき，われわれは弦を動かすためのエネルギーを供給しなければならない．しかし一度送り出された波は人の手を離れ，運動エネルギーとポテンシャルエネルギーという形でエネルギーを運んでいく．このエネルギーの形態について順を追って考えてみよう．

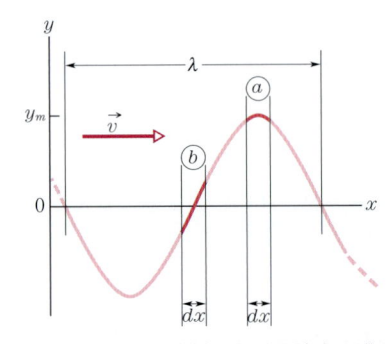

図 17-11 ある時刻における弦上の進行波のスナップショット。弦の微小要素 a の変位は $y = y_\mathrm{m}$，微小要素 b の変位は $y = 0$ である。各点において微小要素がもつ運動エネルギーは，要素の横方向速度によって決まる。ポテンシャルエネルギーは，波が通過にともなう微小要素の伸張によって決まる。

運動エネルギー

波が伝わっていくとき，横方向に単振動している質量 dm の弦の微小要素は，横方向速度 $\vec{u}$ に伴う運動エネルギーをもっている。微小要素（図17-11b）が $y = 0$ の位置を通り過ぎるとき，横方向速度は最大で運動エネルギーも最大となる。一方，微小要素が最大の変位 $y = y_\mathrm{m}$（図17-11a）にあるときは，速度はゼロで運動エネルギーもゼロとなる。

弾性ポテンシャルエネルギー

もともと真っ直ぐな弦に正弦波が送り出されるとき，波は必ず弦を引き伸ばす。長さ dx の弦の微小要素が横方向に振動するとき，弦は正弦波の波形に沿うように，周期的に伸び縮みする。ばねと同様に，弾性ポテンシャルエネルギーはこの伸縮に関係している。

弦の微小要素が $y = y_\mathrm{m}$ にあるとき（図17-11の微小要素a），その部分の長さは自然長の dx であり，弾性ポテンシャルエネルギーはゼロである。しかし，微小要素が $y = 0$ の位置を通り過ぎるとき，その伸びは最大になり，弾性ポテンシャルエネルギーも最大になる。

エネルギー輸送

振動している弦の微小要素がもっている運動エネルギーと弾性ポテンシャルエネルギーは，どちらも $y = 0$ のとき最大である。図17-11のスナップショットにおいて，弦が最大変位している領域ではエネルギーはゼロ，変位がゼロの領域ではエネルギーは最大となっている。波が弦に沿って進むにつれて，弦に働く張力が絶え間なく仕事をして，エネルギーをもつ領域からエネルギーのない領域へエネルギーを輸送する。

x 方向に引っ張られた弦に，変位が式 (17-2) で与えられるような波を発生させることを考えよう。波を送り出すためには，図17-1bのように，弦の一端を連続的に振動させればよいだろう。このとき，弦の運動と伸縮のために，連続的にエネルギーを供給しなければならない：弦の各部分は，x 軸に垂直な振動にともない，運動エネルギーと弾性ポテンシャルエネルギーをもっている。最初静止していた領域に波が到達すると，エネルギーがこの新たな領域に移動する。したがって，"波は弦に沿ってエネルギーを輸送する" と言うことができる。

エネルギー輸送率

振動している弦の微小要素（質量 dm）がもつ運動エネルギー dK は，u を横方向の速さとすると，次式で与えられる：

$$dK = \frac{1}{2} dm\, u^2 \tag{17-26}$$

u を求めるために，式 (17-2) の x を固定して時間について微分する：

$$u = \frac{\partial y}{\partial t} = -\omega\, y_\mathrm{m} \cos(kx - \omega t) \tag{17-27}$$

この関係と $dm = \mu\, dx$ を式 (17-26) に代入すると，

17-7 弦を伝わる波のエネルギーと輸送率

$$dK = \frac{1}{2}(\mu\,dx)(-\omega y_m)^2 \cos^2(kx - \omega t) \quad (17\text{-}28)$$

式(17-28)を dt で割れば，弦の微小要素がもつ運動エネルギーの時間変化率が与えられる．これはまた，波によって運ばれる運動エネルギーのエネルギー輸送率でもある．式(17-28)を dt で割ったとき右辺に現れる dx/dt は波の速さ v だから，

$$\frac{dK}{dt} = \frac{1}{2}\mu v \omega^2 y_m^2 \cos^2(kx - \omega t) \quad (17\text{-}29)$$

運動エネルギーの平均の輸送率は，

$$\left(\frac{dK}{dt}\right)_{\text{avg}} = \frac{1}{2}\mu v \omega^2 y_m^2 \left[\cos^2(kx - \omega t)\right]_{\text{avg}} = \frac{1}{4}\mu v \omega^2 y_m^2 \quad (17\text{-}30)$$

平均は波長の整数倍の範囲での平均をとり，コサインの2乗を1周期の整数倍について平均すると 1/2 になることを用いた．

同様に，弾性ポテンシャルエネルギーも波によって輸送され，その平均値は式(17-30)と等しくなる．証明はしないが，振り子やばね-ブロック系のような振動系において，平均運動エネルギーと平均ポテンシャルエネルギーが等しくなることを思い出して欲しい．

したがって，波によって運ばれる**平均エネルギー輸送率**(average power, **平均パワー**)は両方のエネルギー輸送率の和の平均)になる：

$$P_{\text{avg}} = 2\left(\frac{dK}{dt}\right)_{\text{avg}} \quad (17\text{-}31)$$

または，式(17-30)を用いて，

$$P_{\text{avg}} = \frac{1}{2}\mu v \omega^2 y_m^2 \quad (\text{平均エネルギー輸送率}) \quad (17\text{-}32)$$

この式に現れる μ と v は，弦の材質や張力により，ω と y_m はどのように波が生成されたかによる．一般に，波の平均エネルギー輸送率はその振幅の2乗，角振動数の2乗に比例しており，どんな波にもあてはまる．

例題 17-4

張力 $\tau = 45\,\text{N}$ で引っ張られた線密度 $\mu = 525\,\text{g/m}$ の弦の一端から振動数 $f = 120\,\text{Hz}$，振幅 $y_m = 8.5\,\text{mm}$ の正弦波を送り込んだとする．この波はどれほどの割合でエネルギーを運ぶか？

解法： **Key Idea**：エネルギー輸送率の平均値は式(17-32)で与えられている P_{avg} である．しかし，この式を用いるためには，まず角振動数 ω と波の速さ v の計算が必要となる．式(17-9)より，

$$\omega = 2\pi f = (2\pi)(120\,\text{Hz}) = 754\,\text{rad/s}$$

式(17-25)より，

$$v = \sqrt{\frac{\tau}{\mu}} = \sqrt{\frac{45\,\text{N}}{0.525\,\text{kg/m}}} = 9.26\,\text{m/s}$$

式(17-32)を用いて，

$$P_{\text{avg}} = \frac{1}{2}\mu v \omega^2 y_m^2$$

$$= \left(\frac{1}{2}\right)(0.525\,\text{kg/m})(9.26\,\text{m/s})(754\,\text{rad/s})^2(0.0085\,\text{m})^2$$

$$\approx 100\,\text{W} \quad (\text{答})$$

✓ CHECKPOINT 4： この例題の弦と波について3つのパラメーターが変更できる；弦の張力，波の波動数，波の振幅．(a)張力，(b)振動数，(c)振幅を大きくすると，弦に沿って波が運ぶ平均エネルギー輸送率は増えるか，減るか，変わらないか．

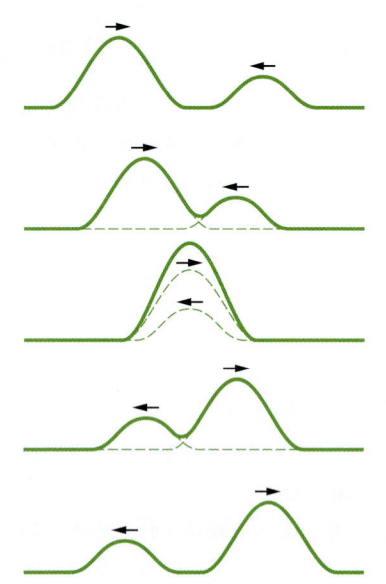

図 17-12 弦上を互いに反対向きに伝わる2つのパルスのスナップショット。2つのパルスがすれ違うとき，波の重ね合わせの原理を適用することができる。

17-8 波の重ね合わせの原理

2つ以上の波が同じ場所を同時に通過することがしばしば起きる。たとえばコンサートを聴いているとき，いろいろな楽器からの音が同時に鼓膜に到達する。ラジオやテレビの受信アンテナの中にある電子は，いろいろな放送局から発信された様々な電磁波から受ける合力によって運動する。湖や港の水は，たくさんのボートの起こす波により揺り動かされる。

引っ張られた弦を2つの波が同時に伝播するとしよう。それぞれの波が別々に弦を伝わるときの弦の変位を $y_1(x, t)$, $y_2(x, t)$ とする。この2つの波が同時に弦上に存在するとき，弦の変位はこれらの和となる：

$$y'(x, t) = y_1(x, t) + y_2(x, t) \tag{17-33}$$

弦に沿って変位を足すということは，次のことを意味している：

▶ いくつかの波が重なるとき，**合成波**（resultant wave または net wave）は元の波の代数和で表される。

これは，**重ね合わせの原理**（principle of superposition）——いくつかの現象が同時に起きたとき，正味の効果は個々の現象の和である——の一例である。

図 17-12 は，同じ弦の上を反対向きに伝播している2つの波のスナップショットを示している。パルスが重なるとき，合成波はそれぞれのパルスの和である。さらに，それぞれのパルスはあたかも相手が存在していないかのようにすれ違う。

▶ 重なり合う波は，互いの伝播に影響を与えない。

17-9 波の干渉

引っ張られた弦に，波長も振幅も進行方向も同じ2つの正弦波を発生させる。重ね合わせの原理を適用するとどのような合成波ができるだろうか？

合成波は2つの波の位相差——片方の波に対してもう一方の波の形がどれだけずれているか——に依存する。2つの波の位相が完全に一致していれば（2つの波の山と谷がそれぞれ完全に一致），合成波の変位はそれぞれの波の2倍になる。位相が完全にずれていれば（片方の山の位置がもう一方の谷の位置に一致），2つの波は打ち消しあって，弦は真っ直ぐな状態にとどまる。このような波の合成の現象は波の**干渉**（interference）と呼ばれ，波は**干渉する**といわれる（この言葉は波の変位について言及するだけで，波の伝播については影響がない）。

引っ張られた弦を伝わる一方の波の変位が次式で表され，

$$y_1(x, t) = y_m \sin(kx - \omega t) \tag{17-34}$$

もうひとつの波は，位相がずれているものとする：

17-9 波の干渉

$$y'(x,t) = \underbrace{[2y_\mathrm{m}\cos\tfrac{1}{2}\phi]}_{\text{振幅}}\underbrace{\sin(kx-\omega t+\tfrac{1}{2}\phi)}_{\text{振動項}}$$
変位

図 17-13 2つの横波正弦波の干渉の結果である式(17-38)の波形もやはり振幅の項と振動項からなる横波正弦波である。

$$y_2(x,t) = y_\mathrm{m}\sin(kx-\omega t+\phi) \qquad (17\text{-}35)$$

これら2つの波は同じ角振動数 ω (すなわち同じ振動数 f), 同じ波数 k (すなわち同じ波長 λ), 同じ振幅 y_m をもち, x 軸の正の向きに式(17-25)で与えられる同じ速さで進んでいる。唯一の違いは, 定数である角 ϕ だけで, これは**位相定数** (phase constant) と呼ばれる。"これらの波は位相が ϕ ずれている"とか, "位相差が ϕ である"と言われる。

重ね合わせの原理(式17-33)より, 合成波は干渉する2つの波の代数和であり, その変位は次式で表される：

$$\begin{aligned}y'(x,t) &= y_1(x,t) + y_2(x,t) \\ &= y_\mathrm{m}\sin(kx-\omega t) + y_\mathrm{m}\sin(kx-\omega t+\phi)\end{aligned} \qquad (17\text{-}36)$$

付録の数学公式を用いると, 角 α のサインと角 β のサインは次のように足すことができる：

$$\sin\alpha + \sin\beta = 2\sin\frac{\alpha+\beta}{2}\cos\frac{\alpha-\beta}{2} \qquad (17\text{-}37)$$

この関係式を式(17-36)に適用して,

$$y'(x,t) = \left[2y_\mathrm{m}\cos\frac{\phi}{2}\right]\sin\left(kx-\omega t+\frac{\phi}{2}\right) \qquad (17\text{-}38)$$

図17-13に示されるように, 合成波も x 軸の正の向きに伝播する正弦波である。この波が実際に弦上に観測される波である(式(17-34)や(17-35)のような, 干渉する個々の波が観測されるわけではない)。

> 引っ張られた弦に, 同じ振幅, 同じ波長の2つの正弦波が同じ向きに伝播するとき, それらは干渉して合成波も同じ向きに進む正弦波となる。

合成波は, 干渉する元の波と2つの点において異なる；(1) 位相定数が $(1/2)\phi$ である, (2) 振幅 y'_m は式(17-38)の[ ]括弧の中の量である：

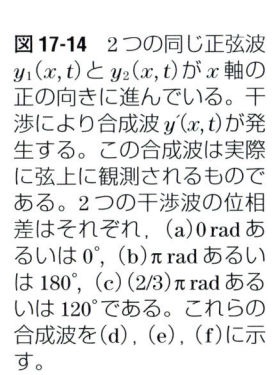

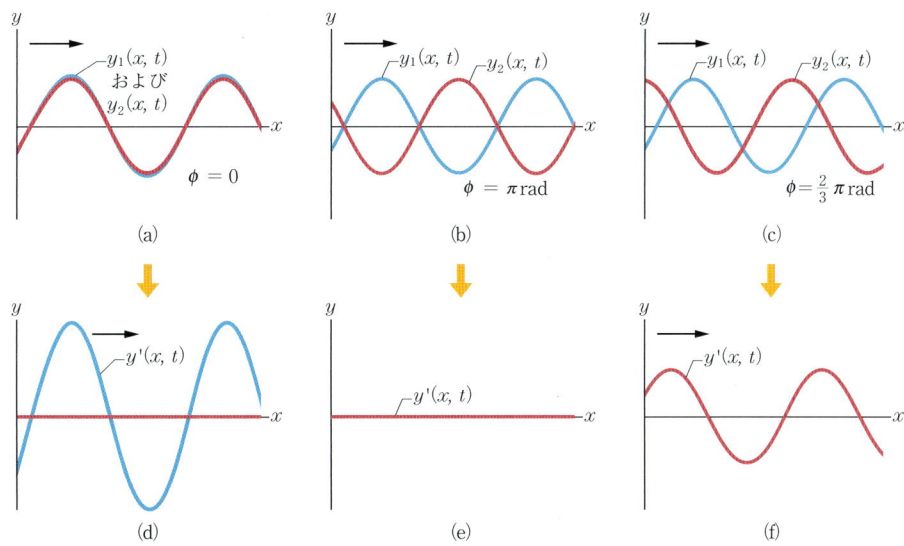

図 17-14 2つの同じ正弦波 $y_1(x,t)$ と $y_2(x,t)$ が x 軸の正の向きに進んでいる。干渉により合成波 $y'(x,t)$ が発生する。この合成波は実際に弦上に観測されるものである。2つの干渉波の位相差はそれぞれ, (a) 0 rad あるいは 0°, (b) π rad あるいは 180°, (c) $(2/3)\pi$ rad あるいは 120° である。これらの合成波を (d), (e), (f) に示す。

表17-1 位相差と干渉の種類[a]

位相差			合成波の振幅	干渉の種類
度	ラジアン	波長		
0	0	0	$2y_m$	完全に強めあう干渉
120	$\frac{2}{3}\pi$	0.33	y_m	中間の干渉
180	π	0.50	0	完全に弱めあう干渉
240	$\frac{4}{3}\pi$	0.67	y_m	中間の干渉
360	2π	1.00	$2y_m$	完全に強めあう干渉
865	15.1	2.40	$0.60y_m$	中間の干渉

[a] 振幅が y_m で同じ向きに進む，位相以外は同じ波の間の位相差

$$y'_m = 2y_m \cos\frac{\phi}{2} \quad \text{(振幅)} \tag{17-39}$$

$\phi = 0$ rad（あるいは $0°$）のとき，図17-14aのように2つの干渉する波の位相は一致し，式(17-38)は次のように簡単な形となる：

$$y'(x, t) = 2y_m \sin(kx - \omega t) \quad (\phi = 0) \tag{17-40}$$

この合成波を図17-14dにプロットした。この図と式(17-40)からわかるように，合成波の振幅は元の波の2倍となっている。式(17-38)と(17-39)のコサイン関数は，$\phi = 0$ のとき，最大値1をとる。したがって，合成波の振幅が最大となるのは $\phi = 0$ のときである。最も大きな振幅を与える干渉は*完全に強めあう干渉*（fully constructive interference）と呼ばれる。

$\phi = \pi$ rad（あるいは $180°$）のときは，図17-14bのように2つの干渉する波の位相は完全にずれて，$\cos(1/2)\phi$ の値は $\cos\pi/2 = 0$ となり，合成波の振幅は式(17-39)に与えられるようにゼロとなる。したがって，すべての x, t の値に対して，

$$y'(x, t) = 0 \quad (\phi = \pi \text{ rad}) \tag{17-41}$$

図17-14eに合成波を示した。2つの波を弦に送り込んだのにもかかわらず，弦の振動は見られない。このようなタイプの干渉は*完全に弱めあう干渉*（fully destructive interference）と言われる。

正弦波は 2π rad ごとに同じ形を繰り返すので，位相差 $\phi = 2\pi$ rad（あるいは $360°$）は1波長分の距離だけずらすことに対応する。このように，位相差は，角度または波長のずれで記述することもできる。たとえば，図17-14bにおいて，"波の位相が0.50波長分ずれている"と言うことができる。表17-1には位相差の例と干渉の結果をまとめた。完全に強めあう干渉でも完全に弱めあう干渉でもない場合，干渉は中間的干渉とよばれる。このとき，合成波の振幅の値は0から $2y_m$ の範囲の値をとる。表17-1によれば，干渉する波の位相差が $120°$（$\phi = (2/3)\pi$ rad $= 0.33$ 波長）のとき，合成波の振幅は y_m で元の波の振幅と同じになる（図17-14c, f）。

2つの波が同じ波長で，位相差がゼロあるいは波長の整数倍であれば，位相は一致している。したがって，位相を波長の倍数で表したとき，値の整数部分は無視しても結果には影響がない。たとえば，0.40波長の位相差

は 2.40 波長の位相差と同じである．計算するときは，より簡単な方を用いればよい．

例題 17-5

弦に沿って 2 つの正弦波が同じ向きに伝播して干渉している．各波の振幅 y_m は 9.8 mm，位相差 ϕ は 100° である．

(a) 2 つの波の干渉によって作られた合成波の振幅 y'_m はいくらか？　また，どんな種類の干渉が起きているか？

解法：　**Key Idea**：2 つの波は弦に沿って同じ方向に伝わる同じ波形の正弦波だから，干渉で作られる合成波もまた正弦波である．2 つの波は同じだから，振幅も等しい．したがって，合成波の振幅は式 (17-39) で与えられる：

$$y'_m = 2y_m \cos\frac{\phi}{2} = (2)(9.8\,\mathrm{mm})\cos(100°/2)$$
$$= 13\,\mathrm{mm} \qquad (答)$$

干渉は 2 つの意味で中間的といえる．位相差が 0° と 180° の間で，振幅 y'_m も 0 と $2y_m\,(=19.6\,\mathrm{mm})$ の間にある．

(b) 合成波の振幅が 4.9 mm となるような位相差は何 rad あるいは何波長か？

解法：　(a) と同様の **Key Idea** が有効であるが，ここでは y'_m が与えられていて逆に ϕ を求める問題である．式 (17-39) より，

$$y'_m = 2y_m \cos\frac{\phi}{2}$$

これより，

$$4.9\,\mathrm{mm} = (2)(9.8\,\mathrm{mm})\cos\frac{\phi}{2}$$

これを解いて（電卓の角度を rad モードにして），

$$\phi = 2\cos^{-1}\frac{4.9\,\mathrm{mm}}{(2)(9.8\,\mathrm{mm})}$$
$$= \pm 2.636\,\mathrm{rad} \approx \pm 2.6\,\mathrm{rad} \qquad (答)$$

2 つの解が現れた：第 1 の波が第 2 の波に対して 2.6 rad 進むか，遅れるかである．位相差を波長に換算すると，

$$\frac{\phi}{2\pi\,\mathrm{rad/波長}} = \frac{\pm 2.636\,\mathrm{rad}}{2\pi\,\mathrm{rad/波長}} = \pm 0.42\,\mathrm{波長} \qquad (答)$$

> ✓ **CHECKPOINT 5：**　この例題における位相差として，さらに 4 通り考える：0.20 波長，0.45 波長，0.60 波長，0.80 波長．合成波の振幅が大きい順に答えよ．

17-10　位相ベクトル

弦に発生する波（他のどんなタイプの波でもよい）は，**位相ベクトル** (phasor) を用いてベクトル的に表すことができる．位相ベクトルはその大きさが波の振幅であり原点の回りに回転するベクトルである；位相ベクトルの角速度は波の角振動数 ω に等しい．たとえば，次式で表される波は，図 17-15a に示された位相ベクトルを用いて表現することができる：

$$y_1(x,t) = y_{m1}\sin(kx - \omega t) \qquad (17\text{-}42)$$

位相ベクトルの大きさは波の振幅 y_{m1} である．この位相ベクトルが原点の回りを角速度 ω で回転するとき，その垂直軸への射影である y_1 は正弦波的に変化する；最大値 y_{m1} から 0 を通り，最小値 $-y_{m1}$ まで変わって，再び y_{m1} に戻る．この変化は，弦上の任意の点の変位 y_1 が，波の通過にともなって正弦的に変化することに対応する．

2 つの波が同じ弦の上を同じ方向に伝播する場合，それぞれの波とそれらの合成波を位相ベクトル図で表現することができる．図 17-15b に示された位相ベクトルは，式 (17-42) で与えられる 1 番目の波と，次式で与えられる 2 番目の波を表している：

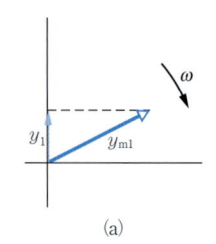

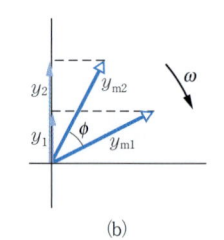

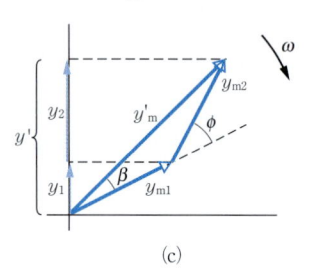

図17-15 (a)原点のまわりを角速度ωで回る大きさy_{m1}の位相ベクトルで正弦波を表すことができる。位相ベクトルの垂直軸上への射影y_1は，波が通過するときの変位を表す。(b)2番目の位相ベクトルは，原点のまわりを同じ角速度ωで回っているが，大きさはy_{m2}で，最初のベクトルに対して位相差ϕで回転している。(c)2つの波の合成波は，2つの位相ベクトルのベクトル和で表される。この位相ベクトルの垂直軸上への射影y'は，合成波が通過するときの変位を表す。

$$y_2(x, t) = y_{m2}\sin(kx - \omega t + \phi) \qquad (17\text{-}43)$$

この2番目の波は，最初の波に比べて位相がϕだけずれている。2つの位相ベクトルは同じ角速度ωで回転するので，角度差は常にϕである。ϕが正の量ならば，位相ベクトル2は常に位相ベクトル1より遅れて回転する（図17-15b）。ϕが負の量ならば位相ベクトル2は常に位相ベクトル1より進んで回転する。

波y_1とy_2は同じ波数kと角振動数ωをもっているので，合成波の形は式(17-38)より，

$$y'(x, t) = y'_m \sin(kx - \omega t + \beta) \qquad (17\text{-}44)$$

y'_mは合成波の振幅，βは位相定数である。y'_mとβの値を知るためには，式(17-38)を求めたときと同様に，2つの波の和を計算しなければならない。

この計算を位相ベクトル図上で行うには，任意の時刻における2つの位相ベクトルをベクトル的に足せばよい（図17-15c）：位相ベクトルy_{m1}の先端に位相ベクトルy_{m2}を平行移動する。このベクトル和の大きさが式(17-44)の振幅に等しい。このベクトルと位相ベクトルy_1の位相差が式(17-44)の位相差βに等しい。

17-9節のやりかたとは対照的に，

▶ 位相ベクトルは，振幅の異なる波の合成にも有効である。

例題 17-6

同じ波長の2つの正弦波$y_1(x, t)$と$y_2(x, t)$が，同じ弦を同じ方向に伝播する。振幅は$y_{m1} = 4.0\,\text{mm}$と$y_{m2} = 3.0\,\text{mm}$，位相定数は0と$\pi/3\,\text{rad}$である。合成波の振幅y'_mおよび位相定数βはいくらか？ 合成波の式を式(17-44)の形で書け。

解法： **Key Idea 1**：2つの波にはいくつかの共通点がある：どちらも同じ弦を伝わるから，弦の線密度と張力で決まる伝播速度は等しい（式17-25）。波長が同じならば波数$k(=2\pi/\lambda)$も等しい。波数kと伝播速度vが等しければ，角振動数$\omega(=kv)$も等しい。

Key Idea 2：これらの波（波1，波2と呼ぶ）は，原点の周りを同じ角速度で回る位相ベクトルとして表すことができる。波2の位相定数は波1にくらべて$\pi/3$だけ大きいので，位相ベクトル2は位相ベクトル1に比べて常に$\pi/3$遅れて，時計回りに回転する（図17-16a）。波1と波

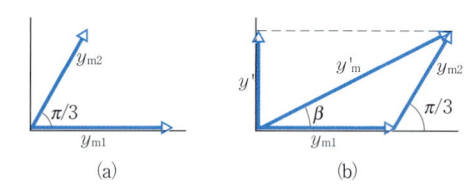

図17-16 例題 17-6。(a)大きさがy_{m1}，y_{m2}で位相差が$\pi/3$の2つの位相ベクトル。(b)任意の瞬間における2つの位相ベクトルのベクトル和から，合成波の位相ベクトルの大きさy'_mが求まる。

2の干渉で作られる合成波は，位相ベクトル1と位相ベクトル2のベクトル和として表すことができる。

ベクトル和の計算を簡単にするために，図17-16aでは，位相ベクトル1が水平軸に一致した瞬間の位相ベクトルを図示した。遅れて回る位相ベクトル2は水平軸から正の角度$\pi/3\,\text{rad}$をなすように描かれている。図17-

16bでは，位相ベクトル2を平行移動して，位相ベクトル2の始点を位相ベクトル1の先端に一致させる．合成波の位相ベクトルy'_mは，位相ベクトル1の始点から位相ベクトル2の先端へ伸びるベクトルとなる．位相定数βは，合成ベクトルと位相ベクトル1のなす角である．

y'_mとβの値を求めるには，ベクトル演算機能付き電卓を用いて，大きさ4.0で角度0のベクトルと大きさ3.0で角度$\pi/3$ radのベクトルを足すか，成分に分解して計算すればよい．水平成分については，

$$y'_{mh} = y_{m1}\cos 0 + y_{m2}\cos \pi/3$$
$$= 4.0\,\text{mm} + (3.0\,\text{mm})\cos \pi/3 = 5.50\,\text{mm}$$

垂直成分については，

$$y'_{mv} = y_{m1}\sin 0 + y_{m2}\sin \pi/3$$
$$= 0 + (3.0\,\text{mm})\sin \pi/3 = 2.60\,\text{mm}$$

したがって，合成波の振幅は，

$$y'_m = \sqrt{(5.50\,\text{mm})^2 + (2.60\,\text{mm})^2} = 6.1\,\text{mm} \quad (答)$$

位相定数は，

$$\beta = \tan^{-1}\frac{2.60\,\text{mm}}{5.50\,\text{mm}} = 0.44\,\text{rad} \quad (答)$$

図17-16bより，位相定数βは位相ベクトル1に対して正の角をなしている．したがって，合成波は位相ベクトル1に対して位相定数$\beta = +0.44$ radだけ遅れて進む．式(17-44)より，合成波の式は次のように書ける：

$$y'(x, t) = (6.1\,\text{mm})\sin(kx - \omega t + 0.44\,\text{rad}) \quad (答)$$

17-11 定在波

前の2節では，引っ張られた弦の上を*同じ向き*に進む，波長，振幅ともに等しい2つの波について議論してきた．もし進行方向が互いに*反対向き*だったらどうなるのであろうか？この場合も重ね合わせの原理を適用して合成波を求めることができる．

図17-17はこのような状況を図示したものである．図17-17aは左向きに進む波，図17-17bは右向きに進む波，図17-17cは重ね合わせの原理を適用して得られた2つの波の和を表している．この合成波の際立った特徴は，全く動かない点が弦上に存在することである：このような点は**節**(node)と呼ばれる．図17-17cには4つの節が黒点で記されている．隣り合う節の中間点には，合成波の振幅が最大となる**腹**(antinode)と呼ばれる点が存在する．図17-17cで表されるような波は，波形が右にも左にも移動しないので**定在波**(standing wave)と呼ばれる；最大値をとる位置および最小値をとる位置が変化しない．

▶ 振幅と波長が同じ2つの正弦波が弦を反対向きに進むとき，2つの波の干渉によって弦上に定在波が発生する．

定在波を解析するために，合成される2つの波を次式で表そう：

図17-17 (a) 左向きに進む波のスナップショット．時刻tは図(c)の下に示されている（Tは周期）．(b) (a)と同じだが右向きに進んでいる波のスナップショット．(c) (a)と(b)の2つの波の合成波のスナップショット．$t = 0$，$(1/2)T$，Tにおいては，谷と谷，山と山が重なるので完全に強めあう干渉となる．一方，$t = (1/4)T$，$(3/4)T$では，山と谷が重なるので，完全に弱めあう干渉となる．●で印された節は振動しない；腹は最大の振動をする．

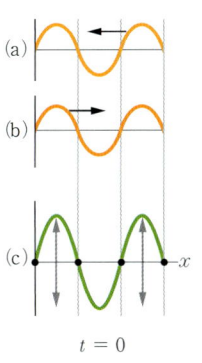

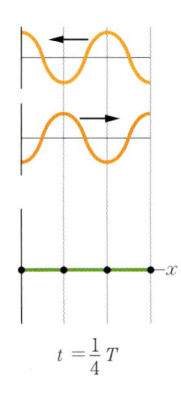

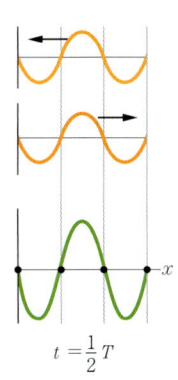

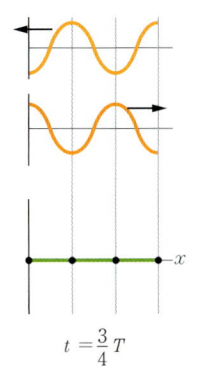

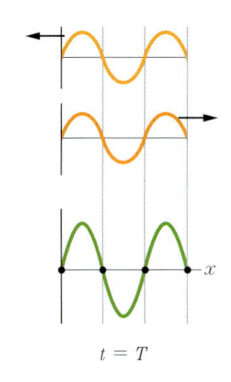

図17-18 同じ振幅と波長をもち，反対向きに進む2つの正弦波による干渉によって作られる定在波は，式(17-47)で表される。

$$\underbrace{y'(x,t)}_{\text{変位}} = \underbrace{[2y_\mathrm{m} \sin kx]}_{x\text{での振幅}} \underbrace{\cos \omega t}_{\text{振動項}}$$

$$y_1(x, t) = y_\mathrm{m} \sin(kx - \omega t) \tag{17-45}$$

$$y_2(x, t) = y_\mathrm{m} \sin(kx + \omega t) \tag{17-46}$$

重ね合わせの原理によりこの2つの式を合成すると，

$$y'(x, t) = y_1(x, t) + y_2(x, t) = y_\mathrm{m}\sin(kx - \omega t) + y_\mathrm{m}\sin(kx + \omega t)$$

式(17-37)の三角関数の和の公式を適用すると，

$$y'(x, t) = [2y_\mathrm{m} \sin kx] \cos \omega t \tag{17-47}$$

この結果を図17-18に示した．この式は，式(17-16)の形をしていないので，進行波を記述する式ではなく，定在波を表している．

式(17-47)の[ ]中の$2y_\mathrm{m}\sin kx$という量は，弦上の位置xにある弦の微小要素の振動の振幅とみなすことができる．しかし，振幅はその定義から常に正の量であるのに，$\sin kx$は負の値も取る．そこで$2y_\mathrm{m}\sin kx$の絶対値をxにおける振幅とする．

正弦進行波においては，波の振幅は弦上のすべての微小要素で同じ値をとる．定在波の場合は位置によって振幅が異なる．たとえば，式(17-47)で表される定在波の場合，$\sin kx = 0$を満足するようなkxに対して振幅はゼロである：

$$kx = n\pi \qquad n = 0, 1, 2, \cdots \tag{17-48}$$

$k = 2\pi/\lambda$の関係を代入して整理すると，式(17-47)の定在波の振幅ゼロの位置(節)が得られる：

$$x = n\frac{\lambda}{2} \qquad n = 0, 1, 2, \cdots \qquad (\text{節}) \tag{17-49}$$

隣り合う節は半波長($\lambda/2$)だけ離れていることに注意しよう．

式(17-47)の定在波の振幅は$|\sin kx| = 1$を満たす位置で最大値$2y_\mathrm{m}$となる：

$$kx = \frac{1}{2}\pi, \frac{3}{2}\pi, \frac{5}{2}\pi, \cdots = \left(n + \frac{1}{2}\right)\pi \qquad n = 0, 1, 2, \cdots \tag{17-50}$$

式(17-50)に，$k = 2\pi/\lambda$の関係を代入して整理すると，式(17-47)の定在波の振幅最大の位置(腹)が得られる：

$$x = \left(n + \frac{1}{2}\right)\frac{\lambda}{2} \qquad n = 0, 1, 2, \cdots \qquad (\text{腹}) \tag{17-51}$$

隣り合う腹の位置は$\lambda/2$だけ離れており，2つの節の中間に位置する．

境界における反射

進行波を弦の遠方の端で反射させて逆向きに進むようにすると，引っ張られた弦上に定在波を作ることができる．このとき，入射波(元の波)と反射波はそれぞれ式(17-45)と(17-46)で表され，これらを合成して定在波が得られる．

図17-19は，単一パルスを用いて反射の様子を示したものである．図17-19aでは左端が固定されている．パルスが左端に到達すると，上向きの力

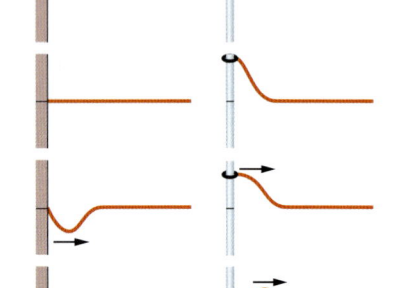

図17-19 (a)右側から進んできた波が，壁に固定された左端で反射される．反射波は入射波に対して反転していることに注意しよう．(b)弦の左端は，摩擦なしで上下に滑り動くことができる軽いリングに取り付けられている．この場合，反射波は反転していないことに注意しよう．

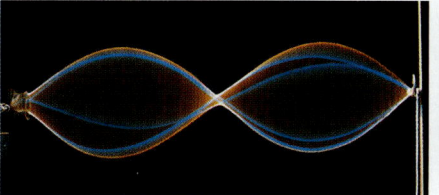

図 17-20 左端の振動子によって発生する定在波（完全ではないが）を写したストロボ写真。この波形は特定の振動数においてのみ観察される。

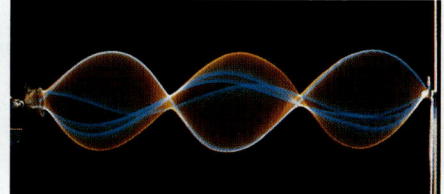

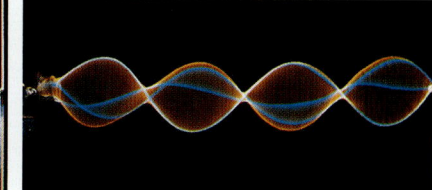

を支持端（壁）に及ぼす。ニュートンの第3法則により，支持端は同じ大きさで逆向きの力を弦に及ぼす。この反作用は入射波と逆向きに進むパルスを支持端で発生する。このような"固定端反射"では，弦は支持端で固定されているので，この支持端は波の節となる。支持端で入射波と反射波が打ち消しあうためには，2つの波は逆符号でなければならない。

図17-19bでは，弦の左端に軽いリングが取り付けられている：このリングは棒に沿って摩擦なしで自由に動くことができる。入射パルスが左端に到達すると，リングは棒に沿って上向きに動く。リングが動くと，リングは弦を引っ張って伸ばし，入射波と同じ振幅で同符号の反射波を発生する。このような"自由端反射"では，入射波と反射波は互いに強めあい，弦の端は波の腹となる；リングの最大変位はそれぞれの波の振幅の2倍となる。

> ✓ **CHECKPOINT 6：** 同じ振幅，同じ波長の2つの波が3通りの干渉をして，次式で与えられる合成波となった。
> (1) $y'(x,t) = 4\sin(5x-4t)$
> (2) $y'(x,t) = 4\sin(5x)\cos(4t)$
> (3) $y'(x,t) = 4\sin(5x+4t)$
> (a) x 軸の正の向き，(b) x 軸の負の向き，(c) 互いに反対向きに進む合成波はどれか。

17-12 定在波と共鳴

ギターの弦のように，両端の締め金具の間にピンと張られた弦を考える。ある振動数の正弦波を連続的に右向きに送り出したとしよう。波は右端に到達すると反射して左向きに進み，右向きに進んでいる波と重なり合う。左向きに進んだ波が左端に到達すると，再び反射されて右向きに進み始め，左向きと右向きの波と重なり合う。要するに，あっという間にたくさんの進行波が重なり合って互いに干渉する。

特定の振動数に対しては，節と大きな腹をもつ定在波形（**振動モード**，oscillation mode）が干渉によって作られる（図17-20）。このような定在波は**共鳴**（resonance）により発生したといい，弦はこの振動数（**共鳴振動数**，resonant frequency）で共鳴したといわれる。弦が共鳴振動数以外で振動する場合には定在波は発生せず，右向き進行波と左向き進行波の干渉により弦には小さな（おそらく微小な）振動が起こるだけである。

距離 L だけ離れた締め金具の間に弦が張られているとしよう。弦の共鳴振動数を見つけるには，弦の両端が節となることに着目する；両端は固定

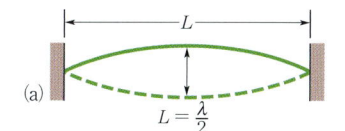

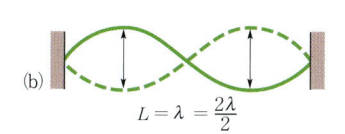

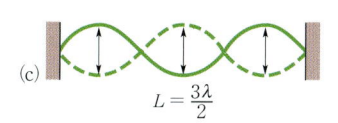

図 17-21 両端の固定点の間に張られた弦の定在波。(a) 最も単純な1ループ波形の振動（実線と破線で表される最大変位の形が1つのループを描いている）。(b) 次に単純な2ループ波形。(c) 3ループ波形。

(a) $L = \dfrac{\lambda}{2}$

(b) $L = \lambda = \dfrac{2\lambda}{2}$

(c) $L = \dfrac{3\lambda}{2}$

されていて動かない．この条件を満足する最も簡単な振動波形（変位が最大の時の2つの波形）が図17-21aに示されている（ひとつは実線で，もうひとつは破線で表され，両方でひとつの"ループ"を作っている）．この場合，波の腹は弦の中央に1つ存在するだけである．弦の長さLが波の半波長となっている（$\lambda/2 = L$）ことに注目しよう．右向き進行波と左向き進行波が，干渉によりこのパターンの定在波を作るには，元の波の波長は$\lambda = 2L$でなければならない．

両端固定の条件を満たす第2の波形を図17-21bに示す．この波形は3つの節と2つの腹をもち，"2ループ波形"と呼ばれる．右向き進行波と左向き進行波が，干渉によりこのような定在波を作るには，元の波の波長は$\lambda = L$でなければならない．第3の波形を図17-21cに示す．この波の波形は4つの節，3つの腹，3つのループをもち，波の波長は$\lambda = \frac{2}{3}L$である．このような手続きを繰り返してより複雑な波形を見つけ出すことができる．手順の1ステップ毎に，定在波の波形は前の波形に比べて節と腹の数がそれぞれ1つずつ増えていき，弦の長さLの中に$\lambda/2$が追加されていく．

このように，長さLの弦に定在波を発生させることができる波は，次式で与えられる波長をもつ：

$$\lambda = \frac{2L}{n} \qquad n = 1, 2, 3, \cdots \qquad (17\text{-}52)$$

この波長に対応する共鳴振動数は，vを弦を伝わる進行波の速さとすると，式(17-12)により，

$$f = \frac{v}{\lambda} = n\frac{v}{2L} \qquad n = 1, 2, 3, \cdots \qquad (17\text{-}53)$$

式(17-53)によれば，共鳴振動数は$n = 1$に対応する最も低い共鳴振動数$f = v/2L$の整数倍である．最も低い共鳴振動数を*基本モード*（fundamental mode）あるいは*基本振動*（first harmonic）という．*第2高調波*（second harmonic，2次の調和振動）は$n = 2$の振動モードであり，第3高調波は$n = 3$の振動モードである．通常，これらのモードの振動数は，$f_1, f_2, f_3, \cdots$のように記される．すべての可能な振動モードの組は**調和振動系列**（harmonic series）と呼ばれ，nはn次高調波（n次の調和振動）の**指数**（harmonic number）と呼ばれる．

共鳴現象はあらゆる振動系に共通な物理現象であり，2次元振動系でも3次元振動系でも起こりうる．たとえば，図17-22は振動しているティンパニーの表面に発生している2次元定在波の様子を示したものである．

✓ **CHECKPOINT 7:** 共鳴振動数の系列（150，225，300，375 Hz）のなかで400 Hz以下の共鳴振動数がひとつ抜けている．(a) 抜けている振動数を答えよ．(b) 第7高調波の振動数はいくらか？

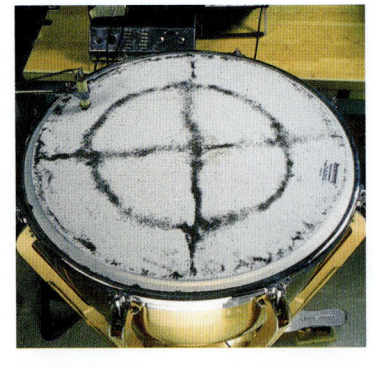

図17-22 ティンパニーの膜に発生する定在波パターンの一例．膜に黒い粉を撒いて可視化した．写真左上の振動発生器をティンパニーの膜に取り付けて一定の振動数で振動させると，振動の節の部分に粉が集まり，直線と円形で描かれる2次元的なパターンが観察される．

例題 17-7

図17-23に示されるように，弦の一端が点Pで正弦的に振動する振動器に結びつけられ，点Qにある支持棒にかけられ，他端に吊り下げられた質量mのブロックで引っ張られている。PQ間の距離Lは1.2m，弦の線密度は1.6g/m，振動器の振動数は120Hzに固定されている。点Pでの振動の振幅は十分小さく，この点は振動の節と考えてよい。点Qもまた節となっている。

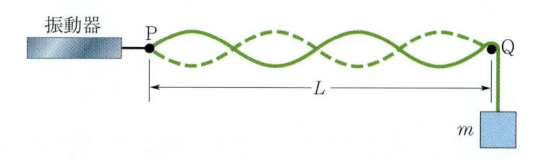

図17-23 例題17-7。張力のかかった弦に振動子が取り付けられている。決められた振動数に対して，特定の張力の場合にのみ定在波パターンが発生する。

(a) 弦に第4高調波の定在波が発生するためには，ブロックの質量mはいくらでなければならないか？

解法: **Key Idea 1**: 弦が共鳴振動する条件は，弦の長さLと波の伝播速度vで決められる。この共鳴振動数は，式(17-53)より，

$$f = n\frac{v}{2L} \qquad n = 1, 2, 3 \cdots \qquad (17\text{-}54)$$

弦に第4高調波($n=4$)の定在波を発生させるためには，$n=4$に対して，式(17-54)の右辺を振動器の振動数(120Hz)に一致させればよい。

式(17-54)のLの値は調整のしようがない。**Key Idea 2**: vは調整可能である：波の速さは弦に吊り下げられているブロックの質量によって変化する。式(17-25)によれば，$v = \sqrt{\tau/\mu}$である。張力τはブロックの重さmgに等しい。したがって，

$$v = \sqrt{\frac{\tau}{\mu}} = \sqrt{\frac{mg}{\mu}} \qquad (17\text{-}55)$$

式(17-55)の関係を式(17-54)に代入し，第4高調波に対応して$n=4$とおき，mについて式を解くと，

$$m = \frac{4L^2 f^2 \mu}{n^2 g} = \frac{(4)(1.2\,\text{m})^2(120\,\text{Hz})^2(0.0016\,\text{kg/m})}{(4)^2(9.8\,\text{m/s}^2)}$$
$$= 0.846\,\text{kg} \approx 0.85\,\text{kg} \qquad (\text{答})$$

(b) $m = 1.00$kgの場合は，どんな定在波のモードが発生するだろうか？

解法: このmの値を式(17-56)に代入してnに関して解くと，$n=3.7$が得られる。**Key Idea**: 定在波が発生するためにはnは整数でなければならない。$n=3.7$では不可能だ。したがって，$m=1.00$kgでは振動器は弦に定在波を発生させることができず，弦の振動はおそらく観測できないほど微小なものとなるであろう。

PROBLEM-SOLVING TACTICS

Tactic 2: 弦の調和振動

長さLの弦がもつ特定の調和振動モードについての情報が必要ならば，まず，その調和振動モードの絵を描きなさい(図17-21のような)。もし5次の振動モードについて尋ねられたなら，固定端間に5個のループをもつ絵，すなわち，$\lambda/2$の長さのループを5つ描いて長さLの弦になるような絵を描けばよい。こうすれば，$5(\lambda/2) = L$となり，$\lambda = 2L/5$が得られる。式(17-12)($f = v/\lambda$)にこれを代入すればこの調和振動の共鳴振動数が求められる。

心に留めておいて欲しい大切な点は，特定の調和振動の波長は弦の長さLで決まるが，共鳴振動数は弦の張力と弦の線密度で決まる波の速度vに依存している(式17-25の関係)ということである。

まとめ

横波・縦波 力学的波は物質の媒質中でのみ存在し，ニュートンの運動法則に従う。引っ張られた弦上の波のような力学的横波とは，媒質振動が波の伝播方向に垂直な波である。これに対して，媒質振動の方向が波の伝播方向と同じ波を縦波という。

正弦波 x軸の正の向きに伝播していく正弦波の数学的表現は，

$$y(x,t) = y_m \sin(kx - \omega t) \qquad (17\text{-}2)$$

y_mは波の**振幅**，kは**波数**，ωは**角振動数**，$kx - \omega t$は**位相**である。**波長**λとkは次式で関係づけられている

$$k = \frac{2\pi}{\lambda} \qquad (17\text{-}5)$$

波の**周期**Tと**振動数**fはωと次の関係にある：

$$f = \frac{1}{T} = \frac{\omega}{2\pi} \qquad (振動数) \qquad (17\text{-}9)$$

最後に，**波の速さ** v は他の変数と次のように関係づけられる：

$$v = \frac{\omega}{k} = \frac{\lambda}{T} = \lambda f \qquad (17\text{-}12)$$

進行波　次式で表される任意の関数は，式(17-12)で与えられる速さで伝播する**進行波**を表し，その波形は h の数学的な形によって決まる：

$$y(x, t) = h(kx \pm \omega t) \qquad (17\text{-}16)$$

＋記号は x 軸の負の向きへ伝播する波を表し，－記号は正の向きへ伝播する波を表す．

弦を伝わる波の速さ　引っ張られた弦を伝わる波の速さは弦の物理的性質によって決まる．張力 τ，線密度 μ の弦の場合，その速さは次式で与えられる：

$$v = \sqrt{\frac{\tau}{\mu}} \quad (速さ) \qquad (17\text{-}25)$$

エネルギー輸送率　弦を伝わる正弦波が運ぶ平均エネルギー輸送率(パワー)は次式で与えられる：

$$P_{\text{avg}} = \frac{1}{2}\mu v \omega^2 y_m^2 \qquad (17\text{-}32)$$

波の重ね合わせ　2つ以上の波が同じ媒質中を伝わるとき，任意の場所での媒質粒子の変位はそれぞれの波が別々にその粒子に与える変位の和で与えられる．

波の干渉　同じ弦の上の2つの正弦波は，重ね合わせの原理の結果，強めあったり弱めあったりして**干渉する**．2つの波が，同じ振動数，同じ振幅，同じ進行方向で**位相定数**のみが ϕ だけ異なる場合，合成された波は同じ振動数をもつ：

$$y'(x, t) = \left[2y_m \cos\frac{\phi}{2}\right]\sin\left(kx - \omega t + \frac{\phi}{2}\right) \qquad (17\text{-}38)$$

$\phi = 0$ ならば，2つの波は完全に一致して，完全に強めあう干渉となる；$\phi = \pi$ ならば，2つの波は完全に位相がずれて，完全に弱めあう干渉となる．

位相ベクトル　波 $y(x, t)$ は位相ベクトルを用いて表すことができる．位相ベクトルはその大きさが波の振幅であり，波の角速度と同じ角速度で原点の回りを回転するベクトルである．回転している位相ベクトルの垂直軸への射影は，波の伝播に伴って動く弦上の一点の変位を表している．

定在波　互いに反対向きに伝播する同じ振幅と振動数をもつ2つの正弦波は，干渉によって弦上に**定在波**を発生する．両端固定弦の場合，定在波は次式で表される：

$$y'(x, t) = [2y_m \sin kx]\cos\omega t \qquad (17\text{-}47)$$

定在波の特徴は，**節**(変位ゼロの場所)と**腹**(変位最大の場所)をもつことである．

共鳴　弦上の定在波は，弦の両端からの波の反射によって発生する．端が固定端の場合，端は節でなければならない．この条件により，与えられた弦上に発生できる定在波の振動数に制限がつき，この振動数を**共鳴振動数**という．そのときの波形を**振動モード**という．両端が固定された長さ L の弦の共鳴振動数は，

$$f = \frac{v}{\lambda} = n\frac{v}{2L} \qquad n = 1, 2, 3, \cdots \qquad (17\text{-}53)$$

$n = 1$ の場合の振動モードは基本モードまたは基本振動，$n = 2$ の場合は*第2高調波*と呼ばれる．

問　題

1. 図17-24に示されている奇妙な波の波長はいくらか？　ただし，波形の各々の分割単位の長さを d とする．

図17-24　問題1

2. 図17-25aは，張力をかけられた弦に沿って x 軸の正方向に伝わる波のスナップショットを描いている．4つの文字によって弦上の4つの微小要素を示している．これらの各微小要素について，スナップショットの瞬間にその微小要素が，上向きに動いているか，下向きか，あるいは，その瞬間に静止しているか答えよ(ヒント；波がその4つの微小要素を通過するときの様子をイメージせよ)．図17-25bはある特定の位置(たとえば，$x = 0$)での弦の微小要素の変位の時間的変化を示している．記号をつけた時刻において，その微小要素が，上向きに動いているか，下向きか，あるいは，その瞬間に静止しているか答えよ．

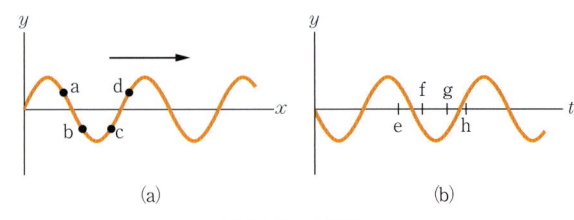

図17-25　問題2

3. 図17-26は，正弦波のスナップショットでその上に5つの点が示されている．点1と他の点の位相差はいくらか？ (a)点2 (b)点3 (c)点4 (d)点5．答えはradと波の波長単位で答えよ．このスナップショットでは，$x=0$の位置で変位も0となっている．波の周期Tを単位にして，位置$x=0$において，(e)最大値になるのはいつか？ (f)ふたたび変位が0となるのはいつか？

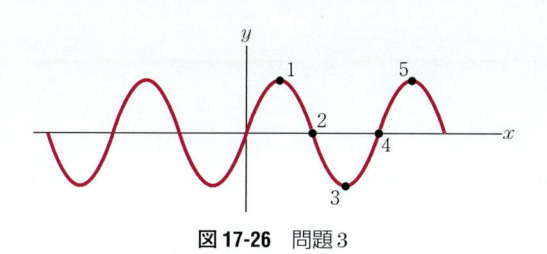

図 17-26 問題3

4. 下記の4つの波が同じ線密度の弦を伝わるとする（ここで，xの単位はm，tの単位はs）．(1) $y_1 = (3\text{mm}) \sin(x - 3t)$，(3) $y_3 = (1\text{mm}) \sin(4x - t)$ (2) $y_2 = (6\text{mm}) \sin(2x - t)$，(4) $y_4 = (2\text{mm}) \sin(x - 2t)$．これらを(a)波の速さ，(b)弦の張力の大きい順に並べよ．

5. 図17-27において，波1は高さ4単位で幅dの矩形の山と深さ2単位で幅dの矩形の谷をもっている．この波はx軸に沿って右側に進んでいる．波2，3，4は波1と同じ高さ，深さ，幅をもった似たような波で，左向きに進んで波1とすれ違う．波1とどの波を組み合わせるとき，干渉により以下の状態が一瞬実現するか？ (a)最も深い谷，(b)平らな直線，(c)幅$2d$の平らなピーク．

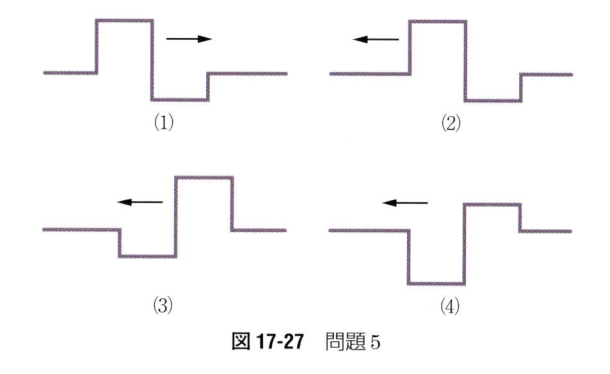

図 17-27 問題5

6. 弦の上を2つの同じ振幅の正弦波が最初は位相が一致して伝わっている．なんらかの原因で位相が5.4波長ずれたとすると，弦の上にはどんなタイプの干渉が発生するか？

7. 振幅と位相は異なるが波長が同じ4組の波のペアがある．それぞれの組の振幅と位相差は，(a) 2mm，6mm，π rad，(b) 3mm，5mm，π rad，(c) 7mm，9mm，π rad，(d) 2mm，2mm，0 rad．各々のペアは同じ弦上を同じ向きに伝わる．計算をせずに，合成波の振幅が大きい順に答えよ（ヒント；位相ベクトルを書く）．

8. 第7高調波を弦上に発生させるとすると，(a)節は何個できるか？，(b)弦の中点は節となるか，腹となるか，あるいは中間状態か？ 次に，第6高調波を弦上に発生させるとすると，(c)第7高調波と比べて共鳴波長は長くなるか短くなるか？ (d)共鳴振動数は高くなるか低くなるか？

9. 弦Aと弦Bは同じ長さで同じ線密度をもつが，弦Bの張力は弦Aより大きい．図17-28の(a)から(d)には，2つの弦上に発生する定在波の様子が4通り描かれている．どの場合において弦Aと弦Bが同じ共鳴振動数で振動している可能性があるか？

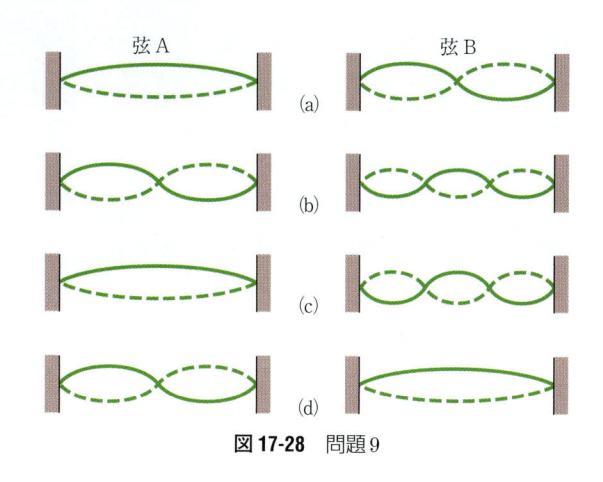

図 17-28 問題9

10. (a)弦上の定在波の式が次式で与えられている：$y'(t) = (3\text{mm}) \sin(5x) \cos(4t)$．位置$x=0$は振動している弦の節か腹か？ (b)定在波の式が$y'(t) = (3\text{mm}) \sin(5x + \pi/2) \cos(4t)$で表されるならば，位置$x=0$は振動の節か腹か？

11. (a)例題17-7と図17-23において，もしゆっくりとブロックの質量を増していくと（振動数は固定しておいて），新たな共鳴モードが現れる．調和振動の次数は，それ以前にくらべて増加するか，あるいは，減少するか？ (b)ひとつの共鳴モードからもうひとつの共鳴モードへの変化はゆっくりと変わっていくか？ あるいは，次のモードが発生する前に前のモードは十分に消えているか？

18 波動 II

コウモリは，真っ暗闇の中を飛んでいる蛾の位置を知ることができるだけでなく，蛾との相対速度を計る能力をもっているので，蛾にまっしぐらに向かうことができる。

コウモリの探知システムはどのように機能しているのであろうか？　一方，蛾はどうやってこのシステムを妨害したり効力を弱めているのだろうか？

答えは本章で明らかになる。

18-1 音　波

第17章で見てきたように，力学的波の存在には媒質の存在が不可欠である。力学的波には2種類ある：*横波は波の進行方向に対して垂直な振動をともなう；縦波は波の進行方向に対して平行な振動をともなう。*

本書では，少し荒っぽいが縦波全般を**音波**（sound wave）と定義する。弾性波探査グループは油田探査に音波を利用している。船舶は水面下の障害物を発見するために音響測位器（ソナー）を装備している。潜水艦は，他の潜水艦に忍び寄るために，スクリューが発生する特徴的な音波を探知する。図18-1は胎児の頭と手の画像をコンピュータ処理したもので，音波がいかに人体の柔らかい組織を調べるのに役立つかを示している。本章では，空気中を伝わって人間の耳に聞こえる音波について議論しよう。

図18-2には，これからの議論で用いられるいくつかの概念が描かれている。点Sは，**点源**（point source）とよばれる小さな音源を表し，あらゆる方向に音波を発する。波面と音線は波の伝わる方向とその拡がりを示している。**波面**（wavefront）は，音波による空気振動の変位が等しい点の集まりで作られる面のことである；2次元平面上では，点源を中心とする円または円の一部として描かれる。**音線**（ray）は波面に直交しており，波の

伝播方向を表す．図18-2の短い双方向の矢印は，空気の縦振動が波の伝播方向と平行であることを示している．

図18-2に示されているように，点源近傍の波面は3次元的に拡がる球面である：このような波を**球面波**(spherical wave)という．波面が外向きに拡がり，点源からの半径が大きくなるにつれて，波面の曲率は減少する．点源から十分に遠ざかると，波面は近似的に平面（2次元平面上に描くと直線）とみなせるようになる．このような波を**平面波**(plane wave)という．

図18-1 指しゃぶりする親指を捜している胎児の画像：この画像は超音波（可聴振動数以上の振動数をもつ音）を使って作成された．

18-2 音　　速

力学的波の速さは，縦波であろうが横波であろうが，媒質の慣性的性質（運動エネルギーを蓄える）と弾性的性質（ポテンシャルエネルギーを蓄える）の両者に依存している．そこで，引っ張られた弦の波の速さを与える式(17-25)を一般化して次のように書こう：

$$v = \sqrt{\frac{\tau}{\mu}} = \sqrt{\frac{弾性的性質}{慣性的性質}} \quad (18\text{-}1)$$

（横波に対しては）τ は弦の張力であり μ は弦の線密度である．媒質が空気で波が縦波ならば，μ に対応する慣性的性質は空気の密度 ρ と考えればよい．では，弾性的性質には何が対応するのだろうか？

引き伸ばされた弦において，ポテンシャルエネルギーは，波が通過するときの周期的な弦の伸縮に関係していた．音波が空気中を伝わるときのポテンシャルエネルギーは，空気の小さな体積要素の周期的な圧縮・膨張に関係している．媒質要素の体積が圧力（単位面積が受ける力）の変化によってどの程度変形するかを表すのは**体積弾性率**(bulk modulus) B であり，次式で定義される（式14-27）：

$$B = -\frac{\Delta p}{\Delta V / V} \quad (体積弾性率の定義) \quad (18\text{-}2)$$

$\Delta V/V$ は圧力変化 Δp による体積変化率である．15-3節で説明したように，SI単位における圧力の単位は N/m^2 で，パスカル(Pa)という特別な名が与えられている．式(18-2)から，B の単位も Pa であることがわかる．Δp と ΔV の符号は常に逆符号である：圧力を増すと（Δp は正）体積は減少する（ΔV は負）．B が正の量として定義されるように，式(18-2)に負符号をつけた．式(18-1)において，τ の代わりに B を，μ の代わりに ρ を使えば，体積弾性率 B，密度 ρ の媒質中を伝わる音波の速さが得られる：

$$v = \sqrt{\frac{B}{\rho}} \quad (音速) \quad (18\text{-}3)$$

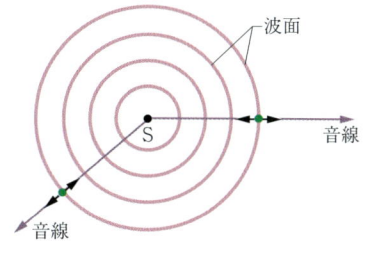

図18-2 点音源から出た音波が媒質中を3次元的に拡がっていく．波面はSを中心とした球面である：音線は放射状になる．両端に短い矢のついた矢印は，媒質要素が波の進行方向と平行に振動することを示す．

以下で導出するように，この式は音速を表す正しい式である．表18-1に色々な媒質中の音速を示す．

水の密度は空気の密度のおよそ1000倍である．もし音速が密度だけで決まるなら，式(18-3)より，水中の音速は空気中に比べてはるかに小さく

表18-1 音速[a]

媒質	音速 (m/s)
気体	
空気（0℃）	331
空気（20℃）	343
ヘリウム	965
水素	1284
液体	
水（0℃）	1402
水（20℃）	1482
海水[b]	1522
固体	
アルミニウム	6420
鋼鉄	5941
花崗岩	6000

[a] 特に断らない限り0℃，1気圧
[b] 20℃で塩の濃度は3.5%

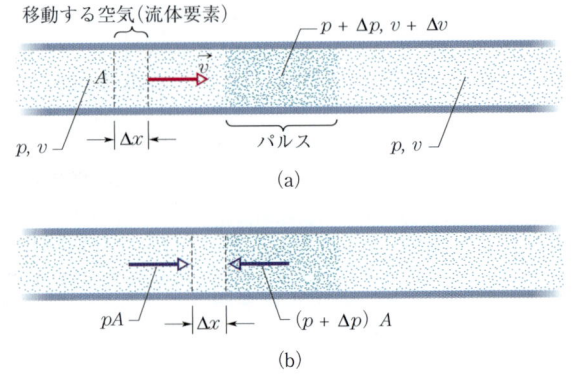

なるであろう．しかし，表18-1を見ると実際は逆になっている．このことから，再び式(18-3)により，水の体積弾性率は空気の体積弾性率より1000倍以上大きいと結論できるであろう．実際その通りである．水は空気に比べてはるかに圧縮しにくい（式(18-2)を見よ）；言い換えれば，水の体積弾性率は空気よりもはるかに大きい．

式(18-3)の導出

ニュートンの法則を直接適用して式(18-3)を導いてみよう．図17-2に描かれたような長い管の中を，空気の圧縮パルスが速さvで右から左へ進んでいるとしよう．パルスと同じ速さで移動する基準系から見ると，このパルスは静止している．図18-3はそのような基準系から見たようすを描いている．パルスは静止しており，空気が左から右へ速さvで通り抜けていく．

定常状態の空気の圧力をp，パルス内部の圧力を$p+\Delta p$とする．Δpは圧縮された状態なので正である．速さvでパルスに向かって進んでくる長さΔx，断面積Aの空気の薄片（スライス）を考えよう．この空気片がパルスの部分に入るとき，空気片の前面が圧力の高い領域に出会って速さが$v+\Delta v$に変化する（Δvは負である）．この減速は空気片の後面がパルス領域に到達するまで続く．これに要する時間は，

$$\Delta t = \frac{\Delta x}{v} \tag{18-4}$$

この空気片にニュートンの第2法則を適用する．Δtの間に空気片の後面に右向きに働く平均の力はpAであり，前面に働く左向きの力は$(p+\Delta p)A$である（図18-3b）．したがって，Δtの間に空気片に働く正味の力は，

$$F = pA - (p+\Delta p)A = -\Delta p A \quad (\text{正味の力}) \tag{18-5}$$

負符号は，空気片に働く正味の力が左向きであることを示している．空気片の体積は$A\Delta x$なので，式(18-4)を用いると，その質量は次のように書ける：

$$\Delta m = \rho A \Delta x = \rho A v \Delta t \quad (\text{質量}) \tag{18-6}$$

図18-3 空気の圧縮パルスが空気の入った長い管に送り込まれる．図では，パルスの静止系を基準系としているので，空気は左から右に移動する．(a)厚さΔxの空気片がパルス部へ向かって速さvで移動する．(b)空気片の先端がパルス部に入る．先端面と後端面に働く空気圧による力が示されている．

Δt の間の平均加速度は,

$$a = \frac{\Delta v}{\Delta t} \quad \text{(加速度)} \tag{18-7}$$

式 (18-5), (18-6), (18-7) にニュートンの第 2 法則 ($F = ma$) を適用すると,

$$-\Delta p\, A = (\rho A v\, \Delta t)\, \frac{\Delta v}{\Delta t}$$

これを書き換えて,

$$\rho v^2 = -\frac{\Delta p}{\Delta v/v} \tag{18-8}$$

パルスの外側で体積 V ($= A v\, \Delta t$) であった空気片が, パルスに入ると ΔV ($= A\, \Delta v\, \Delta t$) だけ圧縮されるので,

$$\frac{\Delta V}{V} = \frac{A\, \Delta v\, \Delta t}{A v\, \Delta t} = \frac{\Delta v}{v} \tag{18-9}$$

式 (18-9) と (18-2) を (18-8) に代入すると,

$$\rho v^2 = -\frac{\Delta p}{\Delta v/v} = -\frac{\Delta p}{\Delta V/V} = B$$

この式を v について解くと, 図 18-3 で右側へ向かう空気の速さとして式 (18-3) が得られる. 実際はこれが左向きのパルスの速さである.

例題 18-1

脳が音源の方向を判断する手がかりは, 音波が左右の耳の到達する時間差 Δt である. 音源は遠く離れていて, 耳に到達する波面は平面波とみなせるものとする. 左右の耳の間隔を D とする.

(a) 音源の方向は正面から角 θ の向きとする. θ と D を用いて Δt を表せ.

解法: この状況を図 18-4 (平面図) に示す. 波面は正面右前方から近づいてくる. **Key Idea**: 波面が右の耳 (R) に到達してから左の耳 (L) に到達するまでに, 波面は距離 d だけ進むので時間差 Δt を生じる. v を空気中の音速とすると, 図 18-4 より,

$$\Delta t = \frac{d}{v} = \frac{D \sin \theta}{v} \quad \text{(答)} \tag{18-10}$$

経験に基づいて, 脳はこの検出された Δt (ゼロから最大値まで) を音源の方向 (0°から 90°まで) と関係づける.

(b) 今度は 20℃ の水中に潜っているとしよう. 波面が右側から到達したとき, 時間差に基づいて判断すると, 音波はどの方向から来たように聞こえるか?

解法: **Key Idea**: この場合の音速は水中での値 v_w である. 式 (18-10) の v を v_w と置き換え, θ に 90°を代入す

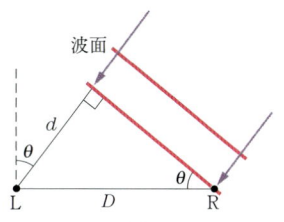

図 18-4 例題 18-1. 左耳に到達する波面は, 右耳のときより距離 $d = D \sin \theta$ だけ長い距離を進む.

ると,

$$\Delta t_w = \frac{D \sin 90°}{v_w} = \frac{D}{v_w} \tag{18-11}$$

v_w は v の約 4 倍だから, Δt は空気中での最大時間差の 1/4 程度の値となる. 脳は空気中での経験に基づいて判断するので, 音源の方向は 90°より小さい角度であるとみなす. みかけの角度を求めるために, 式 (18-11) で求めた時間差 D/v_w を式 (18-10) の Δt に代入する:

$$\frac{D}{v_w} = \frac{D \sin \theta}{v} \tag{18-12}$$

θ を求めるために表 18-1 の $v = 343\,\text{m/s}$ と $v_w = 1482\,\text{m/s}$ を式 (18-12) に代入する:

$$\sin \theta = \frac{v}{v_w} = \frac{343\,\text{m/s}}{1482\,\text{m/s}} = 0.231 \tag{18-12}$$

これより, $\theta = 13°$ (答)

18-3 音波の伝播

本節では，空気中を伝わる正弦的な音波による変位と圧力について調べる。図 18-5a は空気が入った長い管の中を右向きに伝わる進行波を描いている。このような波は，管の左端に取り付けられたピストンを正弦的に動かすことにより発生させることができる（図 17-2）。ピストンの右向きの動きがピストンに接する空気を動かし，その部分を圧縮する；ピストンの左向きの動きが圧縮された空気を左へ引き戻して圧力を下げる。空気の各部分が隣接する空気を次々に押していくので，空気の往復運動と圧力の変化が音波として管中を伝わっていく。

管軸方向の位置 x にある厚さ Δx の空気片を考えよう。波が x を通過するとき，空気片は平衡位置を中心として左右に単振動する（図 18-5b）。このように進行音波による空気片の振動は，振動方向が横方向ではなく*縦方向*であることを除いて，弦の微小要素の横振動と似ている。弦の微小要素は y 軸に平行に振動するので，その変位を $y(x,t)$ の形で表した。同様に，空気片は x 軸に平行に振動するので，その変位を $x(x,t)$ と書きたいところだが，混乱を避けるために $s(x,t)$ と書くことにする。

変位 $s(x,t)$ が x と t の正弦的関数であることを表すために，サイン関数とコサイン関数のどちらを使ってもよい。本章ではコサイン関数を用いて次式のように表す。

$$s(x,t) = s_m \cos(kx - \omega t) \tag{18-13}$$

図 18-6a には，この式の主な構成要素が示されている。s_m は**変位振幅**（displacement amplitude）であり，空気片の変位——平衡点からのずれ——の最大値を表す（図 18-5b）。音波（縦波）の波数 k，角振動数 ω，振動数 f，波長 λ，速さ v，周期 T は横波と同じように定義され，それらの間の関係も横波と同じである。ただし，λ は波による圧縮・膨張の繰り返しパターン間の（波の伝播方向の）最小距離である（図 18-5a を参照）。（s_m は λ に比べてはるかに小さいものと仮定している。）

図 18-5 （a）空気の入った長い管を速さ v で進む音波は，空気の圧縮と膨張の周期的なパターンで形作られる。波の様子は任意の瞬間におけるものである。（b）管の短い部分を水平方向に拡大した図。波の通過にともない，厚さ Δx の流体要素は，平衡点を中心に左右に単振動する。図（b）の瞬間において，流体要素は平衡点から s だけ右に変位している。その最大変位は左右どちらにも s_m である。

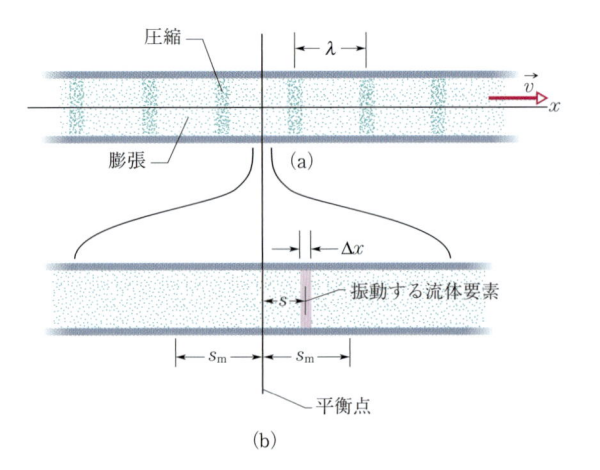

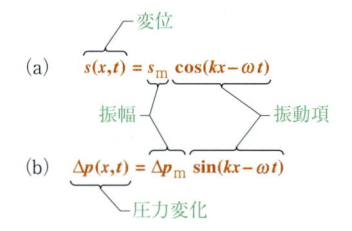

波の動きにともなって，図18-5aの任意の位置xにある空気の圧力も正弦的に変化する(あとで証明する)．この圧力変化は次のように表される：

$$\Delta p(x, t) = \Delta p_m \sin(kx - \omega t) \tag{18-14}$$

図18-6bにはこの式の主な構成要素が示されている．式(18-14)において，負のΔpは空気の膨張に対応し，正のΔpは圧縮に対応している．Δp_mは**圧力振幅**(pressure amplitude)であり，波による圧力の増減の最大値を表す；通常Δp_mは波が存在しないときの圧力pに比べてはるかに小さい量である．あとで証明されるように，圧力振幅Δp_mは式(18-13)で与えられている変位振幅s_mと次式のように関係づけられる：

$$\Delta p_m = (v \rho \omega) s_m \tag{18-15}$$

図18-7は，$t = 0$における式(18-13)と(18-14)のプロットである；時間とともに2つの曲線は水平軸に沿って右へ移動する．変位と圧力変化が位相角$\pi/2$ rad(または90°)だけずれていることに注意しよう．したがって，変位が最大のとき圧力変化Δpはゼロとなる．

> ✓ **CHECKPOINT 1:** 振動している流体要素(図18-5b)が変位ゼロの位置を通過して右へ動いているとき，この流体要素の圧力は平衡値にあるか，増加しつつあるか，減少しつつあるか？

式(18-14)と(18-15)の導出

断面積A，厚さΔxの空気片が振動しており，平衡位置からsだけ変位したとする(図18-5b)．

式(18-2)より，変位した空気片の圧力変化は，

$$\Delta p = -B \frac{\Delta V}{V} \tag{18-16}$$

式(18-16)中のVは空気片の体積であり，次式で与えられる：

$$V = A \Delta x \tag{18-17}$$

式(18-16)のΔVは，空気片が変位したときの体積の変化量である．この体積変化は，空気片の左右の表面の変位が一般には同じではなく，Δsだけ異なることに起因している．したがって，体積変化は次のように表される：

$$\Delta V = A \Delta s \tag{18-18}$$

式(18-17)と(18-18)を式(18-16)に代入して微分の極限をとると，

$$\Delta p = -B \frac{\Delta s}{\Delta x} = -B \frac{\partial s}{\partial x} \tag{18-19}$$

記号∂は*偏微分*を表し，tを固定して，xの変化に対するsの変化率を表している．式(18-13)より，tを定数とみなしてこの偏微分を計算すると，

$$\frac{\partial s}{\partial x} = \frac{\partial}{\partial x}[s_m \cos(kx - \omega t)] = -k s_m \sin(kx - \omega t)$$

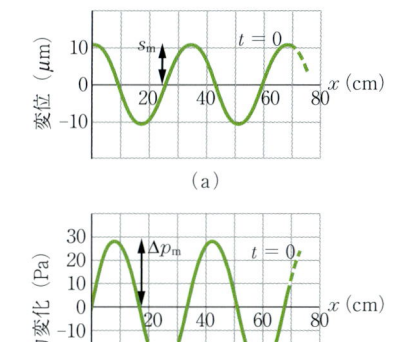

これを式(18-19)に代入すると，

$$\Delta p = Bks_m \sin(kx - \omega t)$$

さらに，$\Delta p_m = Bks_m$ とおくと，証明したかった式(18-14)が得られる．
　さらに式(18-3)を用いると，

$$\Delta p_m = (Bk)s_m = (v^2 \rho k)s_m$$

式(17-12)を用いて k を ω/v で置き換えると，証明したかった式(18-15)が直ちに得られる．

例題 18-2

人の耳が耐えることのできる大音響の最大の圧力振幅 Δp_m は約 28 Pa である（これは大気圧約 10^5 Pa に比べてはるかに小さい）．密度 $\rho = 1.21\,\mathrm{kg/m^3}$ の空気中を伝わる音の振動数を 1000 Hz，音速を 343 m/s とすると，この大きさの音の変位振幅 s_m はいくらになるか？

解法：　**Key Idea**：変位振幅 s_m は，式(18-15)の関係によって波の音圧振幅 Δp_m と関係づけられている．この式を s_m について解くと，

$$s_m = \frac{\Delta p_m}{v\rho\omega} = \frac{\Delta p_m}{v\rho(2\pi f)}$$

数値を代入すると，

$$s_m = \frac{28\,\mathrm{Pa}}{(343\,\mathrm{m/s})(1.21\,\mathrm{kg/m^3})(2\pi)(1000\,\mathrm{Hz})}$$
$$= 1.1 \times 10^{-5}\,\mathrm{m} = 11\,\mu\mathrm{m} \qquad (答)$$

この値はこの本のページの厚さの 1/7 にすぎない．耳が耐えることのできる最大の音量の変位振幅でさえこんなにも小さいものなのである．
　耳で聞き取ることのできる最小の圧力振幅 Δp_m は，1000 Hz において，2.8×10^{-5} Pa である．上と同様に計算すると，これは $s_m = 1.1 \times 10^{-11}$ m，あるいは 11 pm であり，典型的原子 1 個の半径の 1/10 ほどの大きさである．耳というのは本当に感度のよい検出器である．

18-4　干　渉

横波と同様に音波も干渉する．ここでは，同じ方向に進む 2 つの同一の音波の干渉について考えよう（図18-8）：2 つの点音源 S_1 と S_2 から同じ位相で同じ波長 λ をもつ波が送り出されるとする．このとき，音源の位相は一致しているという；2 つの波が音源を出るときの変位は常に等しい．問題は図18-8 の点 P を通過する波である．音源からの点 P までの距離は 2 つの音源間の距離に比べてはるかに大きいと仮定すると，2 つの波は点 P に向かって同じ方向に進むものと近似することができる．

　もし 2 つの波が点 P に到達するまでに同じ距離を通過するならば，点 P での 2 つの波の位相は一致しているであろう．この場合，横波と同様に，2 つの波は完全に強めあう干渉となる．しかし，図18-8 では S_2 から点 P までの距離 L_2 は，S_1 からの距離 L_1 より大きい．到達距離が違えば点 P における 2 つの波の位相は一致しない．位相差 ϕ は **行路差**（path length difference）$\Delta L = |L_2 - L_1|$ に依存する．

　位相差 ϕ を行路差 ΔL に関係づけるために，位相差 2π は 1 波長の違い

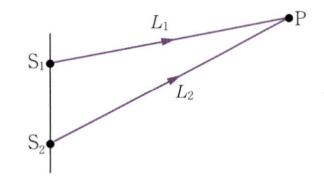

図 18-8　2 つの点音源 S_1 と S_2 から位相の一致した球面波が出ている．2 つの波が共通点 P を通ることが音線で示されている．

に相当するという 17-4 節の議論を思いだそう．この比例関係を用いて，

$$\frac{\phi}{2\pi} = \frac{\Delta L}{\lambda} \tag{18-20}$$

これより，

$$\phi = \frac{\Delta L}{\lambda} 2\pi \tag{18-21}$$

完全に強めあう干渉は位相差が 2π あるいはその整数倍のとき起きる．この条件は，

$$\phi = m(2\pi) \quad m = 0, 1, 2, \cdots \quad (完全に強めあう干渉) \tag{18-22}$$

式 (18-21) よりこれは，比 $\Delta L/\lambda$ が次の条件を満たすとき成り立つ：

$$\frac{\Delta L}{\lambda} = 0, 1, 2, \cdots \quad (完全に強めあう干渉) \tag{18-23}$$

たとえば，図 18-8 の行路差 $\Delta L = |L_2 - L_1|$ が 2λ のとき，$\Delta L/\lambda = 2$ となり点 P においては完全に強めあう干渉となる．S_2 からの波と S_1 からの波の位相のずれは 2λ であり，点 P では*同位相* (in phase) となる．

位相差 ϕ が π の奇数倍のときは，完全に弱めあう干渉になる．その条件は次のように書くことができる：

$$\phi = (2m+1)\pi \quad m = 0, 1, 2, \cdots \quad (完全に弱めあう干渉) \tag{18-24}$$

式 (18-21) より，この条件は次のように書き換えられる：

$$\frac{\Delta L}{\lambda} = 0.5,\ 1.5,\ 2.5,\ \cdots \quad (完全に弱めあう干渉) \tag{18-25}$$

たとえば，図 18-8 の行路差 $\Delta L = |L_2 - L_1|$ が 2.5λ のとき，$\Delta L/\lambda = 2.5$ となり点 P においては完全に弱めあう干渉となる．S_2 からの波と S_1 からの波の位相のずれは 2.5λ であり，点 P では*逆位相* (out of phase) となる．

もちろん 2 つの波は中間的な干渉を起こすこともある．たとえば $\Delta L/\lambda = 1.2$ の場合，この干渉は完全に弱めあう干渉 ($\Delta L/\lambda = 1.5$) よりも完全に強めあう干渉 $\Delta L/\lambda = 1.0$) に近いものとなろう．

例題 18-3

距離 $D = 1.5\lambda$ だけ離れた 2 つの点音源 S_1 と S_2 から同じ波長 λ，同じ位相の波が出ている (図 18-9a)．

(a) 2 つの音源を結ぶ線分の垂直 2 等分線上にある点 P_1 (音源から距離は D より大きい) における 2 つの波の行路差はいくらか？ また，点 P_1 においては，どんな種類の干渉が起きるか？

解法： **Key Idea**： 2 つの波は点 P_1 に到達するまでに同じ距離だけ進むので，行路差は，

$$\Delta L = 0 \quad (答)$$

式 (18-23) より，点 P_1 での干渉は完全に強めあう干渉となる．

(b) 図 18-9a の点 P_2 における行路差はいくらか？ また，どんな型の干渉となるか？

解法： **Key Idea**： S_1 からの波は点 P_2 に到達するまでに，S_2 からの波に比べて距離 $D = 1.5\lambda$ だけ余分に進まなければならない．したがって，行路差は，

$$\Delta L = 1.5\lambda \quad (答)$$

式 (18-25) より，2 つの波は点 P_2 で完全に位相がずれており，干渉は完全に弱めあう干渉となる．

(c) 図 18-9b は，S_1 と S_2 の中点を中心とした円 (半径は D よりもはるかに大きい) を示している．この円周上には完全に強めあう干渉を起こす点がいくつあるか？

とを考えてみよう。**Key Idea 1**: 点 d に向かって移動するにつれて行路差 ΔL は増加し，干渉の型も変わっていく。(a) の結果から点 a においては行路差は $\Delta L = 0$ である。(b) の結果から点 d においては行路差は $\Delta L = 1.5\lambda$ であることはわかっている。したがって，円周上の a と d の間に図 18-9b に示されているような $\Delta L = \lambda$ となる点が 1 つあるはずだ。式 (18-23) から，その点での干渉は完全に強めあう干渉である。また，0 と 1.5 の間には 1 以外の整数は存在しないので，a から d の間に完全に強めあう干渉が起こる点は他にはない。

Key Idea 2: 完全に強めあう干渉が起こる他の点を探すためには対称性を利用せよ。線分 cd に対する対称性から，$\Delta L = 0\lambda$ となる点 b が見つかる。また，$\Delta L = 1\lambda$ である点が 3 つある。結局全部で，

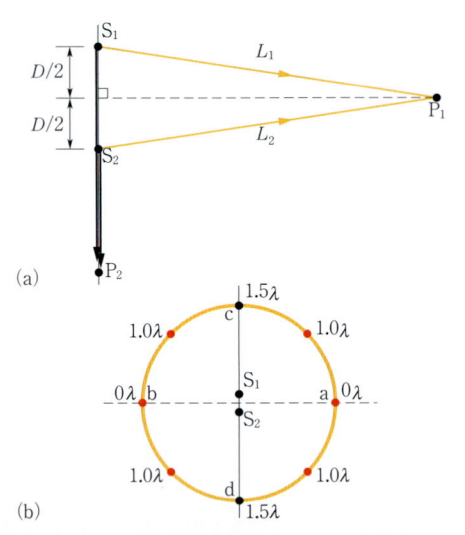

$$N = 6 \tag{答}$$

図 18-9 例題 18-3。(a) 距離 D 離れた 2 つの点音源 S_1 と S_2 から位相の一致した球面波が出ている。2 つの波は同じ距離だけ進んで点 P_1 に到達する。点 P_2 は S_1 と S_2 を結ぶ線の延長線上にある。(b) S_1 と S_2 からの波の位相差 (波長単位) が大きな弓上の 8 点について示されている。

解法: 点 a から点 d まで円周上を時計まわりに回るこ

✓ **CHECKPOINT 2**: この例題において，S_1 と S_2 の距離 D が 4λ であったとすると，行路差と干渉の型は，(a) 点 P_1 の場合はどうなるか？ (b) 点 P_2 の場合はどうなるか？

18-5 音の強度と騒音レベル

近所で誰かが大音量で音楽を演奏したために寝られなかった経験をもつ人ならよくわかっているであろうが，音には振動数，波長，速さの他に大切な量がある。それは強度である。ある面における音波の**強度** (intensity) I とは，波の伝播にともなってその面を通過する (あるいは面に照射される) エネルギーの単位面積あたり，単位時間あたりの平均値である。音波が運ぶ単位時間あたりのエネルギー (エネルギー輸送率またはパワー) を P とし，波の通過面の面積を A とすると，音波の強度は次のように表される：

$$I = \frac{P}{A} \tag{18-26}$$

すぐ後で導出するが，強度 I は音波の変位振幅と次のように関係づけられる：

$$I = \frac{1}{2} \rho v \omega^2 s_m^2 \tag{18-27}$$

強度と距離の関係

音源からの距離によって音の強度がどのように変化するかは，実際の音源の場合にはしばしば複雑な問題となる。拡声器のように指向性をもつ音源もあれば，周囲の状況によってはエコー (反射波) が発生して直接届く波と重なり合うこともある。しかし，反射を無視することができ，音源は等

18-5 音の強度と騒音レベル

音波はグラスを振動させる。音の強度が十分に大きく，しかも定在波が作られた場合は，グラスは粉々に割れる。

方的に——すべての向きに同じ強度で——音波を放射する点音源とみなすことができる場合がある。このような点音源Sから等方的に広がっていく波面の，ある瞬間のようすを図18-10に示した。

波面が音源から広がっていくとき，音波の力学的エネルギーは保存されるものと仮定する。図18-10に示したように，音源Sを中心とした半径Rの仮想的球面を考えよう。音源から放射されるすべてのエネルギーはこの球面を通過しなければならない。したがって，音波によりこの表面を通って運ばれるエネルギーの輸送率は，音源のエネルギー放射率(すなわち，音源のパワー P_s)に等しくなければならない。式(18-26)より，半径Rの球面上での音の強度Iは以下のようになる。

$$I = \frac{P_s}{4\pi r^2} \tag{18-28}$$

$4\pi r^2$ は球面の表面積である。式(18-28)によれば，点源から等方的に発せられる音波の強度は，音源からの距離Rの2乗に反比例して減少していく。

✓ **CHECKPOINT 3:** 2つの仮想的な球面上に配置された3つの小さな面1，2，3を図に示す；球面の中心には等方的音源Sが置かれている。3つの面において音波のエネルギー輸送率が等しいとき，面を (a) 音の強度，(b) 小面の面積の大きい順に並べよ。

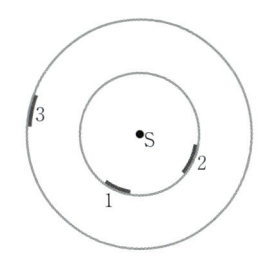

デシベル

例題18-2でわかったように，人間の可聴範囲の音の変位振幅は，耐えられる最大値の10^{-5}mから，かろうじて聞くことのできる最小値10^{-11}mまで，10^6倍にもわたっていた。式(18-27)より，音の強度は振幅の2乗に比例するから，人間の可聴範囲を強度比で表すと10^{12}となる。人間の耳は恐ろしいほど広い範囲の強度の音を聞くことができるのである。

このように驚くほど広い範囲の数値を表すには，対数を用いるのが便利である。次の関係を見てみよう。

$$y = \log x$$

x と y は変数である。この関係式は，xを10倍するとyの値が1増えるという性質をもっている。実際，計算してみると，

$$y' = \log(10x) = \log 10 + \log x = 1 + y$$

同様に，xに10^{12}をかけると，yの値は12増えるだけである。

このように，音波の強度Iを用いて議論する代わりに，次式で定義される**騒音レベル**(sound level) β で議論したほうがはるかに便利である。(訳注："騒音"という言葉は，通常"邪魔な物"というニュアンスをもつが，物理では単に"音"という意味で使われている)

$$\beta = (10\,\mathrm{dB})\log\frac{I}{I_0} \tag{18-29}$$

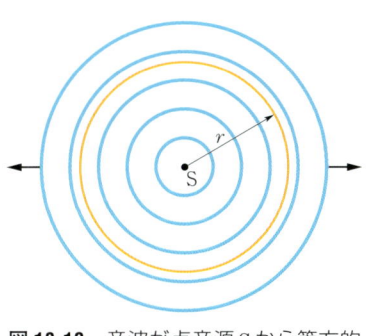

図 18-10 音波が点音源Sから等方的に放出される。波はSを中心とした仮想的球面を通り抜けて行く。

表18-2 騒音レベル(dB)	
聞き取れる限界	0
木の葉のさやぎ	10
会話	60
ロックコンサート	110
痛みの限界	120
ジェットエンジン	130

dBは**デシベル**(decibel)を短縮した記号で,騒音レベルの単位である.この単位名はアレキサンダー・グラハム・ベル(Alexander Graham Bell)の業績に敬意を表してつけられたものである.式(18-29)中のI_0は基準となる強度($=10^{-12}\,\text{W/m}^2$)であり,これはほぼ人間の可聴能力の下限強度に対応している.$I=I_0$の場合,式(18-29)より$\beta = 10\log 1 = 0$となるので,基準強度の騒音レベルは0デシベルに対応している.そして,音の強度が1桁(10倍)上がるごとに,βは10 dB増える.したがって,$\beta = 40$は,基準強度の10^4倍の強度に対応する.表18-2にはいろいろな環境での騒音レベルをまとめた.

式(18-27)の導出

式(18-13)で表される波が,図18-5aに示されたような,厚さdx,断面積A,質量dmの空気片を通り抜けるとき,空気片は前後に振動して,運動エネルギーdKをもつ:

$$dK = \frac{1}{2}\,dm\,v_s^2 \qquad (18\text{-}30)$$

v_sは音波の速さではなく,振動している空気片の速さであり,式(18-13)より次のようにして求められる.

$$v_s = \frac{\partial s}{\partial t} = -\omega s_m \sin(kx - \omega t)$$

この関係式と$dm = \rho A dx$を用いて式(18-30)を書き換えると,

$$dK = \frac{1}{2}(\rho A\,dx)(-\omega s_m)^2 \sin^2(kx - \omega t) \qquad (18\text{-}31)$$

式(18-31)の両辺をdtで割ると,波による運動エネルギーの輸送率を表す式を得ることができる.横波に対して第17章でみたように,dx/dtは波の速さvだから,

$$\frac{dK}{dt} = \frac{1}{2}\rho A v \omega^2 s_m^2 \sin^2(kx - \omega t) \qquad (18\text{-}32)$$

これより,平均運動エネルギー輸送率は,

$$\left(\frac{dK}{dt}\right)_{\text{avg}} = \frac{1}{2}\rho A v \omega^2 s_m^2 [\sin^2(kx-\omega t)]_{\text{avg}}$$

$$= \frac{1}{4}\rho A v \omega^2 s_m^2 \qquad (18\text{-}33)$$

この式を導くのに,サイン(またはコサイン)関数の2乗を1周期にわたって平均すると1/2になることを用いた.ポテンシャルエネルギーもこれと同じ割合で運ばれるものと考えると,波の強度(波による単位面積あたりのエネルギー輸送率の平均)は,式(18-33)を2倍し,面積Aで割って得られる:

$$I = \frac{2(dK/dt)_{\text{avg}}}{A} = \frac{1}{2}\rho v \omega^2 s_m^2$$

これが証明したかった式(18-27)である.

例題 18-4

長さ $L = 10$ m の線に沿って電気的なスパークが起こり，そこで発生した音のパルスが半径方向に伝わっていった（このスパークは線音源と言うことができる）．放射された音波のパワーは $P_s = 1.6 \times 10^4$ W である．

(a) スパークから距離 $r = 12$ m だけ離れた場所での音の強度はいくらか？

解法： スパークを中心軸とした長さ $L = 10$ m，半径 $r = 12$ m の両端の開いた仮想的な円柱を考える（図 18-11）．**Key Idea 1:** 円柱表面での音の強度は，表面を通り抜けていく単位時間あたりの音のエネルギー P を面積 A で割った P/A である．**Key Idea 2:** 音のエネルギーは保存されると仮定する．これは，音源から放射されるパワー P_s と円柱部分に到達するパワー P が等しいことを意味する．これらの値を等しいとおいて，また，高さ L で半径 R の円柱の表面積は $A = 2\pi rL$ であることを用いて，

$$I = \frac{P}{A} = \frac{P_s}{2\pi rL} \tag{18-34}$$

このことから，線音源からの音の強度は（点音源のときのように距離 R の2乗ではなく）距離 R に反比例して減少していくことがわかる．与えられた数値を代入すると，

$$I = \frac{1.6 \times 10^4 \text{ W}}{2\pi (12 \text{ m})(10 \text{ m})} = 21.2 \text{ W/m}^2 \approx 21 \text{ W/m}^2 \quad \text{(答)}$$

(b) スパークの検出のためにスパークから半径 $r = 12$ m の位置に置かれた面積 $A_d = 2.0$ cm^2 の騒音計にはどのくらいの音のパワー P_d が検出されるか？

解法： (a)の **Key Idea 1** より，騒音計の位置における音の強度は，そこでのパワーと検出器の面積の比だから，

$$I = \frac{P_d}{A_d} \tag{18-35}$$

騒音計は(a)の円柱表面に置かれたと考えられると，騒音計の位置での音の強度は $I = 21.2$ W/m^2 である．式(18-35)を P_d に関して解くと，

$$P_d = (21.2 \text{ W/m}^2)(2.0 \times 10^{-4} \text{ m}^2) = 4.2 \text{ mW} \quad \text{(答)}$$

図 18-11 例題 18-4．長さ L の直線に沿ったスパークが半径方向に拡がる音波を発生する．この音波はスパークを中心とした長さ L，半径 R の仮想的円柱を通り抜ける．

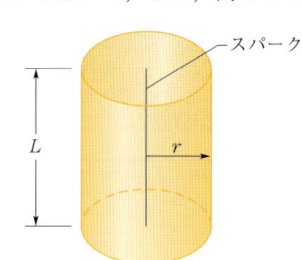

例題 18-5

1976年に The Who はコンサート史上最大の音量を出して世界記録を作った．そのときの騒音レベルは，スピーカーの正面から 46 m 離れた場所で $\beta_2 = 120$ dB であった．そこでの音の強度 I_2 の，騒音レベル $\beta_1 = 92$ dB で動作している削岩機の騒音強度 I_1 に対する比はいくらか？

解法： **Key Idea:** The Who の場合も削岩機の場合も，騒音レベルは定義式(18-29)によって音の強度と関係づけられている．The Who の場合は，

$$\beta_2 = (10 \text{ dB}) \log \frac{I_2}{I_0}$$

削岩機の場合は，

$$\beta_1 = (10 \text{ dB}) \log \frac{I_1}{I_0}$$

騒音レベルの差は，

$$\beta_2 - \beta_1 = (10 \text{ dB}) \left(\log \frac{I_2}{I_0} - \log \frac{I_1}{I_0} \right) \tag{18-36}$$

一般に，次の関係式が成り立つので，

$$\log \frac{a}{b} - \log \frac{c}{d} = \log \frac{ad}{bc}$$

これを用いて式(18-36)を書き直すと，

$$\beta_2 - \beta_1 = (10 \text{ dB}) \log \frac{I_2}{I_1} \tag{18-37}$$

さらに式を整理して，与えられている音のレベルの数値を代入すると，

$$\log \frac{I_2}{I_1} = \frac{\beta_2 - \beta_1}{10 \text{ dB}} = \frac{120 \text{ dB} - 92 \text{ dB}}{10 \text{ dB}} = 2.8$$

上式の左右両端の式の逆対数をとると（電卓で逆対数関数はおそらく 10^x と記されているであろう），

$$\frac{I_2}{I_1} = \log^{-1} 2.8 = 630 \quad \text{(答)}$$

これでわかるように，The Who の音量はとてつもなく大きかった．このようなコンサートや削岩機の大音量に晒された人は，一時的な難聴状態に陥る．繰り返しまたは長い時間晒されると永久に聴力が落ちてしまう（図 18-12）．長時間大音量でヘビーメタル系のロック音楽を聞くことは（特にヘッドフォーンを使った場合）明らかに聴力減退の危険をともなっている．

図 18-12　例題 18-5。The Who の Peter Townshend がスピーカーシステムの前で演奏している。彼は一生難聴に苦しむことになったが，その原因はコンサート会場ではなく，むしろ録音スタジオや家でヘッドフォンをつけて大音響を聞き続けたためであった。

18-6　楽器の音

楽器の音はいろいろな振動から作り出される；弦の振動（ギター，ピアノ，バイオリン），膜の振動（ティンパニ，小太鼓），空気柱の振動（フルート，オーボエ，パイプオルガン，図 18-13 の fujara），木や鉄の棒の振動（マリンバ，木琴），その他多種多様な物体の振動が音源となる。多くの楽器では複数の振動部，バイオリンでは弦と筐体，が楽音の生成に関与している。

　前章では，両端を固定されて弦に定在波が発生することを学んだ。定在波は，弦を伝わる波が両端で反射されるために生じる。波の波長と弦の長さが適当な関係にあれば，反対方向に進む波が重なり合って定在波のパターン（振動モード）が作られる。この条件を満たす波長は，弦の共鳴振動数に対応している。定在波が発生すると，弦の振動は大きな振幅を持続し，弦はまわりの空気を揺らして耳に聞こえるほどの音を出す。このときに出る音の振動数は弦の振動数に等しい。このような音の発生は，たとえばギター奏者にとって，極めて重要である。

　空気で満たされた管の中にも，同じように音の定在波を発生させることができる。音波は管の中を進み，管の端で反射して戻ってくる。（反射は管の端が開いていても起きるが，管が閉じているときほど完全ではない）。音波の波長と管の長さが適当な関係にあれば，管の中を反対方向に進む波が重なり合って定在波のパターンが作られる。この条件を満たす波長は，管の共鳴振動数に対応している。定在波が発生すると，管中の空気の振動は大きな振幅を持続し，管の開口端から音を発する。このときに出る音の

図 18-13　伝統的スロバキアの楽器 fujara の中で空気の柱が振動する。

振動数は，管中の空気の振動数に等しい。このような音の発生は，たとえばオルガン奏者にとって，極めて重要である。

音の定在波と弦の定在波は多くの共通点をもっている：管の閉口端と弦の固定端は，振動の節になる（変位がゼロ）という点で同じであるし，管の開口端と弦の自由端（図17-19bのように自由に動くリングが取り付けられた弦の端）は，振動の腹になるという点で同じである。（厳密に言えば，開口端をもつ管の場合，腹の位置は管の端から少しだけ外へ出た所にあるが，ここでは詳細についての議論はしない。）

両端が開いた管の中に発生する最も簡単な定在波のパターンを図18-14aに示した。左右の開口端には振動の腹があり，管の中央には節がある。この縦波の定在波をわかりやすく表すために，図18-14bでは，弦の横波定在波として描かれている。

図18-14aの定在波のパターンは，基本モードあるいは基本振動と呼ばれる。このモードが長さLの管の中に発生するためには，音波の波長は$L = \lambda/2$（すなわち$\lambda = 2L$）でなければならない。両端開口管に発生するいくつかの定在波のパターンを，弦の波の表現法を使って図18-15aに示した。第2高調波では$\lambda = L$，第3高調波では$\lambda = 2L/3$となる。

一般的には，長さLの両端開口の管の共鳴振動数に対応する波長は，

$$\lambda = \frac{2L}{n} \qquad n = 1, 2, 3, \cdots \qquad (18\text{-}38)$$

nは調和振動の指数と呼ばれる。vを音速とすると，対応する両端開口管の共鳴振動数は次式で与えられる：

$$f = \frac{v}{\lambda} = \frac{nv}{2L} \qquad n = 1, 2, 3, \cdots \quad \text{（両端開口管）} \qquad (18\text{-}39)$$

図18-15bには（弦の波の表現法を用いて）一端が開口端で他端が閉口端であるような管の中に発生するいくつかの波形を示した。開口端部分は腹，閉口端部分は節となっている。最も単純なパターンでは，音波の波長は$L = \lambda/4$，すなわち$\lambda = 4L$となる。次に単純なパターンでは，音波の波長は，$L = 3\lambda/4$，すなわち$\lambda = 4L/3$となり，以下同様である。

一般的には，長さLの片端開口管の共鳴振動数に対応する波長は，

$$\lambda = \frac{4L}{n} \qquad n = 1, 3, 5, \cdots \qquad (18\text{-}40)$$

このとき，調和振動の指数nは奇数でなければならない。対応する共鳴振動数は次式で与えられる：

$$f = \frac{v}{\lambda} = \frac{nv}{4L} \qquad n = 1, 3, 5, \cdots \quad \text{（片端開口管）} \qquad (18\text{-}41)$$

片端開口の場合は，管の中に存在しうるのは奇数次の調和振動だけであることに注意しよう。たとえば，第2高調波（$n = 2$）はこのような管中では存在し得ない。このパイプの場合，"第3高調波"の"3"は，あくまでも指数が$n = 3$であることを意味しており，"第3番目に可能な調和振動"という意味ではない。

楽器の長さは，その楽器の出す音の振動数の領域を反映しており，短いほど高い振動数となる。図18-16には，サキソフォーンとヴァイオリンの

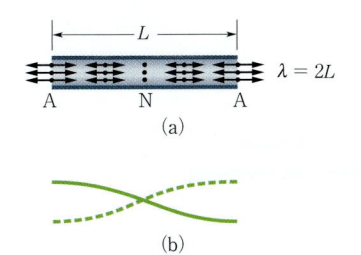

図18-14 (a)両端開口管中の音波（縦波）による変位のなかで最も単純な定在波パターン。管の両端は腹(A)，管の中心は節(N)となる（双方向矢印で表された縦波の変位は誇張されて描かれている）。(b)対応する弦の波（横波）の定在波パターン。

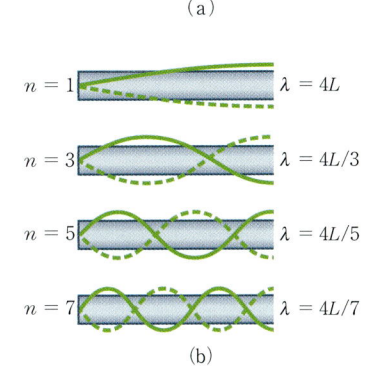

図18-15 管中の定在波パターンを表すために，弦の定在波パターンを管に重ね書きした。(a)両端開口の場合は，どんな調和振動モードも可能である。(b)片端開口の場合は，奇数次の調和振動モードのみが可能である。

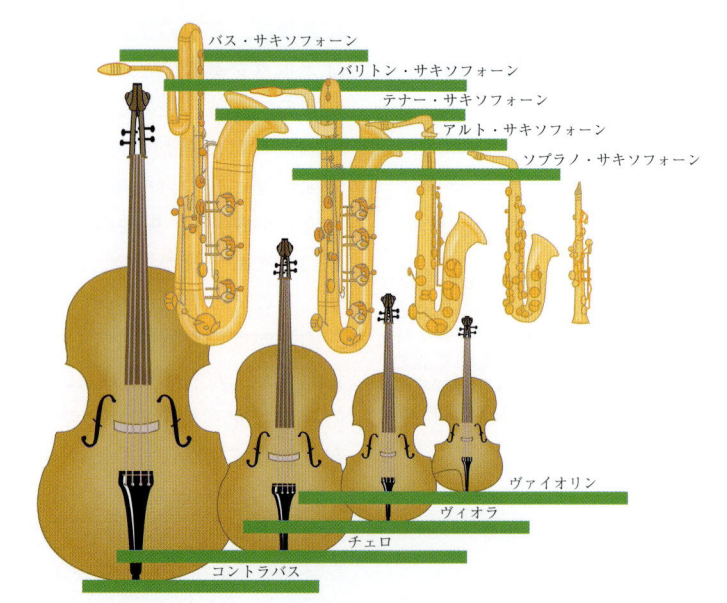

図 18-16 サキソフォーンとバイオリンの仲間を例に，楽器の長さと振動数領域の関係を示した。各楽器の振動数領域を横棒で示し，振動数軸をピアノの鍵盤で表した；振動数は右に行くほど大きい。

仲間の振動数領域を，ピアノの鍵盤を用いて表している。どの楽器においても，最高振動数と最低振動数は，隣り合う楽器の音域と重複部分もつことに注意しよう。

楽音を出すすべての振動系は，それがバイオリンの弦であろうとオルガンのパイプであろうと，基本振動と同時にいくつかの高調波を発生している。われわれが聞いているのは，これらの混じり合った合成波の作る音である。異なる楽器で同じ音符の音を出すとき，それらは同じ基本振動を発生するが，高調波の強度が楽器によって異なっている。たとえば，Cの音（ハ調のド）の第4高調波成分が，ある楽器では比較的大きく，他の楽器では比較的弱かったり，場合によっては存在しなかったりする。このように，異なった楽器は異なった合成波を発生するので，われわれの耳には同じ音符が演奏されているときでも，それぞれの楽器の出す音は違うように聞こえるのである。図18-17にはそのような一例として，3つの異なった楽器によって演奏された同じ音符の音波の波形を示した。

図 18-17 同じ基本振動数をもつ同じ音をいろいろな楽器で演奏したときの音の波形；(a) ピアノ，(b) オーボエ，(c) サキソフォーン

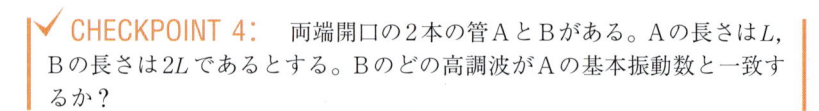

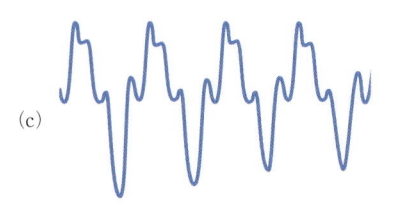

✓ **CHECKPOINT 4:** 両端開口の2本の管AとBがある。Aの長さはL，Bの長さは$2L$であるとする。Bのどの高調波がAの基本振動数と一致するか？

例題 18-6

部屋の中の微弱な背景雑音により，厚紙で作られた両端開口で長さ $L = 67.0 \text{ cm}$ の管の中に基本振動の定在波が発生した。管の中の空気の音速は 343 m/s とする。

(a) 管から聞こえる音の振動数はいくらか？

解法： **Key Idea**： 両端開口管の場合，定在波は開口端を腹とする対称的な波形となる。定在波のパターンが（弦の波の表現を使って）図18-14bに示されている。式(18-39)において $n = 1$ とおいた基本振動に対応する振動数は，

$$f = \frac{nv}{2L} = \frac{(1)(343 \text{ m/s})}{2(0.670 \text{ m})} = 256 \text{ Hz} \qquad (答)$$

背景雑音が管中に高調波を励起するなら（たとえば第2高調波のような），256 Hz の振動数の整数倍の振動数の音も聞こえるであろう。

(b) 管の一端に耳を突っ込んだときに聞こえる基本振動数はいくらか？

解法： **Key Idea**： 耳が効果的に管の一端を塞いだ場合，波の形は非対称となる。一方の開口端が腹であることに変わりないが，耳をあてた端は節となる。このとき，定在波のパターンは図18-15bの一番上の図のようになる。式(18-41)において $n = 1$ とおいた基本振動に対応する振動数は，

$$f = \frac{nv}{4L} = \frac{(1)(343 \text{ m/s})}{4(0.670 \text{ m})} = 128 \text{ Hz} \qquad (答)$$

背景雑音が管中に高調波を励起するならば，その振動数は128 Hz の奇数倍の振動数である。したがって，256 Hz の音（これは偶数倍である）は聞こえないであろう。

18-7 うなり

振動数 552 Hz の音を聞いた後，数分間たってから564 Hz の音を聞いたとしても，ほとんどの人は音の違いを区別できないだろう。一方，2 つの音が同時に耳に達すると，振動数の平均値 558 Hz をもつ音が聞こえてくるとともに，音の強度変化をはっきりと聞くことができるだろう：音は大きくなったり小さくなったり，2 つの波の*振動数の差* 12 Hz で波打つような**うなり**(beat)を発生する。図 18-18 はうなりの現象を表している。

2 つの音波によって生じるある特定の場所における媒質の変位の時間変化が次式で与えられるとしよう：

$$s_1 = s_m \cos \omega_1 t \quad \text{および} \quad s_2 = s_m \cos \omega_2 t \qquad (18\text{-}42)$$

ただし，$\omega_1 > \omega_2$ で，簡単のため2つの波の振幅は等しいものと仮定した。重ね合わせの原理によって，合成波の変位は，

$$s = s_1 + s_2 = s_m (\cos \omega_1 t + \cos \omega_2 t)$$

三角関数の関係式（付録 C を参照）

$$\cos \alpha + \cos \beta = 2 \cos \frac{\alpha - \beta}{2} \cos \frac{\alpha + \beta}{2}$$

図 18-18 (a)(b) 別々に検出された2つの音波の圧力変化 Δp。(c) 2つの波が同時に検出されたときの合成圧力変化。

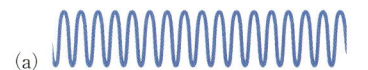

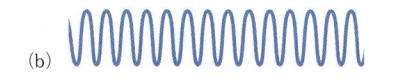

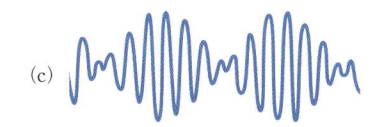

を用いて書き換えると，次式が得られる：

$$s = 2s_m \cos \frac{(\omega_1 - \omega_2)t}{2} \cos \frac{(\omega_1 + \omega_2)t}{2} \tag{18-43}$$

さらに，

$$\omega' = \frac{\omega_1 - \omega_2}{2} \quad \text{および} \quad \omega = \frac{\omega_1 + \omega_2}{2} \tag{18-44}$$

を用いて式(18-43)を書き換えると次式が得られる：

$$s(t) = [2s_m \cos \omega' t] \cos \omega t \tag{18-45}$$

さらに，2つの波の角振動数 ω_1 と ω_2 がほとんど等しいと仮定すると $\omega \gg \omega'$ となるので，式(18-45)は，振動数が ω，振幅が [　] の中の量（定数ではなく角振動数 ω' で変化する）で表されるコサイン関数とみなすことができる。

振幅は，式(18-45)の $\cos \omega' t$ の値が $+1$ あるいは -1 のとき最大となるので，このコサイン関数の1周期の間に2回最大値をとる。$\cos \omega' t$ の角振動数は ω' であるから，うなりの角振動数 ω_{beat} は $\omega_{beat} = 2\omega'$ となる。式(18-44)を用いると，

$$\omega_{beat} = 2\omega' = (2)\left(\frac{1}{2}\right)(\omega_1 - \omega_2) = \omega_1 - \omega_2$$

$\omega = 2\pi f$ の関係を用いてさらに書き換えると，

$$f_{beat} = f_1 - f_2 \quad \text{（うなりの振動数）} \tag{18-46}$$

音楽家は楽器の調律にうなりを利用している。基準振動数（たとえばオーボエのA音）と同時に楽器の音をならし，うなりが消えるように調整して音程を合わせる。音楽の都ウィーンでは，市内にいる多くのプロとアマチュアの音楽家のために，演奏会用のA音(440Hz)が電話サービスで聞けるようになっている。

例題 18-7

ピアノの A_3 音を正しい音程である 220 Hz に合わせたいとする。手許にあるのは 440 Hz の音叉である。どうやったらよいか？

解法：2つの **Key Idea** が必要である：(1) 2つの振動数がうなりを生じるには振動数の開きが大きすぎる。(2) しかし，ピアノの弦は基本振動（音程が合ったときは 220 Hz）だけでなく，第2高調波モード（音程が合ったときは 440 Hz）でも振動する。したがって，弦の音程が少しだけずれているならば，音叉の 440 Hz と第2高調波によってうなりが生じる。そこで，うなりの振動数が減るように弦を緩めるか締めるかして，うなりが消えるまで調整を行えばよい。

✓ **CHECKPOINT 5**：この例題において，6 Hz だったうなりの振動数が弦を締めることにより増えたとしよう。調律するためには，弦をさらにきつく締めるべきかあるいは緩めるべきか？

18-8　ドップラー効果

高速道路の路肩に駐車中のパトカーが 1000 Hz のサイレンを鳴らしているとき，別の場所に静止している人は，同じ振動数のサイレンを聞くだろう。

しかし，パトカーに対して相対運動をしている場合は，近づこうと遠ざかろうと，聞こえる振動数は違ったものとなる．たとえば，時速120 km/hでパトカーに*向かって*車を走らせると，より*高い*振動数（96 Hz *増えて*1096 Hz）に聞こえる．同じ速さで遠ざかっている場合は，より*低い*振動数（96 Hz *減って* 904 Hz）に聞こえる．

このような物体の運動にともなう振動数の変化は，**ドップラー効果**（Doppler effect）の一例である．ドップラー効果は1842年に（十分に研究されたものではなかったが）オーストリアの物理学者 Johann Christian Doppler により提案され，Buys Ballot が1845年にオランダで実験的に検証した：蒸気機関車を使ってトランペット奏者数人を乗せた客車を走らせた．

ドップラー効果は，音波だけでなく電磁波（マイクロ波，ラジオ波，可視光等）でも起こる現象である．しかし，ここでは音波のみについて考え，音波の伝搬媒質である空気を基準系とする．すなわち，音源Sと検出器Dの速さは空気に対して測る．（特に断らない限り，空気は地面に対して静止しており，空気に対する速さは地面に対する速さに等しいものとする．）また，SとDは，音速以下の速さで，互いにまっすぐに近づいたり遠ざかったりするものと仮定する．

音源と検出器のどちらかが，あるいは両方が動いているとき，音源から出る音の振動数 f と検出される振動数 f' の間には次の関係が成り立つ：

$$f' = f \frac{v \pm v_D}{v \pm v_S} \quad \text{（一般のドップラー効果）} \quad (18\text{-}47)$$

v は空気中の音速，v_D は検出器の空気に対する速さ，v_S は音源の空気に対する速さである．正負の符号は次の規則に従って選ぶ：

▶ 検出器と音源が互いに近づくときは，振動数が大きくなるよう，逆に，検出器と音源が互いに遠ざかるときは，振動数が小さくなるように符号を選ぶ．

例をいくつか上げよう．検出器が音源に近づくときは，振動数が大きくなるように，式(18-47)の分子にある±のうちプラスを選ぶ．検出器が音源から遠ざかるときは，振動数が小さくなるようにマイナスを選ぶ．検出器が静止しているときは $v_D = 0$ とすればよい．また，音源が検出器に近づくときは，振動数が大きくなるように，式(18-47)の分母にある±のうちマイナスを選ぶ．音源が検出器から遠ざかるときは，振動数が小さくなるようにマイナスを選ぶ．音源が静止しているときは $v_S = 0$ とすればよい．

次に，以下の2つの特別な場合についてドップラー効果の式を導き，それから一般的な式(18-47)を導出しよう．

1. 検出器が空気に対して運動し，音源が空気に対して静止している場合，検出器の運動は，検出器が波面を横切る頻度，すなわち音の振動数を変化させる．
2. 音源が空気に対して運動し，検出器が空気に対して静止している場合，音源の運動は音波の波長，すなわち検出される音の振動数を変化させる．（振動数と波長の関係を思いだそう）．

図 18-19 静止音源 S から発せられ，速さ v で拡がる球面波の波面を 1 波長間隔で示した．耳の形で描かれた音検出器 D は，速度 v_D で音源に向かって進んでいる．検出器の運動のため，検出器はより高い振動数を検出される．

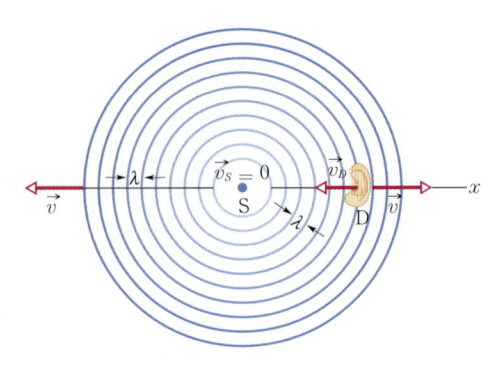

検出器が運動；音源は静止

図 18-19 では，検出器 D（耳の形で示す）が音源 S に向かって速さ v_D で運動している．この音源は，空気中を音速 v で伝播する波長 λ，振動数 f の球面波を送り出している．波面は 1 波長間隔で描かれている．検出器 D が検出する振動数は，D が波面（あるいは 1 波長分の長さ）を横切る頻度である．D が静止しているときの頻度は f であるが，D が波面に向かって動いているので，波面を横切る頻度は高くなる；検出される振動数 f' は f より大きい．

まず，D が静止しているとしよう（図 18-20）．時間 t の間に，波面は右へ距離 vt だけ移動する．この距離 vt の中にある波の数 vt/λ が，時間 t の間に D を通過する波の数である．D を通過する波の頻度が，D が検出する振動数である：

$$f = \frac{vt/\lambda}{t} = \frac{v}{\lambda} \tag{18-48}$$

D が静止しているのでドップラー効果は観測されない；D が検出する振動数は S が送り出す波の振動数に等しい．

さて，D が波面と逆向きに運動している場合を考えよう（図 18-21）．時間 t の間に波面は前と同じように右へ距離 vt だけ移動するが，その間に D は距離 $v_D t$ だけ左へ移動する．したがって，時間 t の間に波面が D に対して相対的に移動した距離は $vt + v_D t$ である．この相対距離 $vt + v_D t$ の中にある波の数 $(vt + v_D t)/\lambda$ が，時間 t の間に D を通過する波の数である．このとき D を通過する波の頻度が，D が検出する振動数 f' である：

$$f' = \frac{(vt + v_D t)/\lambda}{t} = \frac{v + v_D}{\lambda} \tag{18-49}$$

式 (18-48) $(\lambda = v/f)$ を使って式 (18-49) を書き換えると，

$$f' = \frac{vt + v_D t}{v/f} = f \frac{v + v_D}{v} \tag{18-50}$$

式 (18-50) の f' は，$v_D = 0$（検出器が静止）でない限り，f より大きくなることに注意しよう．

同じように，D が音源から遠ざかる場合についても，検出器 D が検出する振動数を求めることができる．この場合，時間 t の間に波面は D に対して相対距離 $vt - v_D t$ だけ移動するので，f' は次式で与えられる：

図 18-20 図 18-19 の波面（平面波と仮定した）が静止した検出器に，(a) 到達した瞬間，(b) 通り抜けた瞬間；波面は時間 t の間に右へ距離 vt 進む．

図 18-21 波面が波面と逆向きに運動する検出器 D に，(a) 到達した瞬間，(b) 通り抜けた瞬間．波面は時間 t の間に右へ距離 vt 進み，検出器は左へ距離 $v_D t$ 進む．

$$f' = f\frac{v - v_\mathrm{D}}{v} \qquad (18\text{-}51)$$

式 (18-51) の f' は，$v_\mathrm{D} = 0$ (検出器が静止) でない限り，f より小さい．

式 (18-50) と (18-51) をまとめると，

$$f' = f\frac{v \pm v_\mathrm{D}}{v} \quad \text{(検出器が運動，音源が静止)} \qquad (18\text{-}52)$$

音源が運動；検出器は静止

今度は，検出器 D が空気に対して静止していて，音源 S が検出器 D に向かって速さ v_S で運動している場合を考える (図 18-22)．S が運動しているために，送り出される波の波長，すなわち検出器 D が検出する振動数が変化する．

この変化をみるために，時間間隔 $T\,(=1/f)$ で相次いで送り出される波の波面 W_1 と W_2 を考える．時間 T の間に波面 W_1 は距離 vT だけ進み，音源は距離 $v_\mathrm{S}T$ だけ進む．時間 T の最後に波面 W_2 が音源から発せられる．S の運動方向に沿った W_1 と W_2 の間の距離 $vT - v_\mathrm{S}T$ が，その向きに進む波の波長 λ' である．この波を D が検出すると，その振動数 f' は次式で与えられる：

$$f' = \frac{v}{\lambda'} = \frac{v}{vT - v_\mathrm{S}T} = \frac{v}{v/f - v_\mathrm{S}/f} = f\frac{v}{v - v_\mathrm{S}} \qquad (18\text{-}53)$$

$v_\mathrm{S} = 0$ でない限り，f' は f より大きくなることに注意しよう．

S の運動方向と反対向きでは，波の波長は $vT + v_\mathrm{S}T$ になる．この波を D が検出すると，その振動数 f' は次式で与えられる：

$$f' = f\frac{v}{v + v_\mathrm{S}} \qquad (18\text{-}54)$$

$v_\mathrm{S} = 0$ でない限り，f' は f より小さくなる．

式 (18-53) と (18-54) をまとめると，

$$f' = f\frac{v}{v \pm v_\mathrm{S}} \quad \text{(音源が運動，検出器が静止)} \qquad (18\text{-}55)$$

図 18-22　検出器 D は静止しており，音源 S が検出器に向かって速さ v_S で進んでいる．音源が S_1 の位置にあるとき発した波面が W_1，S_7 のときの波面が W_7 である．この図の瞬間には，音源は S にある．運動する音源はそれ自身が発した波面を追いかける形となり，進行方向の波長 λ' が短くなるので，検出器で検出される振動数は高くなる．

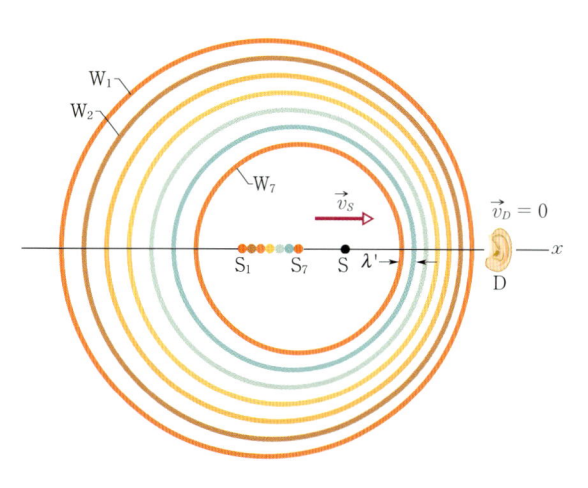

ドップラー効果の一般式

式(18-55)の f (音源の振動数)に，式(18-52)の f' (検出器が運動するときの振動数)を代入すると，その結果が，一般のドップラー効果を表す式(18-47)となる。

この一般式は，音源と検出器の両方が動いている場合だけでなく，前に議論した2つの特別な状況にももちろん適用できる。検出器が運動し音源が静止している場合は，式(18-47)に $v_S = 0$ を代入すれば以前に求めた式(18-52)が得られる。音源が運動し検出器が静止している場合は，式(18-47)に $v_D = 0$ を代入すれば以前に求めた式(18-55)が得られる。式(18-47)は覚えておくに値する式である。

コウモリの方向・位置探知

コウモリは超音波を発し，その反射波(エコー)を検出して自らを誘導しつつ獲物を探しだす。超音波は人間の耳には聞くことのできない高い振動数の音波である。たとえば，菊頭コウモリは，人間の可聴限界振動数20kHzよりはるかに高い83kHzの超音波を発している。

コウモリの鼻腔から発せられた超音波は，蛾で反射してコウモリの耳へ戻ってくる。空気に対するコウモリと蛾の運動のため，コウモリが聞く振動数は，コウモリが発した振動数と数kHz違ったものになる。コウモリは，この差を自動的に自分と蛾の相対速度に換算するので，蛾にぴたりと照準を合わすことができる。

蛾のなかには，超音波がくる方向と反対向きに飛び去ることで，捕獲を免れるものもいる。このような逃げ方をすると，コウモリが発した振動数とコウモリが聞く振動数の差が小さくなり，コウモリは反射波を識別しにくくなる。蛾のなかには，自ら超音波を発してコウモリの検出システムを攪乱し，追跡を逃れるものもいる。(驚いたことに，蛾とコウモリは，初めに物理を学ばずにこれらすべてをやってのけるのである。)

> ✓ **CHECKPOINT 6:** 図は，静止した空気中での音源と検出器の運動の向きを6通り示している。それぞれの場合について，検出される振動数は発せられた振動数に比べて，大きいか？ 小さいか？ あるいは，実際の速さがわからないと何とも言えないか？
>
> | | 音源 | 検出器 | | | 音源 | 検出器 |
> |---|---|---|---|---|---|---|
> | (a) | → | ● 0速度 | | (d) | ← | ← |
> | (b) | ← | ● 0速度 | | (e) | → | ← |
> | (c) | → | → | | (f) | ← | → |

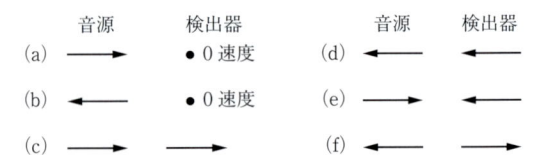

例題 18-8

ロケットが振動数 $f = 1250\,\mathrm{Hz}$ の音波を出しながら，静止した柱に向かって速さ 242 m/s で真っ直ぐ飛んで行く。

(a) 柱に取り付けられた検出器で検出される振動数 f' はいくらか？

解法: ドップラー効果の一般式である式(18-47)を用いて$f'=0$を求めることができる。**Key Idea**: 音源(ロケット)が，静止した検出器に*向かって*空中を運動するので，音の振動数が大きくなるようにv_Sの符号を選ばなければならない；式(18-47)の分母のマイナスを選ぶ。検出器の速さは$v_D=0$，音源の速さは$v_S=242\,\mathrm{m/s}$，音速は$v=343\,\mathrm{m/s}$(表18-1参照)，発せられた振動数は$f=1250\,\mathrm{Hz}$だから，これらの値を代入して，

$$f'=f\frac{v\pm v_D}{v\pm v_S}=(1250\,\mathrm{Hz})\frac{343\,\mathrm{m/s}\pm 0}{343\,\mathrm{m/s}-242\,\mathrm{m/s}}$$

$$=4245\,\mathrm{Hz}\approx 4250\,\mathrm{Hz} \quad\quad (答)$$

この値は確かにロケットが発した振動数より大きくなっている。

(b) 柱に当たった音の一部がエコーとしてロケットへ戻っていく。ロケットに搭載された検出器が検出する振動数f''はいくらか？

解法: **Key Idea 1**: 今度は，エコーの発生源である柱が音源となり，ロケットに搭載された検出器がエコーの検出器である。

Key Idea 2: 音源(柱)から発せられる音の振動数は，柱に到達して反射される音の振動数f'に等しい。

そこで，音源の振動数をf'，検出される振動数をf''として式(18-47)を書き換える：

$$f''=f'\frac{v\pm v_D}{v\pm v_S} \quad\quad (18\text{-}56)$$

Key Idea 3: ロケットに搭載された検出器は，空気中に静止した音源に向かって動いているので，検出される音の振動数が大きくなるようにv_Dの符号を選ばなければならない。そこで，式(18-56)の分子ではプラスを選び，$v_D=242\,\mathrm{m/s}$, $v=343\,\mathrm{m/s}$, $f'=4245\,\mathrm{Hz}$を代入すると，

$$f''=(4245\,\mathrm{Hz})\frac{343\,\mathrm{m/s}+242\,\mathrm{m/s}}{343\,\mathrm{m/s}\pm 0}=7240\,\mathrm{Hz}$$

(答)

✓ **CHECKPOINT 7**: この例題で空気が棒に向かって$20\,\mathrm{m/s}$の速さで動いているとする。(a) 例題の(a)にでてくる音源の速さv_Sとしてどんな値を使うべきか？ (b) 例題の(b)にでてくる検出器の速さv_Dとしてどんな値を使うべきか？

18-9 超音速と衝撃波

音源が，静止した検出器に向かって音速で運動するとき$(v_S=v)$，式(18-47)と(18-55)より，検出される振動数f'は無限大となる。これは，図18-23aに示されるように，音源とそれ自身が発する波面が同じ速さで運動することを意味している。音源の速さが音速を超えたらどうなるのであろうか？

そのような*超音速*(supesonic speed)に対しては，もはや式(18-47)と(18-55)は適用できない。図18-23bは，いろいろな位置にある音源から放射された球面波面の様子を表している。この図の各波面の半径はvtで与

図18-23 (a)音源Sの速さv_Sが音速に等しい；音源はそれ自身の発する波面と同じ速さで動く。(b)音源Sの速さv_Sが音速を超えている；音源は波面より速い。音源がS_1の位置にあるとき発した波面がW_1, S_6のときの波面がW_6である。すべての球面波面は速さvで拡がり，マッハコーンと呼ばれる円錐状(半角θ)の面に並び，衝撃波を作る。この面はすべての波面の接平面となっている。

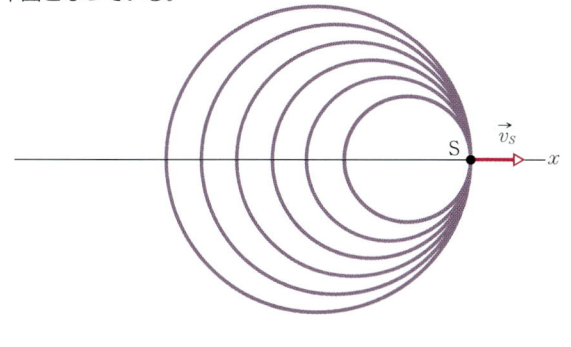

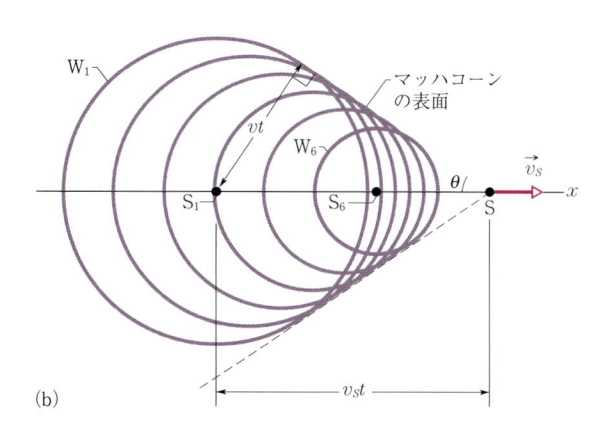

えられる；音速をv，音源が波面を出してからの経過時間をtとする。波面を2次元的に描いた図18-23bを見ると，V字型の包絡線に沿ってすべての波面がならんでいることがわかる。実際の波面は3次元的に拡がっているから，波面がならんだ面はマッハコーン (Mach cone) とよばれる円錐形となる。そして，この面状に**衝撃波** (shock wave) が発生する；波面のそろった部分が通過するとき，空気圧が急激に上昇し下降する。図18-23bより，**マッハ角** (Mach cone angle) と呼ばれる円錐の半角は次式で与えられる：

$$\sin\theta = \frac{vt}{v_s t} = \frac{v}{v_s} \quad \text{(マッハ角)} \tag{18-57}$$

比v_s/vはマッハ数 (Mach number) と呼ばれる。"あの飛行機はマッハ2.3で飛んだ"という言い回しは，その飛行機の速さが，飛行機の周りの空気の音速の2.3倍であったことを意味している。超音速飛行機 (図18-24) や超音速物体が作る衝撃波は，**ソニックブーム** (sonic boom) と呼ばれる轟音を発生する；衝撃波の通過にともなって，空気圧が急激に上昇した後，今度は平常圧力以下へ急激に下降し，最後に元の値に戻る。ライフル銃を撃ったときに聞こえる音の一部は，弾丸によって作られたソニックブームである。ソニックブームは長い鞭を素早く振ったときにも発生する：鞭の先端部分の運動が音速を超えて小さなソニックブームを発生するために鞭がピシッと鳴る。

図 18-24 米国海軍の戦闘機 FA18 の翼で作られた衝撃波。目で見えるのは，衝撃波による急激な気圧降下のために水分子が凝結し霧が発生したためである。

まとめ

音波 音波は固体，液体，気体中を伝わる力学的縦波である。**体積弾性率**B，密度ρの媒質中を伝わる音波の速さvは，

$$v = \sqrt{\frac{B}{\rho}} \quad \text{(音速)} \tag{18-3}$$

20°Cの空気中での音速は343 m/sである。

音波は媒質中の質量要素に次式の変位sを与える：
$$s(x, t) = s_m \cos(kx - \omega t) \tag{18-13}$$
s_mは平衡位置からの最大変位を与える**変位振幅**である。またfを波の振動数，λを波長するとき，$k = 2\pi/\lambda$，$\omega = 2\pi f$という関係が成り立つ。音波はまた媒質中の圧力を変化させる。平衡状態からの圧力変化Δpは，

$$\Delta p(x, t) = \Delta p_m \sin(kx - \omega t) \tag{18-14}$$

圧力振幅は，

$$\Delta p_m = (v \rho \omega) s_m \tag{18-15}$$

干渉 媒質中のある一点を通過する同じ波長の2つの波が起こす干渉は，2つの波の位相差ϕに依存する。2つの音源から出される波の位相が一致していて，ほとんど同じ方向に進んでいるときの位相差ϕは，

$$\phi = \frac{\Delta L}{\lambda} 2\pi \tag{18-21}$$

Lは**行路差**（2つの波が同じ点に到達するまでの距離の差）である。ϕが2πの整数倍のときは完全に強めあう干渉が起きる。このとき，

$$\phi = m(2\pi) \quad m = 0, 1, 2, \cdots \tag{18-22}$$

ΔL を波長 λ で表すと，これと等価な条件として，

$$\frac{\Delta L}{\lambda} = 0, 1, 2, \cdots \quad (18\text{-}23)$$

ϕ が π の奇数倍のときは完全に弱めあう干渉が起きる。このとき，

$$\phi = (2m+1)\pi \quad m = 0, 1, 2, \cdots \quad (18\text{-}24)$$

ΔL を波長 λ で表すと，これと等価な条件として，

$$\frac{\Delta L}{\lambda} = 0.5, 1.5, 2.5, \cdots \quad (18\text{-}25)$$

音の強度 ある表面での音波の**強度**とは，波によってその表面に運ばれたエネルギーの，単位面積あたり単位時間あたりの平均値である：

$$I = \frac{P}{A} \quad (18\text{-}26)$$

P は音波によって運ばれるエネルギー輸送率（パワー），A は音波が通り抜けて行く面の断面積である。強度 I は音波の変位振幅 s_m と関係づけられる：

$$I = \frac{1}{2}\rho v \omega^2 s_m^2 \quad (18\text{-}27)$$

パワー P_s を発する点音源から距離 R だけ離れた位置での音の強度は，

$$I = \frac{P_s}{4\pi r^2} \quad (18\text{-}28)$$

デシベル表記での騒音レベル デシベルで表した騒音レベル β は以下のように定義される：

$$\beta = (10\,\text{dB})\log\frac{I}{I_0} \quad (18\text{-}29)$$

I_0 は基準となる強度（$= 10^{-12}\,\text{W/m}^2$）で，すべての強度はこの値と比較される。強度が 10 倍になると騒音レベルは 10 dB 大きくなる。

管中の定在波 管中には特定の形の定在波が発生する。両端開口管の場合，共鳴振動数は次式で与えられる：

$$f = \frac{v}{\lambda} = \frac{nv}{2L} \quad n = 1, 2, 3, \cdots \quad \text{(両端開口管)}$$
$$(18\text{-}39)$$

v は管中の空気の音速である。片端が閉じていて，他端が開いている管の共鳴振動数は，

$$f = \frac{v}{\lambda} = \frac{nv}{4L} \quad n = 1, 3, 5, \cdots \quad \text{(片端開口管)}$$
$$(18\text{-}41)$$

うなり わずかに異なった振動数（f_1 と f_2）をもつ波を同時に観測すると，うなりが発生する。うなりの振動数は，

$$f_{\text{beat}} = f_1 - f_2 \quad (18\text{-}46)$$

ドップラー効果 波を伝える媒質（たとえば空気）に対して波源や検出器が運動しているとき，検出される振動数が変化する現象を**ドップラー効果**という。音の場合，音源の振動数を f とすると，観測される振動数 f' は，

$$f' = f\frac{v \pm v_D}{v \pm v_S} \quad \text{(一般のドップラー効果)} \quad (18\text{-}47)$$

v は空気中の音速，v_D は検出器の空気に対する速さ，v_S は音源の空気に対する速さである。式中の正負の符号は，検出器と音源が互いに近づくときは振動数が上がるように，逆に，検出器と音源が互いに遠ざかるときは下がるように選べばよい。

衝撃波 音源の速さが媒質中の音速を超えると，もはやドップラー効果の式は使えない。このとき衝撃波が発生する。マッハコーンのマッハ角は次式で与えられる：

$$\sin\theta = \frac{v}{v_S} \quad \text{(マッハ角)} \quad (18\text{-}57)$$

問題

1. 同時に発せられた 2 つのパルス状音波が，ゴールに向かって空気中を同じ距離だけ進む（図 18-25）。唯一の違いは，経路 2 の途中に温度の高い（密度の低い）領域であることである。どちらのパルスが先にゴールに到達するか？

図 18-25 問題 1

2. 波長 λ，変位振幅 s_m の音波が通路（管でも外耳道でもよい）を進んでいる。通路の途中に置かれた小さな検出器がこの音波を検出し，通路の出口部分では何も聞こえないように，第 2 の音波（"反音波"）を発生する。このような打ち消しを可能にする第 2 の音波の (a) 進行方向は？ (b) 波長は？ (c) 変位振幅は？ (d) 2 つの波の位相差は？（このような反音波素子は，雑音の中の聞きたくない音を打ち消すために実際に利用されている）

3. 2 つの点音源 S_1 と S_2 から波長が 2.0 m で同一位相，同一波形の波が出されている（図 18-26）。点 P での位相差は（波長単位で）いくらになるか？ (a) $L_1 = 38$ m と $L_2 = 34$ m，(b) $L_1 = 39$ m と $L_2 = 36$ m．(c) L_1 と L_2 に比べて 2 つの音源間の距離がはるかに小さいとき，(a)

図 18-26 問題 3

と(b)ではそれぞれどのような干渉となるか？

4. 波長 λ の音波が点音源 S から発射され，経路1を通って直接検出器 D に到達すると同時に，パネルで反射される経路2を通って D に到達する（図18-27）。初めパネルはほとんど経路1上にあり，2つの経路の通って D に到達する波の位相は一致していた。その後，D に到達する2つの波の位相が完全にずれるまで，図のようにパネルを移動した。このとき，2つの経路の行路差 ΔL はいくらか？

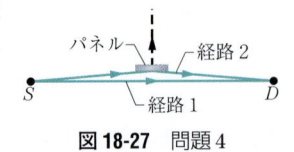

図 18-27 問題4

5. 2つの点音源 S_1 と S_2 から波長が λ で同一位相，同一波形の波が出されている（図18-28）。点 P は2つの点音源から等距離にある。S_2 が P から遠ざかる向きに距離 $\lambda/4$ だけ移動した。(a) S_1 が P へ近づく向きに $\lambda/4$ だけ移動したとき，(b) S_1 が P から遠ざかる向きに距離 $3\lambda/4$ だけ移動したとき，2つの波は P で同じ位相か，反対の位相か，あるいは中間か？。

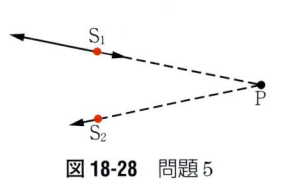

図 18-28 問題5

6. 例題18-3と図18-9aにおいて，垂直2等分線上の点 P_1 に到達する波の位相は一致している；音源 S_1 と S_2 からの波は P_1 の空気片を同じ向きに動かそうとする。S_1 と S_2 を結ぶ線と垂直2等分線の交点を P_3 とする。(a) P_3 での波の位相は一致しているか，反転しているか，あるいはその中間か？ (b) 音源間の距離を 1.7λ に増やすと答えはどうなるか？

7. 管中に5つの節と5つの腹をもつ定在波が発生している。(a) この管は開口端をいくつもっているか？ (b) この定在波の調和振動の指数 n はいくらか？

8. 管中に第6高調波が発生している。(a) 開口端はいくつあるか？（すくなくともひとつはある）(b) 管の中点は節か，腹か，あるいは中間状態か？

9. (a) オーケストラの本番前に，演奏者の吐く暖かい息で管楽器内の空気も暖められる（空気の密度が下がる）。この楽器の共鳴振動数は上がるか，下がるか？ (b) トロンボーンのスライドを引き伸ばすと共鳴振動数は上がるか？ 下がるか？

10. 1000 Hz 以下に6個の共鳴振動数をもつ管がある。このうちの4つは；300, 600, 750, 900 Hz である。残りの共鳴振動数はいくらか？

11. パイプ A は長さ L で片端開口，パイプ B は長さ $2L$ で両端開口である。パイプ A の共鳴振動数に一致するパイプ B の調和振動の指数はいくらか？

12. 図18-29は，長さ L の弦と，長さがそれぞれ L, $2L$, $L/2$, $L/2$ のパイプ a, b, c, d を示している。弦の張力は，弦を伝わる波の速さが空気中の音速と一致するように調整されている。弦に基本モードの定在波を発生させた。どのパイプが弦の振動と共鳴するか？ また，そのときの振動モードは何か？

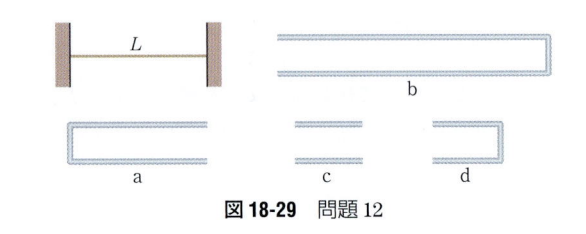

図 18-29 問題12

13. 振動数 f の音波が，細い管中を x 軸方向に流れる液体により反射される（図18-30a）。管の内径は x とともに変化する。ドップラー効果による振動数の変化 Δf も x によって変化する（図18-30b）。5つの記号のついた領域を管の内径の大きい順に答えよ（ヒント：15-10節を参照のこと）。

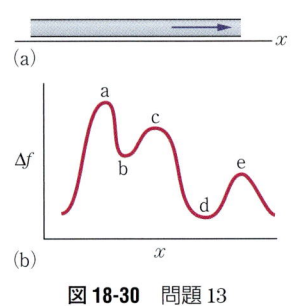

図 18-30 問題13

14. ある決まった振動数の音を等方的に発する音源を持った友人3人が，3台の高速で回転するメリーゴーランドの縁に順番に乗り，あなたはそれぞれのメリーゴーランドから十分離れたところで音を聞いている。メリーゴーランドが回り始めると，3つのメリーゴーランド毎に異なる振動数の音が聞こえる。振動数の時間変化を図18-31に示した。3つの曲線を (a) 音源の（並進）速さ v，(b) メリーゴーランドの角速度 ω，(c) メリーゴーランドの半径，の大きい順に答えよ。

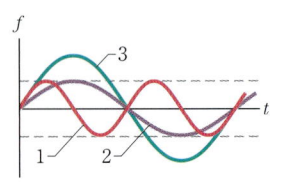

図 18-31 問題14

19 温度，熱，熱力学第1法則

オオスズメバチ，学名 Vespa mandarinia japonica，はミツバチを補食する。しかし，オオスズメバチがミツバチの巣に侵入しようとすると，それを阻止すべく数百匹のミツバチたちがすばやくスズメバチを取り囲んで堅いボールのようになる。ミツバチがスズメバチを刺すわけでも，嚙みつくわけでも，押しつぶすわけでも，窒息させるわけでもないのに，およそ20分後にスズメバチは息絶える。

なぜスズメバチは死ぬのだろうか。

答えは本章で明らかになる。

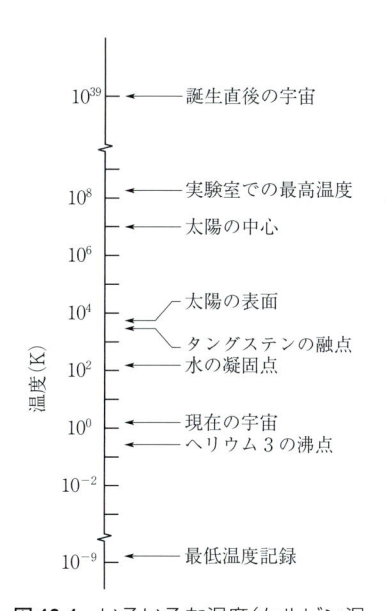

図 19-1 いろいろな温度（ケルビン温度目盛り）。温度 $T = 0$ は $10^{-\infty}$ に対応するので対数目盛りでは表せない。

19-1 熱力学

本章と次の2章では，新しい分野——**熱力学**（thermodynamics）——に焦点を絞り，系の熱エネルギー（thermal energy，内部エネルギーともよばれる）について学ぶ。熱力学で最も中心的な概念は温度である。人間が生来もっている温度感覚のために，われわれはこの言葉を頻繁に使い，よく理解していると思いがちである。しかしこの"温度感覚"はあまりあてにならない。たとえば，寒い冬の日に鉄製の手すりをさわると，木製の柱よりも冷たく感じられるが，実はどちらも同じ温度である。鉄が木よりも早く指から熱エネルギーを奪うので判断を誤るのだ。本章では，われわれの温度感覚に頼ることなく，温度という概念を基礎から考えていく。

温度はSI（国際単位系）の7つの基本単位のうちのひとつである。物理学者は，**ケルビン温度目盛り**（Kelvin scale，絶対温度）で温度を測り，ケルビンという単位を用いる。物体の温度に上限はないが下限がある。絶対温度では，この最低温度をゼロとする。室温は絶対0度より約290ケルビン（290Kと記す）高い。図19-1には広い範囲にわたるいろいろな温度（実測値と推定値）をまとめた。

今から約100億年前に宇宙が誕生したとき，宇宙の温度はおよそ10^{39}Kであったが，宇宙の膨張とともに冷えて，現在の平均温度は約3Kである。われわれの住む地球が宇宙の平均温度より少しだけ暖かいのは，恒星の近くにあるおかげである。もし太陽がなかったら，われわれも3Kになってしまう（というより，そもそもわれわれは存在しなかっただろう）。

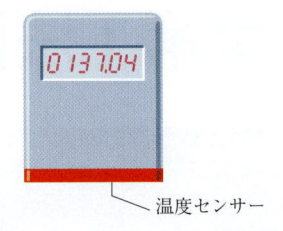

図 19-2 サーモスコープ。数値は，暖めると増え，冷やすと減る。熱に敏感な素子として導線のコイルを選び，測定した電気抵抗を表示してもよい。

19-2　熱力学第0法則

温度を変えると（たとえば冷蔵庫から暖まったオーブンに移すと）多くの物体の性質は変化する。いくつか例をあげよう：温度を上げると，液体の体積は増加し，金属の棒はわずかながら伸び，導線の電気抵抗は増え，容器に閉じ込められた気体の圧力は増加する。これらの性質を用いて，温度という概念を明確にするために役立つ道具を作ることができる。

技術者が工夫をすれば，これらの性質のひとつを使って，図19-2に示したような装置を設計・製作することができる。この装置には値を読みとるためのデジタル表示器がついていて，次のような特性をもっている：この装置を（たとえばガスバーナーで）暖めると，表示される数値は増えていく；これを冷蔵庫に入れると数値は減っていく。サーモスコープ（thermoscope）とよばれるこの装置は，まだ較正されていないので，表示される数値は（このままでは）物理的な意味をもたず，（このままでは）温度計（thermometer）にはならない。

図19-3aのように，サーモスコープ（物体T）を他の物体（物体A）に密着させてみよう。この系全体は厚い断熱材でできた箱の中に入っている。サーモスコープに表示される数値が変化して，やがて最終的な値に落ち着いたとき（このときの読みを137.04としよう），物体Tと物体Aに関して測定可能な特性はこれ以上変化しないと考えられる。このとき2つの物体は**熱平衡**（thermal equilibrium）に達したという。たとえ物体Tの表示が較正されていなくても，物体Tと物体Aは（何度かはわからないが）同じ温度になったに違いないと結論できる。

次に，物体Tを物体Bに密着させ（図19-3b），2つの物体が熱平衡に達してサーモスコープが同じ読みを示したとしよう。このとき物体TとBは（相変わらず何度かはわからないが）同じ温度であるに違いない。ここで物体AとBを密着させたら（図19-3c）これらはすぐに熱平衡になるであろうか。実験をすれば確かにそうなっていることがわかる。

図19-3に示された実験事実は，**熱力学第0法則**（zeroth law of thermodynamics）としてまとめられる。

▶ 物体AとBがそれぞれ物体Tと熱平衡にあれば，AとBも互いに熱平衡にある。

第0法則を，多少形式的でない言葉で表すと："すべての物体は**温度**（temperature）とよばれる特性をもっていて，2つの物体が熱平衡にあればそれらの温度は等しく，逆に，温度が等しければ熱平衡になっている。"サーモスコープ（3番目の物体T）の読みは物理的意味をもつはずだから，目盛りを較正しさえすれば，サーモスコープを温度計として使うことができる。

第0法則は実験室で日常的に用いられている。2つのビーカーに入った液体が同じ温度にあるかどうかを知りたければ，それぞれの温度を温度計で測ればよい。2つの液体を密着させて，それらが熱平衡にあるかどうかを観測する必要はない。

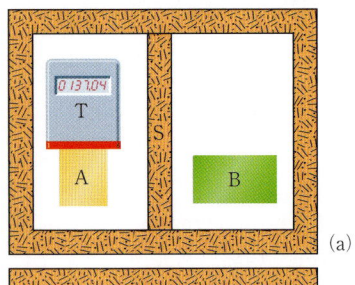

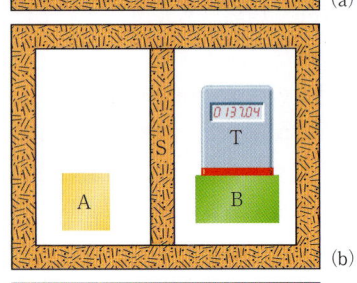

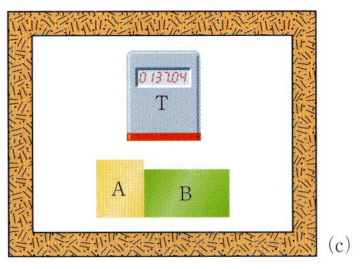

図 19-3　(a)物体T（サーモスコープ）と物体Aは熱平衡にある。（物体Sは断熱壁である。）(b)物体Tと物体Bもまた熱平衡にあり，サーモスコープの読みは同じ。(c)熱力学第0法則によれば，(a)と(b)が正しければ物体AとBもまた熱平衡にある。

第0法則は，第1法則と第2法則が発見され，法則に番号がつけられてからずっと後の1930年代になってからつけ加えられたものである．第1法則と第2法則にとって温度の概念は基礎となるものであるから，温度を正当な概念として確立するための法則には最も小さい番号，ゼロ，がつけられたのは当然といえよう．

19-3　温度測定

まずケルビン温度目盛りで温度を定義して，次にサーモスコープを温度計とするために目盛りをつける．

水の3重点

温度目盛りを決めるために，再現可能な熱的現象をとりあげ，この現象の起こる環境に対してまったく任意にケルビン温度を定める；基準となる*温度定点*(standard fixed point)をひとつ選び，その温度を決める．温度定点として水の凝固点や沸点を使うこともできるが，いろいろな技術的理由により，これらの代わりに**水の3重点**(triple point of water)を選ぶ．

　液体の水，固体の氷，水蒸気（気体の水）が熱平衡状態で共存できるのは，ある決まった圧力と温度のときだけである．図19-4に示した3重点槽を使えば，実験室で水の3重点を実現することができる．国際的合意（訳注：国際温度目盛，ITS(international temperature scale)）により，水の3重点は273.16 Kと決められ，温度計較正の際の温度定点となっている：

$$T_3 = 273.16 \, \text{K} \quad (3重点温度) \tag{19-1}$$

添字3は3重点を意味する．この合意は同時に，絶対0度と水の3重点の温度差の1/273.16を1ケルビンと定めている．

　ケルビン温度を表すのに"°"を用いないことに注意しよう．(300 °Kではなく) 300 Kと記し，("300度ケルビン"ではなく) "300ケルビン"と読む．通常のSI接頭辞は温度にも適用される．したがって，0.0035 Kは3.5 mKとなる．ケルビン温度と温度差の間には用語上の区別はない．したがって，"硫黄の沸点は717.8 Kである"とか"湯船の温度が8.5 K上がった"と言ってかまわない．

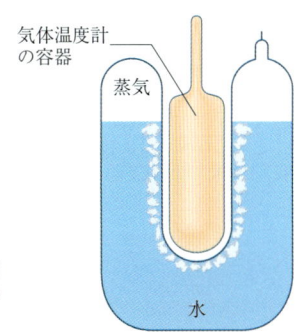

図19-4　3重点槽．この中で固体の氷と液体の水と水蒸気が共存する．国際的合意により，この混合物の温度が273.16 Kと定義された．定積気体温度計の気体容器が槽の縦穴に挿入されている．

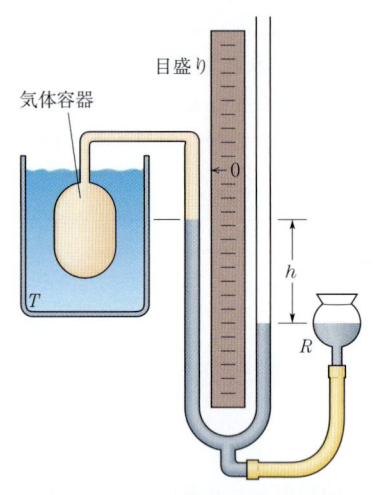

図 19-5 定積気体温度計：気体容器が温度 T を測ろうとする液体に浸されている。

定積気体温度計

標準温度計は一定体積の気体の圧力に基づいており，他のすべての温度計の較正に用いられる。図 19-5 に**定積気体温度計** (constant-volume gas thermometer) を示す；気体を満たした容器が管を通して水銀圧力計につながれている。水銀だめ R を上下に動かして左側の管の水銀面の高さを目盛りゼロの位置に合わせることにより，気体の体積を一定に保つことができる（気体の体積変化は温度測定に影響を与える）。

容器と熱的に接触している（図 19-5 の液体のような）物体の温度を次のように定義する；

$$T = Cp \tag{19-2}$$

p は気体の圧力，C は定数である。式 (15-10) より，圧力は，

$$p = p_0 - \rho g h \tag{19-3}$$

p_0 は大気圧，ρ は圧力計内の水銀の密度，h は測定される 2 つの管の水銀柱の高さの差である。*

次に，この容器を 3 重点槽（図 19-4）に入れると，測定される温度は，

$$T_3 = Cp_3 \tag{19-4}$$

p_3 はこのときの気体の圧力である。式 (19-2) と (19-4) から C を消去すると，温度は次のように求められる；

$$T = T_3 \left(\frac{p}{p_3}\right) = (273.16\,\text{K}) \left(\frac{p}{p_3}\right) \quad (\text{暫定的}) \tag{19-5}$$

実はこの温度計にはまだ問題がある。たとえば水の沸点を測る場合，容器内の気体の種類を変えると，少しだけ違った結果が得られるのだ。しかし，容器を満たす気体の量をどんどん少なくしていけば，どんな気体を使っても測定結果はひとつの温度に収束していく。図 19-6 は 3 つの気体についてこの収束のようすを示している。

そこで気体温度計で温度を測るためのレシピを次のように変更する；

$$T = (273.16\,\text{K}) \left(\lim_{\text{gas} \to 0} \frac{p}{p_3}\right) \tag{19-6}$$

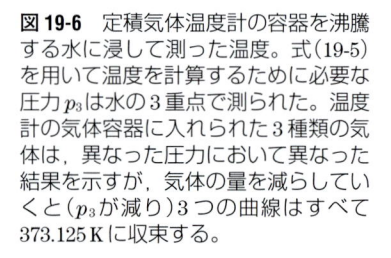

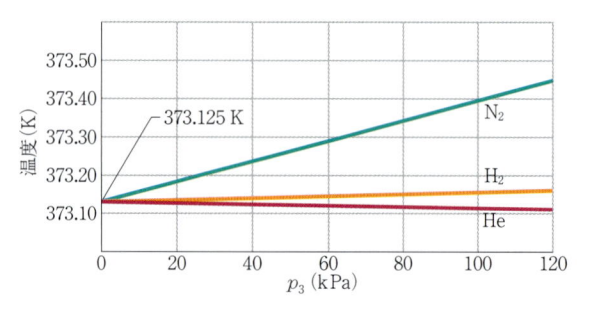

図 19-6 定積気体温度計の容器を沸騰する水に浸して測った温度。式 (19-5) を用いて温度を計算するために必要な圧力 p_3 は水の 3 重点で測られた。温度計の気体容器に入れられた 3 種類の気体は，異なった圧力において異なった結果を示すが，気体の量を減らしていくと（p_3 が減り）3 つの曲線はすべて 373.125 K に収束する。

*圧力の単位として 15-3 節で導入された単位を用いる。SI 単位系では，圧力の単位は N/m² で，パスカル (Pa) と名づけられた。パスカルと他のよく使われる圧力単位との関係は，
1 気圧 = 1.01×10^5 Pa = 760 torr = 14.7 lb/in²。

このレシピによれば，未知の温度を測るための手順は：気体温度計の容器を任意の気体（例えば窒素）で満たし，3重点槽を使ってp_3を測り，次に温度を測定したい気体の圧力pを測り（気体の体積は一定に保つ），比p/p_3を計算する。容器内の気体を減らし，測定を繰り返して再び比を計算をする。気体の量を順次減らしていって，容器内に気体がほとんどないときの比p/p_3に外挿できるまでこれを続ける。この外挿値を式(19-6)に代入して温度を計算する。（この温度を理想気体温度（ideal gas temperature）とよぶ。）

19-4　セルシウスとファーレンハイト温度目盛り

ここまでは基礎科学で用いられるケルビン温度目盛りだけを議論してきたが，世界のほとんどの国ではセルシウス（摂氏）温度目盛り（Celsius scale，以前は百分目盛り（centigrade scale）ともよばれた）が，一般的にも商業的にもまた多くの科学的用途においても用いられている。セルシウス温度は"度（degree）"の目盛りで測られ，1度と1ケルビンと同じ大きさである。しかし，セルシウス温度目盛りの0度は絶対0度よりも便利な値にシフトしている。T_Cをセルシウス温度，Tをケルビン温度とすると，

$$T_C = T - 273.15° \tag{19-7}$$

温度をセルシウス温度目盛りで表すときは，通常"°"の記号を用いる。セルシウス表示では20.00℃と記すが，ケルビン表示では293.15 Kと記す。

　アメリカで使われているファーレンハイト（華氏）温度目盛り（Fahrenheit scale）は，セルシウス温度目盛りよりも小さい目盛りを用いており，0度も異なる温度に対応する。両方の目盛りの入った室温計を見れば両者の違いを容易に確かめることができる。T_Fをファーレンハイト温度とすると，セルシウス温度とファーレンハイト温度の間の関係は，

$$T_F = \frac{9}{5} T_C + 32° \tag{19-8}$$

水の凝固点や沸点のようないくつかの点の温度を覚えておけば，この2つの目盛りの換算は容易にできる（表19-1を見よ）。図19-7に，ケルビン，セルシウス，ファーレンハイト目盛りが比較されている。

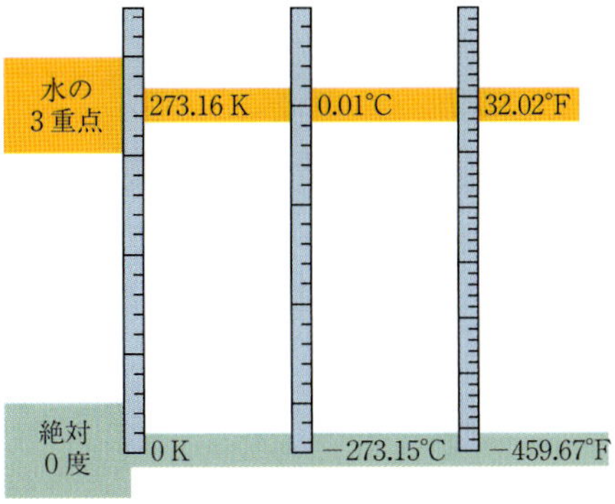

表 19-1　いろいろな温度の対応表

温度	℃	℉
水の沸点[a]	100	212
通常の体温	37.0	98.6
快適な温度	20	68
水の凝固点[a]	0	32
0℉	≈ −18	0
値が一致する温度	−40	−40

[a]：厳密にいうと，水の沸点は99.975℃，凝固点は0.00℃である。したがって両者の温度差は100 C°よりわずかに小さい。

図 19-7　ケルビン，セルシウス，ファーレンハイト目盛りの比較

セルシウスとファーレンハイトを区別するためにCとFの文字を使う。

$$0°C = 32°F$$

はセルシウス目盛りで測った0°がファーレンハイト目盛りで測った32°と同じ温度であることを意味する。一方，

$$5C° = 32F°$$

はセルシウス目盛りで5度の温度差（°の記号がCの後に付いていることに注意）はファーレンハイト目盛りでは9度の温度差に等しいことを意味する。

例題 19-1

あなたがたまたま見つけた大昔の実験記録に，Zとよばれる温度目盛りが使われていたとしよう。水の沸点が65.0°Z，凝固点が−14.0°Zとなっている。$T = -98.0°Z$はファーレンハイト目盛りで何度になるか。ただし，Z目盛りは線形，すなわち1Z°の大きさはZ目盛りのどこでも一定とする。

解法： **Key Idea 1：** Z目盛りで表された2つの温度のうちのひとつを，与えられた温度Tと関係づけなければならない。$T = -98.0°Z$の方が凝固点−14.0°Zに近いから，簡単のためにこの点を使うと，Tは凝固点より$-14.0°Z - (-98.0°Z) = 84.0Z°$だけ低いことがわかる（図19-8）（この差を"84.0Z度"と読む）。

Key Idea 2： Z目盛りとファーレンハイト目盛りの変換係数を決めるために，Z目盛りでわかっている2つの温度と，それらに相当するファーレンハイト目盛りの温度を用いる。Z目盛りでは水の沸点と凝固点の差は$65.0°Z - (-14.0°Z) = 79.0Z°$，ファーレンハイト目盛りでは$212°F - 32.0°F = 180F°$である。温度差$79.0Z°$と温度差$180F°$が等しいので（図19-8），変換係数として$(180F°)/(79.0Z°)$が得られる。

Tは凝固点より84.0Z°だけ低いから，

$$(84.0Z°)\frac{180F°}{79.0Z°} = 191F°$$

だけ凝固点より低い。水の凝固点は32.0°Fだから

$$T = 32.0°F - 191F° = -159°F \qquad (答)$$

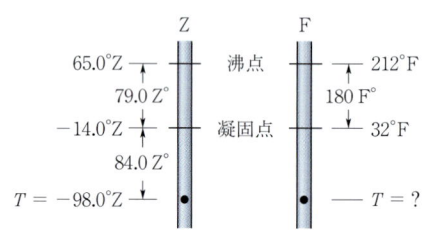

図 19-8 例題 19-1。未知の温度目盛りがファーレンハイト目盛りと比べられている。

✓ **CHECKPOINT 1：** 図は3つの温度目盛りで水の凝固点と沸点を示している。(a) これらの目盛りを1度の大きさの順に並べよ。(b) 50°X，50°W，50°Yを温度の高い順に並べよ。

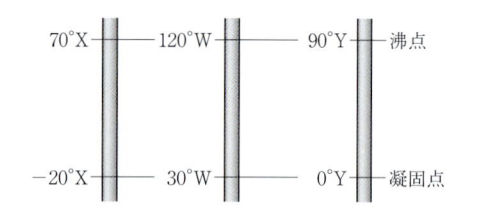

PROBLEM-SOLVING TACTICS

Tactic 1： 温度変化

水の沸点と凝固点の間には（約）100Kまたは100C°の差がある。したがって1Kと1C°の大きさは等しい。このことから，または式(19-7)から，ケルビンで表されていてもセルシウスで表されていても，温度変化は同じ値になることがわかる。たとえば10Kの温度変化は厳密に10C°に等しい。

水の沸点と凝固点の間には180F°の差がある。したがって，180F° = 100Kとなり，1F°は1Kまたは1C°の100/180または5/9の大きさになる。このことから，または式(19-8)から，ファーレンハイトで表した温度変化は，同じ変化をケルビンまたはセルシウスで表したも

のの 9/5 倍であることがわかる．たとえば，10 K の温度変化はファーレンハイトでは (9/5)(10 K)，または 18 F° である．

温度と温度変化あるいは温度差を混同してはいけない．10 K の温度は，明らかに 10°C とも 10°F とも異なる温度であるが，10 K の温度差は 10 C° または 18 F° に等しい．$T_2 - T_1$ のような温度変化または温度差の代わりに T が使われているような式において，この区別は大変重要である：温度 T は一般にケルビンで表され，°C や °F ではない．要するに，"裸の T" に用心せよ．

図 19-9　ある 7 月の熱い日，New Jersey 州 Asbury Park の線路が熱膨張により曲がってしまった．

19-5　熱 膨 張

ガラス瓶の金属製の蓋に熱湯をかけると，きつく締まった蓋を緩めることができる．蓋の金属も瓶のガラスも，それらの原子に熱湯からエネルギーが加えられると膨張する．(エネルギーを加えられた原子は，固体をつなぎ止めておくばねのような原子間力に逆らって，通常の平衡位置よりも離れることができる．)しかし，金属原子はガラス原子よりも互いに遠くまで離れるので，蓋は瓶よりたくさん膨張して蓋は緩むのである．

しかし，このような**熱膨張**(thermal expansion)は，常に望ましいものとは限らない(図 19-9)．暑い日の熱膨張による道路の曲がりを防ぐために，橋桁の継ぎ目には隙間(expansion slot)が設けられている．歯の充填に使われる材料は，熱膨張特性を歯のエナメル質に合わせてある(さもないと，熱いコーヒーを飲んだり冷たいアイスクリームを食べるのが大変な苦痛になる)．一方，航空機製造工場では，リベットや留め具を打ち込む前にドライアイスで冷やすことが多い．挿入したあと膨張してしっかりと留まるようにするためである．

温度計やサーモスタットでは，バイメタルの 2 種類の金属片の熱膨張の

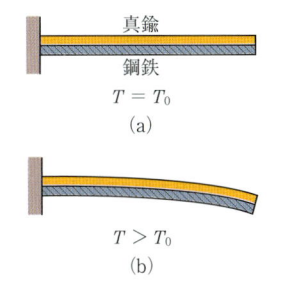

図 19-10　(a) 温度 T_0 で溶接された真鍮と鋼鉄からなるバイメタル．(b) バイメタルは T_0 より高温では図のように曲がる．T_0 より低温では逆に曲がる．多くのサーモスタットはこの原理で働いており，温度の上下によりスイッチが入ったり切れたりする．

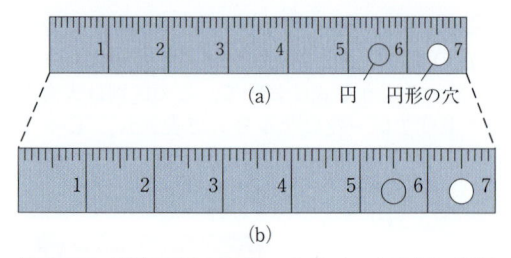

図 19-11 温度の異なる同一のスチール定規。膨張すると，目盛り，数字，厚さ，円，円形の穴のすべてが同じ割合で大きくなる。（図は誇張して描かれている。）

表 19-2 いろいろな物質の線膨張係数[a]

物質	α (10^{-6}/C°)	物質	α (10^{-6}/C°)
氷(0℃)	51	鉄鋼	11
鉛	29	普通のガラス	9
アルミニウム	23	ガラス(パイレックス)	3.2
真鍮	19	ダイアモンド	1.2
銅	17	インバー(Invar)[b]	0.7
コンクリート	12	融解石英	0.5

[a]: 水以外は室温における値
[b]: この合金は小さな膨張係数をもつように造られた。名前は "不変 (invariable)" の短縮形からとられた。

差を利用している（図 19-10）。また，よく見られる液体温度計は，水銀やアルコールのような液体が，それらを入れているガラス容器よりもたくさん膨張することを利用している。

線膨張

長さ L の金属棒の温度が ΔT だけ上昇するとき，棒の長さの伸びは次のように表される：

$$\Delta L = L\alpha \Delta T \tag{19-9}$$

α は**線膨張率**(coefficient of linear expansion)とよばれる定数である。この係数 α は "毎度" または "毎ケルビン" の単位をもち，材質によって決まる量である。α は温度によってある程度変化するが，たいていは物質ごとに一定とみなせる。表 19-2 にいくつかの線膨張率を示す。表中の単位 C° は K に置き換えてもよいことに注意しよう。

固体の熱膨張は（3次元の）写真を引き伸ばすようなものである。スチール製定規（図 19-11a）の温度上昇による膨張が（かなり誇張されて）図 19-11b に示されている。式 (19-9) は，定規の辺，厚さ，対角線の長さ，定規に刻まれた円や円形の穴の直径といったすべての長さに適用できる。穴から切り取られた円盤が最初ぴったりと穴に合っていたならば，定規と同じだけ温度が上がれば，やはりぴったりとこの穴に合うだろう。

体積膨張

固体のすべての長さが温度とともに膨張すれば固体の体積もまた膨張する。液体については体積膨張だけが意味のある量である。体積 V の固体または液体の温度が ΔT だけ上昇するとき，体積の増加は次のように表される：

$$\Delta V = V\beta \Delta T \tag{19-10}$$

β は固体または液体の**体膨張率**(coefficient of volume expansion)である。固体の体膨張率と線膨張率の間には，次のような関係がある：

$$\beta = 3\alpha \tag{19-11}$$

もっともありふれた液体である水は，他の液体とは異なった振る舞いをする．約4°C以上では期待通りに温度上昇とともに膨張するが，0°Cと4°Cの間では，温度が上がると収縮する．したがって，水の密度は4°Cで最大となり，他の温度ではこの最大値より小さい．

湖が底から凍らずに表面から凍るのは，水のこの性質による．表面の水は，たとえば10°Cから凝固点に向かって冷えていくと，深いところの水より密度が大きく（"重く"）なるので底に向かって沈んでいく．しかし4°C以下では，冷やされた表面の水は深いところの水より密度が小さく（"軽く"）なるので，凍るまで表面に留まる．したがって，水面から先に凍り始める．もし湖底の水から先に凍るなら，作られた氷はそれより上の水によって隔離されるので，夏でも完全には融けないかも知れない．そして数年後，地球上の温帯地方にある野外の水は一年中凍りつき，これまでのような水に親しむ生活は失われるであろう．

✓ **CHECKPOINT 2:** 図には，同じ材質でできた，辺の長さがL，$2L$，$3L$の4種類の長方形の板が示されている．これらを同じ温度だけ上昇させるとき，(a)縦の長さと，(b)面積の増加の大きい順に並べよ．

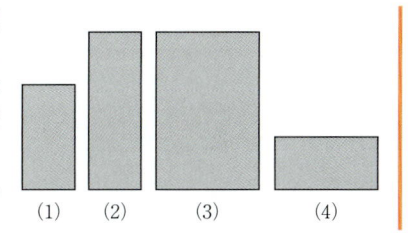

例題 19-2

ある暑い日，Las Vegasで37,000リットルのディーゼル燃料を積み込んだトラック運転手が，Utah州Paysonへ行く途中に寒気に見舞われた．Las Vegasより23.0 Kも気温が低い目的地に到着したとき，彼は何リットルの燃料を届けたか．燃料の体膨張率は$9.50 \times 10^{-4}/\text{C}°$，トラックの鋼鉄製タンクの線膨張率は$11 \times 10^{-6}/\text{C}°$である．

解法： Key Idea： 燃料の体積は温度に比例するから，温度が下がれば燃料の体積も減る．式(19-10)から体積の変化は，

$$\Delta V = V\beta\Delta T$$
$$= (37{,}000\,\text{L})(9.50 \times 10^{-4}/\text{°C})(-23.0\,\text{K}) = 808\,\text{L}$$

したがって，届けられた(delivered)燃料の量は，

$$V_{\text{del}} = V + \Delta V = 37{,}000\,\text{L} - 808\,\text{L} = 36{,}190\,\text{L} \quad (\text{答})$$

鋼鉄製タンクの熱膨張は問題とは関係ないことに注意しよう．質問：燃料の"損失"を誰が弁償したか．

19-6 温度と熱

冷蔵庫からコーラの缶を取り出して台所のテーブルに置いておくと，初めは早く，次第にゆっくりと温度が上がり，やがてコーラの温度は室温と等しくなる（コーラと部屋は熱平衡になる）．同様に，熱いコーヒーをテーブルに放置しておくと温度は下がり，やがて室温と等しくなる．

この状況を一般化するために，コーラまたはコーヒーを1つの系（温度T_S）と考え，関連する台所の部分をこの系の環境（温度T_E）とする．T_SがT_Eと異なるとき，T_Sが変化して（T_Eもわずかに変化して）2つの温度が等しくなり熱平衡に達することが観測される．

このような温度変化は，系の熱エネルギーとその環境の熱エネルギーと

の間のエネルギー移動によるものである（熱エネルギーは，物体中の原子，分子，その他微視的物体の乱雑な運動に関係した運動エネルギーとポテンシャルエネルギーからなる内部エネルギーである）。移動したエネルギーを**熱**（heat）とよび，Q と記す．熱エネルギーが環境から系に移動するときの熱を正とする（熱が吸収されたという）。熱エネルギーが系から環境に移動するときの熱を負とする（熱が放出された，または失われたという）。

このようなエネルギー移動を図19-12に示した．図19-12aの状態（$T_S > T_E$）では，エネルギーが系から環境へ移動するので Q は負である．図19-12b（$T_S = T_E$）では，エネルギー移動がないので Q はゼロ，熱は吸収も放出もされない．図19-12c（$T_S < T_E$）では，エネルギーが環境から系に移動するので Q は正である．

これらをふまえて，熱を次のように定義する：

> 熱は，系とその環境との間に温度差があるとき，これらの間を移動するエネルギーである．

系に作用する力がする仕事 W によってもエネルギー移動がおきることを思い出そう．温度，圧力，体積とは違い，熱や仕事は系が本来もっている性質ではない．熱と仕事は，系に出入りするエネルギーを表すときだけ意味をもつ．したがって，"最後の3分間に15Jの熱が系から環境に移動した"とか"最後の1分間に12Jの仕事が環境から系になされた"と言うことは正しいが，"この系は450Jの熱をもっている"とか"この系は385Jの仕事をもっている"と言うことは意味をなさない．

熱がエネルギー移動であることを科学者が理解する以前は，熱は水の温度を上げる能力に換算して測られた．**カロリー**（calorie, cal）は，1gの水の温度を 14.5°C から 15.5°C に上げるのに要する熱量として定義された．**英国熱量単位**（British thermal unit, Btu）では，水1ポンドの水の温度を 63°F から 64°F に上げるのに要する熱量として定義された．

1948年，科学者コミュニティ（訳注：第9回国際度量衡総会）は，国際単位系における熱（仕事と同様にエネルギーの移動量）の単位にエネルギーの単位，すなわち**ジュール**（joule）を用いることを決定した．現在では，カロリーは水の加熱とは関係なく，（正確に）4.1860Jと決められている．（栄養学で用いられる"カロリー"は，しばしばCalorie（Cal）と記されるが，これは1kcalのことである．）さまざまな熱量の単位の間の関係は次の通りである；

$$1 \text{ cal} = 3.969 \times 10^{-3} \text{ Btu} = 4.1860 \text{ J} \tag{19-12}$$

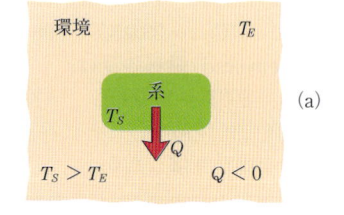

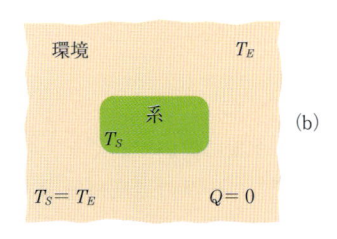

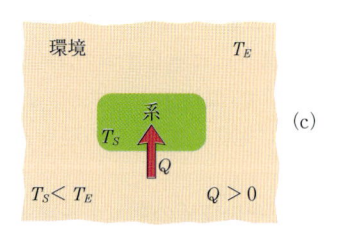

図 19-12 (a)系の温度が環境温度より高いと，熱は系から失われて環境に移り，熱平衡 (b)が達成される．(c)系の温度が環境温度より低いと，熱が系に吸収されて熱平衡が達成される．

19-7 固体や液体による熱の吸収

熱容量

物体の**熱容量**(heat capacity)Cは，その物体が吸収または放出した熱Qと，そのときの温度変化ΔTとの間の比例係数である；

$$Q = C\Delta T = C(T_f - T_i) \qquad (19\text{-}13)$$

T_iとT_fは，それぞれ物体の最初と最後の温度である．熱容量はエネルギー／度またはエネルギー／ケルビンの単位をもつ．たとえば，パンの加熱器に使われる大理石板の熱容量Cは179 cal/C°であり，179 cal/Kまたは749 J/Kと書いてもよい．

"容量"という言葉は，水を入れるバケツの容量と似たような意味をもつと誤解されがちだが，この類推は誤りである．物体が熱をもっているとか，熱を吸収する能力に限界があると考えてはいけない．温度差がある限り熱の移動はいつまでも続く．もちろんこの過程で物体が溶けたり蒸発することもあり得る．

比熱

2つの同じ物質——たとえば大理石——でできた物体は，それらの質量に比例する熱容量をもつ．したがって，物体をつくっている物質の"単位質量あたりの熱容量"または**比熱**(specific heat)cを定義するのが便利である．比熱は個々の物体にはよらない量である．式(19-13)より，

$$Q = cm\Delta T = cm(T_f - T_i) \qquad (19\text{-}14)$$

ある特定の大理石板の熱容量は179 cal/C°(= 749 J/K)であるかもしれないが，大理石そのものの比熱は実験から0.21 cal/g·C°(または880 J/kg·K)であることがわかっている．

カロリーと英国熱量単位の定義方法を思い出せば，水の比熱は，

$$c = 1\,\text{cal/g·C°} = 1\,\text{Btu/lb·F°} = 4190\,\text{J/kg·K} \qquad (19\text{-}15)$$

表19-3にいくつかの物質の室温における比熱を示した．他の物質に比べて水の比熱が大きいことに注意しよう．どのような物質でも比熱は多少温度に依存するが，表19-3の値は室温近辺の温度領域なら十分に使えるものである．

✓ **CHECKPOINT 3:** 熱量Qが1 gの物質Aの温度を3°C上げ，1 gの物質Bの温度を4°C上げた．どちらの物質の比熱が大きいか？

モル比熱

多くの場合，物質の量を指定するのに便利な単位はモル(mole, mol)である．どんな物質に対しても，

$$1 \text{モル} = 6.02 \times 10^{23} \quad 素単位(\text{elementary units})$$

表19-3 いろいろな物質の室温における比熱

物質	比熱 cal/g·K	比熱 J/kg·K	モル比熱 J/mol·K
固体の元素			
鉛	0.0305	128	26.5
タングステン	0.0321	134	24.8
銀	0.0564	236	25.5
銅	0.0923	386	24.5
アルミニウム	0.215	900	24.4
その他の固体			
真鍮	0.092	380	
花崗岩	0.19	790	
ガラス	0.20	840	
氷 (−10°C)	0.530	2220	
液体			
水銀	0.033	140	
エタノール	0.58	2430	
海水	0.93	3900	
水	1.00	4190	

1モルのアルミニウムは 6.02×10^{23} 個の原子を意味し（この場合，原子が素単位），1モルの酸化アルミニウムは 6.02×10^{23} 個の酸化物分子を意味する（この場合，分子が化合物の素単位）。

　物理量がモルで表されているときは，比熱もまた（単位質量あたりではなく）モルあたりの量で表される；このときの比熱を**モル比熱**（molar specific heat）という。表19-3には，いくつかの単原子からなる固体の室温におけるモル比熱が示されている。

エネルギー移動の条件

どんな物質でも，比熱を決めてそれを使う場合には，どのような条件下でエネルギーが熱として移動するかを知っておく必要がある。固体と液体については，圧力が一定（普通は大気圧）に保たれると仮定することが多い。しかし，熱吸収にともなう試料の熱膨張が外圧によって妨げられていれば，試料の体積が一定に保たれるという場合もあるだろう。固体や液体についてこのような状況（体積一定）を実現するのは容易ではないが，計算をすることはできる。その結果，たいていの固体や液体では，一定圧力のもとでの比熱と一定体積のもとでの比熱は数パーセント以下の差しかないことがわかっている。一方，気体では両者は大きく異なることが後で明らかになる。

転 移 熱

固体や液体に熱が吸収されても，試料の温度がいつも上がるとは限らない。その代わり，試料がある*相*（phase）または*状態*（state）から別の相または状態に変化することがある。物質は一般に3つの状態で存在することができる：*固体状態*（solid state）では，試料の分子は相互の引力によって結びつき，きわめて堅固な構造を作る。*液体状態*（liquid state）では，分子はより大きなエネルギーをもち，動き回ることができる。液体中の分子は一時的なクラスター（集合体）を作ることはあるが，堅固な構造は作らず，流れたり容器の形に沿うことができる。気体状態（gas state）または蒸気状態（vapor state）では，分子はより大きなエネルギーをもち，自由に運動して容器一杯に広がることができる。（訳注：気体と蒸気は同義）

　固体の融解（melting）は，固体から液体への変化を意味する。この過程では，固体の分子を堅固な構造から解き放つためのエネルギーが必要である。氷の固まりが融けて水になるのはよく知られた例である。液体が凍って（freezing）固体になるのは融解の逆の現象である；このとき，液体からエネルギーが奪われ，分子は堅固な構造を形成する。

　液体の蒸発（vaporizing，気化ともいう）は，液体から気体または蒸気への変化を意味する。この過程でも，融解と同じように，分子をクラスター状態から解き放つためのエネルギーが必要である。沸騰している（boiling）湯が水蒸気（水分子の気体状態）になるのはよく知られた例である。気体が凝縮（condensing）して液体になるのは蒸発と逆の現象である；このとき，気体からエネルギーが奪われ，自由に飛び回っていた分子はクラスターを形成する。

表 19-4　いろいろな物質のの転移熱

物質	融解		沸騰	
	融点 (K)	融解熱 (kJ/kg)	沸点 (K)	蒸発熱 (kJ/kg)
水素	14.0	58.0	20.3	455
酸素	54.8	13.9	90.2	213
水銀	234	11.4	630	296
水	273	333	373	2256
鉛	601	23.2	2017	858
銀	1235	105	2323	2336
銅	1356	207	2868	4730

試料の相が完全に変わる（相転移する）間に，熱として移動する単位質量あたりのエネルギーを**転移熱**(heat of transformation) L という．（訳注：潜熱(latent heat)ともいう．）したがって，質量 m の試料が相転移するときに移動する全エネルギーは，

$$Q = Lm \tag{19-16}$$

液体から気体（試料は熱を吸収する），または気体から液体（試料は熱を放出する）に相転移するときの転移熱を**蒸発熱**(heat of vaporization，または気化熱)L_V という．1気圧のもとでの水の蒸発熱は，

$$L_V = 539\,\mathrm{cal/g} = 40.7\,\mathrm{kJ/mol} = 2256\,\mathrm{kJ/kg} \tag{19-17}$$

固体から液体（試料は熱を吸収する），または液体から固体（試料は熱を放出する）に相転移するときの転移熱を**融解熱**(heat of fusion)L_F という．1気圧のものでの水の融解熱は，

$$L_F = 79.5\,\mathrm{cal/g} = 6.01\,\mathrm{kJ/mol} = 333\,\mathrm{kJ/kg} \tag{19-18}$$

表19-4にいくつかの物質の転移熱を示した．

例題 19-3

(a) 温度 $-10\,°\mathrm{C}$ にある質量 $m = 720\,\mathrm{g}$ の氷が $15\,°\mathrm{C}$ の水になるためにはどれだけの熱を吸収しなければならないか．

解法：　**Key Idea**：加熱過程は3段階からなる．

Step 1．　**Key Idea 1**：氷は凝固点以下では融けない．したがって，熱として氷に移動したエネルギーは氷の温度上昇だけに使われる．最初の温度 $T_i = -10\,°\mathrm{C}$ から最後の温度 $T_f = 0\,°\mathrm{C}$（氷が融け始める温度）まで温度を上げるのに必要な熱量 Q_1 は，式(19-14)($Q = cm\Delta T$)で与えられる．表19-3の氷の比熱 c_ice を使って計算すると，

$$Q_1 = c_\mathrm{ice} m (T_f - T_i)$$
$$= (2220\,\mathrm{J/kg\cdot K})(0.720\,\mathrm{kg})[0\,°\mathrm{C} - (-10\,°\mathrm{C})]$$
$$= 15{,}984\,\mathrm{J} \approx 15.98\,\mathrm{kJ}$$

Step 2．　**Key Idea 2**：氷が全部融けるまで温度は $0\,°\mathrm{C}$ のままである．したがって，熱として氷に移動したエネルギーは，氷を液体の水にするためにだけ使われる．氷を融かすのに要する熱量 Q_2 は式(19-16)($Q = Lm$)で与えられる．L として式(19-18)と表19-4に示された融解熱 L_F を用いると，

$$Q_2 = L_F m = (333\,\mathrm{kJ/kg})(0.720\,\mathrm{kg}) \approx 239.8\,\mathrm{kJ}$$

Step 3．　これで $0\,°\mathrm{C}$ の水が得られた．**Key Idea 3**：熱として液体の水に移動したエネルギーは，水の温度上昇だけに使われる．最初の温度 $T_i = 0\,°\mathrm{C}$ から最後の温度 $T_f = 15\,°\mathrm{C}$ まで温度を上げるのに必要な熱量 Q_3 は，式(19-14)（水の比熱 c_liq を用いる）で与えられる；

$$Q_3 = c_\mathrm{liq} m (T_f - T_i)$$
$$= (4190\,\mathrm{J/kg\cdot K})(0.720\,\mathrm{kg})(15\,°\mathrm{C} - 0\,°\mathrm{C})$$
$$= 45{,}252\,\mathrm{J} \approx 45.25\,\mathrm{kJ}$$

求めるべき全熱量 Q_tot は3つの段階で求めた熱の総和である：

$$Q_{tot} = Q_1 + Q_2 + Q_3$$
$$= 15.98\,\text{kJ} + 239.8\,\text{kJ} + 45.25\,\text{kJ} \approx 300\,\text{kJ} \quad (答)$$

氷を融かすのに必要な熱量は，氷や水の温度を上げるのに必要な熱量よりかなり大きいことに注意しよう。

(b) 全部で 210 kJ のエネルギーを熱として氷に与えたとすると，最終状態とその温度はどうなるか。

解法：Step 1 より，氷の温度を融解点まで上げるのに要する熱量は 15.98 kJ である。残りの熱量 Q_{rem} は 210 kJ $-$ 15.98 kJ $\approx$ 194 kJ である。Step 2 より，この熱量は氷を全部融かすには不十分である。**Key Idea**：氷は融けきらないので，最終状態は氷と水の混ざった状態になる。この混合物の温度は水の凝固点，すなわち 0°C である。

使えるエネルギー Q_{rem} で融かすことができる氷の質量は，式 (19-16) の L に L_F を代入して求められる；

$$m = \frac{Q_{\text{rem}}}{L_F} = \frac{194\,\text{kJ}}{333\,\text{kJ/kg}} = 0.583\,\text{kg} \approx 580\,\text{g}$$

したがって，残っている氷は 720 g $-$ 580 g $=$ 140 g である。最後の状態は，

温度が 0°C の水 580 g と氷 140 g　　　(答)

例題 19-4

質量 $m_c = 75\,\text{g}$ の銅塊を実験室の炉で $T = 312°\text{C}$ まで熱して，これを質量 $m_w = 220\,\text{g}$ の水の入ったビーカーに入れた。ビーカーの熱容量 C_b は 45 cal/K であり，水とビーカーの最初の温度 T_i は 12°C である。銅塊，ビーカー，水からなる系は熱的に孤立しており，水は蒸発しないものとする。この系が熱平衡になったときの温度 T_f を求めよ。

解法：**Key Idea 1**：系は熱的に孤立しているので，エネルギーは系内を移動するだけである。3 つのエネルギー移動が(すべて熱として)起こる。銅塊はエネルギーを失い，水とビーカーはエネルギーを得る。**Key Idea 2**：これらのエネルギー移動は相転移を引き起こさないから，エネルギー移動は温度変化を引き起こす。エネルギー移動と温度変化を関係づけるために，式 (19-13) と (19-14) を用いると，

水：$Q_w = c_w\, m_w\, (T_f - T_i)$　　(19-19)
ビーカー：$Q_b = C_b\, (T_f - T_i)$　　(19-20)
銅塊：$Q_c = c_c\, m_c\, (T_f - T)$　　(19-21)

Key Idea 3：系は熱的に孤立しているから，系の全エネルギーは変化しない。これは上の 3 つのエネルギー移動の和がゼロであることを意味する：

$$Q_w + Q_b + Q_c = 0 \quad (19\text{-}22)$$

式 (19-19)～(19-21) を式 (19-22) に代入して，
$$c_w m_w (T_f - T_i) + C_b (T_f - T_i) + c_c m_c (T_f - T) = 0$$
$$(19\text{-}23)$$

式 (19-23) では温度は温度差としてのみ現れる。セルシウス温度目盛とケルビン温度目盛の温度差は等しいから，この式ではどちらの温度目盛を使ってもよい。この式を T_f について解くと，

$$T_f = \frac{c_c\, m_c\, T + C_b\, T_i + c_w\, m_w\, T_i}{c_w m_w + C_b + c_c m_c}$$

セルシウス温度目盛を使って，表 19-3 の c_c と c_w の値を使うと，分子は，
$(0.0923\,\text{cal/g·K})(75\,\text{g})(312°\text{C}) + (45\,\text{cal/K})(12°\text{C})$
$\quad + (1.00\,\text{cal/g·K})(220\,\text{g})(12°\text{C}) = 5339.8\,\text{cal}$

分母は，
$(1.00\,\text{cal/g·K})(220\,\text{g}) + 45\,\text{cal/K}$
$\quad + (0.0923\,\text{cal/g·K})(75\,\text{g}) = 271.9\,\text{cal/°C}$

これより，
$$T_f = \frac{5339.8\,\text{cal}}{271.9\,\text{cal/°C}} = 19.6°\text{C} \approx 20°\text{C} \quad (答)$$

与えられた数値を代入すると，
$$Q_w \approx 1670\,\text{cal}, \quad Q_b \approx 342\,\text{cal}, \quad Q_c \approx -2020\,\text{cal}$$

四捨五入による誤差を除けば，式 (19-22) で要請されたように，これらの代数和はゼロになる。

19-8　熱と仕事に関する詳しい考察

本節では，エネルギーが熱や仕事として系とその環境の間をどのように移動するかについて少し詳しく考察しよう。系としてピストンのついたシリンダー内に閉じ込められた気体を考える(図 19-13)。閉じ込められた気体の圧力によってピストンに働く上向きの力は，ピストンの上におかれた鉛の散弾の重さに等しい。シリンダーの壁は断熱材でできており，いかなるエネルギーもこの壁を通して熱として移動することはない。シリンダーの底はホットプレートのような熱エネルギーの貯蔵庫，**熱源**(thermal reservoir) の上に置かれ，熱源の温度はつまみをまわして調節することが

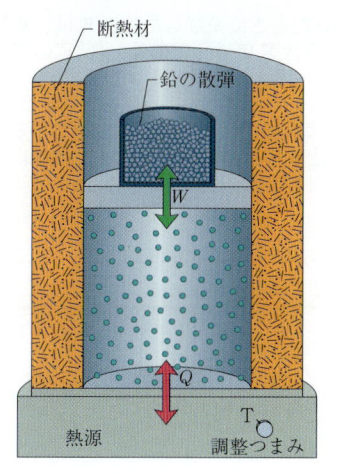

図 19-13 気体はピストン付きシリンダーに閉じ込められている。熱源の温度 T を調整して，熱 Q を気体に加えたり，気体から奪うことができる。ピストンの上下により気体は仕事 W をする。

19-8 熱と仕事に関する詳しい考察

できる。

系(気体)は，圧力 p_i，体積 V_i，温度 T_i の初期状態 i から出発し，圧力 p_f，体積 V_f，温度 T_f の終状態 f に至る。系を初期状態から終状態に変化させる過程を**熱力学的過程**(thermodynamic process)という。この過程において，エネルギーは熱源から系に移動するか(正の熱)，あるいはその逆に系から熱源に移動する(負の熱)。また，系がする仕事により，ピストンが上昇したり(正の仕事)，下降したりする(負の仕事)。すべての変化はゆっくりと起こり，系は常に(近似的に)熱平衡にあると仮定する(すなわち，系の各部分は他の部分と常に熱平衡にある)。

数個の散弾を図 19-13 のピストンから取り除いてみよう。気体がピストンを押すので，残った散弾は上向きの力 $\vec{F}$ により上向きに微小変位 $d\vec{s}$ だけ押し上げられる。変位はごくわずかなので，この間の力 $\vec{F}$ は一定とみなすことができる。気体の圧力を p，ピストンの断面積を A とすると，力 $\vec{F}$ の大きさは pA となる。したがって，この過程で気体がした微小仕事は，

$$dW = \vec{F} \cdot d\vec{s} = (pA)(ds) = p(A\,ds) = p\,dV \qquad (19\text{-}24)$$

dV はピストンの移動による気体の体積の微小変化である。気体の体積が V_i から V_f になるまで散弾を取り除いていったとき，気体がした全仕事は，

$$W = \int dW = \int_{V_i}^{V_f} p\,dV \qquad (19\text{-}25)$$

体積変化にともなって，気体の圧力や温度も変化するだろう。式 (19-25) をそのまま積分をするには，系が状態 i から状態 f に変化する実際の過程において，圧力が体積とともにどのように変化するかを知る必要がある。

気体を状態 i から状態 f に変化させる方法は実はたくさんある。方法のひとつが図 19-14a に示されている。この図は，気体の圧力を体積の関数として描いたもので，*p-V* 図とよばれる。図 19-14a の曲線は，体積が増えると圧力が減ることを示している。式 (19-25) の積分 (すなわち気体がした仕事) は，i と f の間の曲線の下側の影をつけた部分の面積に等しい。気体を曲線に沿ってどのように変化させようとも，気体はピストンを押し上げることによってその体積を増加させたのだから，この仕事は正である。

状態 i から状態 f に変化させる他の方法が図 19-14b に示されている。この変化は 2 段階で行われる。第 1 段階は状態 i から状態 a への変化(step *ia*)，第 2 段階は状態 a から状態 f への変化(step *af*)である。

Step *ia* は一定の圧力のもとで行われる；図 19-13 のピストン上の散弾はそのままでよい。ここでは温度調整つまみをゆっくりまわし，気体の温度を T_a に上げることによって気体の体積を V_i から V_f まで増加させる。(温度が上がると気体がピストンに及ぼす力が増えてピストンは上昇する。) この段階では，膨張する気体がピストン上の散弾を上昇させて正の仕事をし，温度を上げたために生じる温度差によって，熱が熱源から系に吸収される。熱は系に加えられるので正である。

図 19-14b の step *af* は一定の体積のもとで行われる；ピストンは固定して動かないようにする。温度調整つまみをまわして温度を下げていくと，

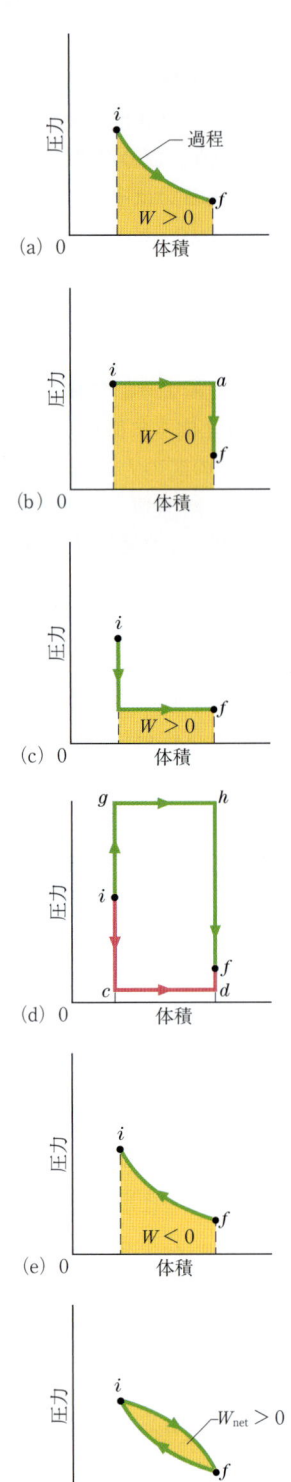

図19-14 (a)初期状態iから最終状態fに変化したときに系がした仕事Wは，影をつけた部分で表される。系の体積が増加したから仕事Wは正である。(b)この場合もWは正であるが(a)より大きい。(c)この場合もWは正であるが(a)より小さい。(d)Wはもっと小さくすることもできるし(経路icdf)，もっと大きくすることもできる(経路ighf)。(e)ここでは状態fから状態iへ変化する。外力によって圧縮されるので体積は減少する。したがって系によってなされた仕事Wは負になる。(f)1サイクルの間に系によってなされた正味の仕事W_{net}は影をつけた部分で表されている。

圧力はp_aから最終値p_fに下がっていくであろう。この段階では，系は熱を熱源に奪われる。

全過程iafにおける仕事W(step iaのみでなされる)は正で，曲線の下の影をつけた部分の面積に等しい。熱としてのエネルギー移動は両方のstep (iaとaf)で起こる。正味のエネルギー移動量をQとしよう。

図19-14cには，前の2つの段階を逆順で行う過程が示されている。このとき仕事Wも吸収される正味の熱量も図19-14bのときより小さい。図19-14dを見ると，気体がする仕事はいくらでも小さくできるし(icdfのような経路をたどればよい)，またいくらでも大きくできる(ighfのような経路をたどればよい)ことがわかる。

要約すると，与えられた初期状態から終状態へ系を変化させる過程は無数にあり，熱が必要なこともあるし必要でないこともある。一般に，仕事Wと熱Qは過程によって異なった値をとる。したがって，熱と仕事は経路に依存する量である。

図19-14eは，系のする仕事が負になる例を示している；外力が系を圧縮して体積が減る。仕事の絶対値は曲線の下側の面積に等しいが，気体は圧縮されたので，気体のする仕事は負になる。

図19-14fは，熱力学サイクル(thermodynamic cycle)を表している；系はある初期状態iから他の状態fに変化した後，再びiに戻る。1サイクルの間に系がする正味の仕事は，膨張するときの正の仕事と圧縮するときの負の仕事の和である。図19-14fでは，膨張曲線(iからf)の下側の面積が圧縮曲線(fからi)の下側の面積より大きいから，正味の仕事量は正になる。

✓ **CHECKPOINT 4:** このp-V図は，気体がたどる(垂直経路でつながれた)6通りの経路を示している。気体がする正味の仕事が正で最大になるような閉じたサイクルを作るのはどの2つの経路か。

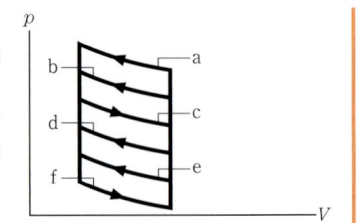

19-9 熱力学第 1 法則

前節では，与えられた初期状態から終状態へ系が変化するとき，仕事 W と熱 Q がその過程に依存することを学んだ．しかしながら，驚くべきことが実験的にわかっている．$Q - W$ という量はすべての過程で等しいのだ．この量は初期状態と終状態のみに依存し，初期状態から終状態へ系がどのように変化したかには関係ない．他のあらゆる Q と W の組み合わせ，たとえば，Q だけ，W だけ，$Q + W$，$Q - 2W$ 等はいずれも経路に依存する．$Q - W$ だけが経路に依存しないのである．

$Q - W$ は系に固有の何らかの性質を表しているに違いない．この性質を内部エネルギー（internal energy）E_{int} とよび，次のように表す；

$$\Delta E_{\text{int}} = E_{\text{int},f} - E_{\text{int},i} = Q - W \quad (\text{第 1 法則}) \qquad (19\text{-}26)$$

式 (19-26) が熱力学第 1 法則 (first law of thermodynamics) である．熱力学的系の変化が微小なときは，第 1 法則を次のようになる*；

$$dE_{\text{int}} = dQ - dW \quad (\text{第 1 法則}) \qquad (19\text{-}27)$$

▶ 系の内部エネルギー E_{int} は，エネルギーが熱として加えられると増加し，系が仕事をしてエネルギーが失われると減少する．

第 8 章では，孤立系（エネルギーの出入りがない系）に対してエネルギーの保存則が適用できることを学んだ．熱力学第 1 法則は，この法則を孤立していない系に拡張するものである．ここでは，エネルギーは仕事 W または熱 Q として系に出入りする．上で述べた熱力学第 1 法則では，系の運動エネルギーとポテンシャルエネルギーは変化しないこと（すなわち $\Delta K = \Delta U = 0$）を仮定している．

前章までは，仕事とその記号 W は系になされた仕事を意味してきた．しかし，式 (19-24) 以後，熱力学に関する第 21 章までは，図 19-13 の気体のような系がする仕事に着目する．

系になされる仕事は，系がする仕事の符号を逆にしたものだから，系になされた仕事を W_{on} と書くと，式 (19-26) は $\Delta E_{\text{int}} = Q + W_{\text{on}}$ と表される．言葉で表すと，系が熱を吸収したとき，あるいは系が正の仕事をされたとき，系の内部エネルギーは増加する．逆に，系が熱を失ったとき，あるいは系が負の仕事をされたとき，系の内部エネルギーは減少する．

✓ **CHECKPOINT 5:** この p-V 図には，気体が状態 i から状態 f に変化するときにたどる 4 通りの経路が示されている．経路を，(a) 内部エネルギーの変化 ΔE_{int}，(b) 気体がした仕事 W，(c) 熱として移動したエネルギーの大きさ Q，の順に並べよ．

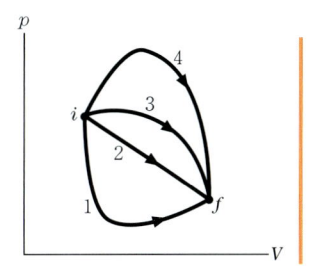

---

*この式における dQ と dW は真の微分ではない；すなわち，系の状態だけで決まる $Q(p, V)$ とか $W(p, V)$ のような関数は存在しない．dQ や dW のような量は不完全微分 (inexact differentials) とよばれ，$\bar{d}Q$ や $\bar{d}W$ のような記号で表される．ここでは，これらを単にきわめて微小なエネルギー移動量として取り扱う．

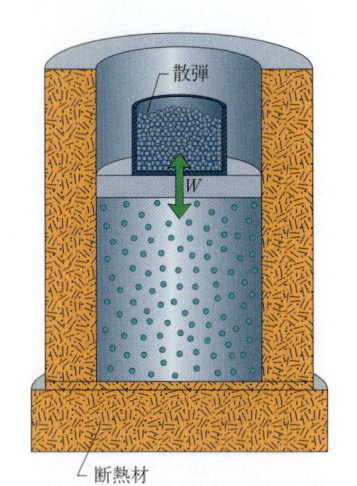

図 19-15 ピストン上の散弾を少しずつ取り除いて断熱膨張させる．散弾を増やすと過程は逆行する．

19-10 熱力学第1法則の応用

本節では，4つの異なる条件下での熱力学的過程を考察し，これらの過程に熱力学第1法則を適用するとどのような結果が得られるのかを調べよう．結果は表19-5にまとめられている．

1. 断熱過程 断熱過程は，系の変化がきわめて急な場合または系がよく断熱されているために，系と環境の間で熱によるエネルギー移動が起こらないような過程である．第1法則（式19-26）に $Q=0$ を代入すると，

$$\Delta E_{\text{int}} = -W \quad (\text{断熱過程}) \tag{19-28}$$

これより，系が仕事をすると（すなわち，W が正）内部エネルギーはこの分だけ減少する．逆に，系が仕事をされると（すなわち，W が負）内部エネルギーはこの分だけ増加する．

図19-15は理想化された断熱過程を示している．断熱材で覆われているために熱は系に出入りしない．したがって，エネルギーは仕事によってのみ系と環境の間を移動することができる．散弾をピストンから取り去り気体を膨張させると，系（気体）は正の仕事をして気体の内部エネルギーは減少する．逆に，散弾を足して気体を圧縮すると，系は負の仕事をして気体の内部エネルギーは増加する．

2. 定積過程 系（たとえば気体）の体積を一定に保つと系は仕事をすることができない．第1法則（式19-26）に $W=0$ を代入すると，

$$\Delta E_{\text{int}} = Q \quad (\text{定積過程}) \tag{19-29}$$

したがって，系が熱を吸収すれば（すなわち，Q は正）内部エネルギーは増加する．逆に，系が熱を失えば（すなわち，Q は負）内部エネルギーは減少する．

3. 循環過程 熱や仕事をやりとりした後，系が元の状態に戻るような過程がある．この場合，内部エネルギーのような系に固有の性質は変化しない．$\Delta E_{\text{int}} = 0$ を第1法則（式19-26）に代入すると，

$$Q = W \quad (\text{循環過程}) \tag{19-30}$$

したがって，この過程の間に系がする正味の仕事は，熱としての正味のエネルギー移動量に正確に等しい；系の内部エネルギーは変化しない．循環過程は，図19-14fの p-V 図のような閉曲線で描かれる．この過程は第21章でさらにくわしく論じられる．

表 19-5 熱力学第：4つの例

法則：$\Delta E_{\text{int}} = Q - W$（式 19-26）

過程	条件	結果
断熱過程	$Q = 0$	$\Delta E_{\text{int}} = -W$
定積過程	$W = 0$	$\Delta E_{\text{int}} = Q$
循環過程	$\Delta E_{\text{int}} = 0$	$Q = W$
自由膨張	$Q = W = 0$	$\Delta E_{\text{int}} = 0$

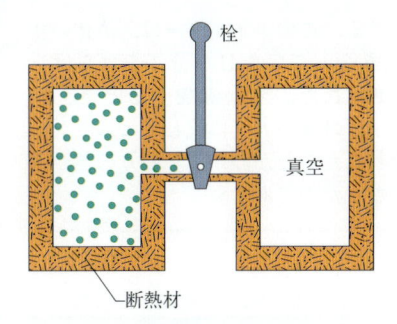

図 19-16 自由膨張の初期状態。栓を開くと気体は両方の箱を満たし，最後に平衡状態に達する。

4. 自由膨張 これは，系と環境の間に熱の出入りがなく，系がする仕事も，系がされる仕事もないような断熱過程である。したがって，$Q = W = 0$ であるから第 1 法則より，

$$\Delta E_{\text{int}} = 0 \quad \text{（自由膨張）} \tag{19-31}$$

図 19-16 にはこのような膨張の様子が示されている。断熱された 2 つの箱の間の栓が閉じられていて，最初気体は一方の箱に閉じ込められて熱平衡になっている。もう一方の箱は真空である。栓を開くと気体は自由に膨張して両方の箱を満たす。断熱されているので気体に熱の出入りはない。気体が真空中に広がるとき，どこからも圧力も受けないから，仕事をしないしされもしない。

自由膨張は今まで見てきたどの過程とも異なる。なぜならば，この過程はゆっくり行うこともできないし，制御することもできない。気体は急激な膨張の途中のどの時点でも熱平衡にはなく，圧力は場所ごとに異なる。したがって，p-V 図に初期状態と終状態を示すことはできても，膨張そのものを描くことはできない。

✓ **CHECKPOINT 6:** この p-V 図に描かれたサイクルで，(a) 気体の ΔE_{int}，(b) 熱として移動した正味のエネルギー Q は，正か，負か，ゼロか。

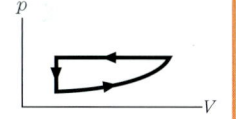

例題 19-5

図 19-17 の装置を使って，100°C，1 kg の水を標準大気圧（1 気圧または 1.01×10^5 Pa）のもとで沸騰させて 100°C の水蒸気にした。水の体積は，液体の初期値 1.00×10^{-3} m³ から水蒸気の 1.671 m³ に変化した。

(a) この過程で水蒸気はどれだけの仕事をしたか。

解法: **Key Idea**: 系の体積が増加したので系は正の仕事をした。一般に，仕事を計算するためには圧力を体積に対して積分する（式 19-25）。しかしこの場合は圧力は 1.01×10^5 Pa で一定だから p を積分の外に出すことができる；

$$W = \int_{V_i}^{V_f} p\, dV = p \int_{V_i}^{V_f} dV = p(V_f - V_i)$$
$$= (1.01 \times 10^5 \text{ Pa})(1.67 \text{ m}^3 - 1.00 \times 10^{-3} \text{ m}^3)$$
$$= 1.69 \times 10^5 \text{ J} = 169 \text{ kJ} \quad \text{（答）}$$

(b) この過程でどれだけのエネルギーが熱として移動したか。

解法: **Key Idea**: 熱は相転移を引き起こしただけで温度を変化させていないから，熱は式 (19-16) ($Q = Lm$) だけで与えられる。液体から気体への変化なので，L と

図 19-17 例題 19-5。一定圧力のもとで沸騰する水。水が完全に水蒸気になるまで，熱源からエネルギーが熱として移動する。膨張する気体は仕事をしてピストンを押し上げる。

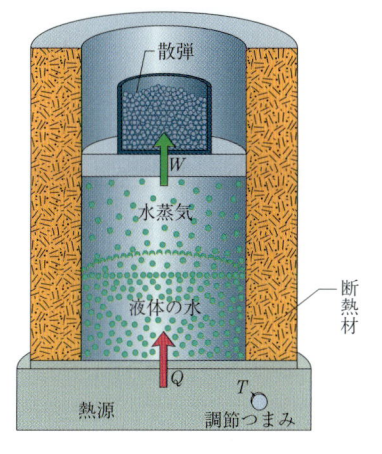

しては式 (19-17) や表 19-4 で与えられている蒸発熱 L_V の値を用いる；

$$Q = L_V m = (2256 \text{ kJ/kg})(1.00 \text{ kg})$$
$$= 2256 \text{ kJ} \approx 2260 \text{ kJ} \quad \text{（答）}$$

(c) この過程で系の内部エネルギーはどれだけ変化したか。

解法: **Key Idea**: 系の内部エネルギーの変化は，熱力

学第1法則（式19-26）によって，熱（この場合，系に入ってきたエネルギー）と仕事（この場合，系から出ていったエネルギー）に関係づけられる；

$$\Delta E_{\text{int}} = Q - W = 2256\,\text{kJ} - 169\,\text{kJ}$$
$$\approx 2090\,\text{kJ} = 2.09\,\text{MJ} \qquad \text{(答)}$$

この量は正であるから，沸騰の過程で系の内部エネルギーが増加したことになる。このエネルギーは，液体の状態では互いに強く引き合っていた H_2O 分子をばらばらの状態にするのに使われた。水が沸騰するとき，約 7.5%（= 169 kJ/2260 kJ）の熱が大気に抗してピストンを押し上げる仕事に使われたことがわかる。残りの熱が系の内部エネルギーになったのである。

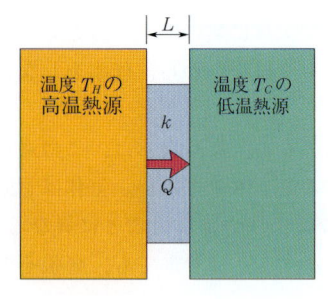

図 19-18 熱伝導。エネルギーは，高温 T_H の熱源から低温 T_C の熱源へ，厚さ L，熱伝導率 k の板を通って熱として伝わる。

19-11 伝熱機構

ここまで系とその環境間の熱としてのエネルギー移動を議論してきたが，熱がどのように伝わるかについては説明してこなかった。伝熱機構には伝導，対流，放射の3つがある。

伝　　導

金属製火かき棒の先を長い間炎にかざしておくと，しだいに柄が熱くなってくる。エネルギーが，炎から柄へと火かき棒を通って（熱）**伝導**（conduction）によって移動したのである。炎にかざした火かき棒の先端では，環境温度が高いために，金属の原子や電子の振動の振幅が相対的に大きい。大きな振動の振幅，したがって振動のエネルギーが，隣接する原子間の衝突によって原子から原子へと火かき棒に沿って伝わる。このようにして，温度の高い領域が火かき棒を通って柄にひろがっていく。

図 19-18 のような断面積 A，厚さ L の板を考えよう。板は熱い熱源と冷たい熱源に接しており，表面温度はそれぞれ T_H と T_C に保たれている。時間 t の間に熱い面から冷たい面へ板を通って熱として流れたエネルギーを Q としよう。実験によると，**熱伝達率**（conduction rate，単位時間に伝わるエネルギー） P_{cond} は，次のように表すことができる：

$$P_{\text{cond}} = \frac{Q}{t} = kA\frac{T_H - T_C}{L} \qquad (19\text{-}32)$$

k は**熱伝導率**（thermal conductivity）とよばれ，板の材質で決まる定数である。熱を伝えやすい物質を熱の良導体といい，k の値が大きい。よくある金属，気体，建材の熱伝導率を表19-6にまとめた。

伝導の熱抵抗（R 値）

家の断熱を考えたり，ピクニックへ持っていくコーラの缶を冷たく保ちたいときは，熱を伝えやすいものより熱を伝えにくいものに関心がいく。そこで工学分野では，**熱抵抗**（thermal resistance）R という概念を使うようになった。厚さ L の板の R 値は，次式で定義される：

$$R = \frac{L}{k} \qquad (19\text{-}33)$$

板の材質が熱を伝えにくいほど R 値は大きい；大きな R 値をもつものほど熱を伝えにくく，したがって良い断熱材になる。

R は特定の厚さの板に関係した量であり，物質に関係した量ではないことに注意しよう。一般に使われてる R 値の単位は，フィートの2乗・ファー

表 19-6 いろいろな物質の熱伝導率

物質	$k(\text{W/m}\cdot\text{K})$
金属	
ステンレス鋼	14
鉛	35
アルミニウム	235
銅	401
銀	428
気体	
空気（乾燥）	0.026
ヘリウム	0.15
水素	0.18
建材	
ポリウレタン	0.024
岩綿	0.043
グラスファイバー	0.048
ストローブマツ	0.11
窓ガラス	1.0

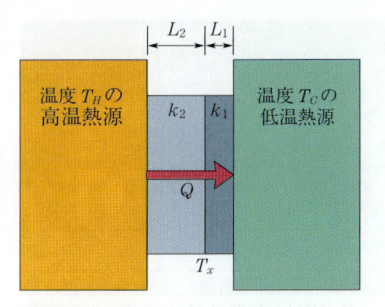

図 19-19 厚さと熱伝導率が異なる 2 板の枚を張り合わせた合板を通って定常的に熱が移動する。境界面の温度を T_X とする。

レンハイト度・時／英国熱単位（ft²·F°·h/Btu）である。（少なくともアメリカでは，この単位に関する説明がほとんど見られないが，その理由がわかるだろう。）

複合板の熱伝導

図 19-19 には，2 枚の板（厚さが L_1 と L_2，熱伝導率が k_1 と k_2）を張り合わせた複合板が示されている。板の外面の温度はそれぞれ T_H と T_C であり，断面積は A である。熱の移動が定常的であると仮定として，熱が伝わる速さを表す式を求めよう。ここで，定常的（steady-state）というのは，板の各部分の温度と熱伝達率が時間的に変化しないことを意味する。

定常的だから 2 枚の板の熱伝達率は等しい。言い換えれば，ある時間に片方の板の中を伝わるエネルギーは，同じ時間にもう 1 枚の板の中を伝わるエネルギーに等しい。さもなければ板の温度は変化して定常的ではなくなってしまう。2 枚の板の境界面の温度を T_X として，式（19-32）を用いると，

$$P_{\text{cond}} = \frac{k_2 A (T_H - T_X)}{L_2} = \frac{k_1 A (T_X - T_C)}{L_1} \tag{19-34}$$

少々計算して式（19-34）を T_X について解くと，

$$T_X = \frac{k_1 L_2 T_C + k_2 L_1 T_H}{k_1 L_2 + k_2 L_1} \tag{19-35}$$

これを式（19-34）に代入すると，

$$P_{\text{cond}} = \frac{A (T_H - T_C)}{L_1/k_1 + L_2/k_2} \tag{19-36}$$

式（19-36）を n 枚の板からなる複合板に拡張すると，

$$P_{\text{cond}} = \frac{A (T_H - T_C)}{\Sigma L/k} \tag{19-37}$$

分母の和は，すべての板について L/k を足し合わせることを意味する。

> ✓ **CHECKPOINT 7：**
> 図は異なる物質でできた同じ厚さの 4 枚の板からなる複合板の外面と境界面の温度を示している。熱伝導は定常的であるとして，これらの物質を熱伝導率の大きい順に並べよ。
>
> 25°C ─ 15°C ─ 10°C ─ −5.0°C ─ −10°C
> a　b　c　d

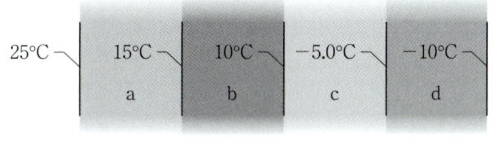

対　流

ロウソクやマッチの炎を観察すると，熱エネルギーが**対流**（convection）によって上方へ運ばれていくのがわかる。このようなエネルギー移動は，空気や水のような流体が，それより高い温度の物体と接触したときに起こる。高温物体との接触部分で流体の温度は上昇し，（たいていの場合）膨張して密度が小さくなる。膨張した流体は，まわりの冷たい部分より軽くなるので，浮力によって上昇する。すると上昇した暖かい流体と入れ代わるように，まわりの冷たい流体が流れ込む。そしてこのような過程が継続する。

図 19-20 道路沿いの家屋からのエネルギー放射を視覚化したサーモグラム。放射率の大きいものから順に，白，赤，ピンク，青，黒と色分けされている。どの壁に断熱材が入っているか，どこの窓に厚いカーテンがかかっているか，2階の天井の空気が暖かいこと等がわかる。

　対流はさまざまな自然現象に現れる。大気の対流は，地球規模の気候区分や日々の天気の変化を決定する基本的な役割を果たしている。グライダーの操縦士や鳥は，彼らを空中にとどめるための上昇気流（暖かい空気の流れ）を探し求めている。海中でも，対流により莫大なエネルギーが移動している。太陽では，中心にある核融合炉から表面へ向かって，巨大なガス塊の対流によってエネルギーが運ばれる：ガス塊中心部の熱い気体が上昇し，ガス塊外縁部の冷たい気体が表面から下降していく。

放　　射

物体とその環境の間で，熱としてエネルギーを交換する3番目の方法は電磁波によるものである（可視光は電磁波の一種である）。電磁波信号（たとえばテレビ放送）や放射線（原子核から放出されるエネルギーや粒子）と区別するために，このエネルギー移動は**熱放射**(thermal radiation)とよばれる。（"放射する(radiate)" という言葉は一般に "放出する(emit)" を意味する。）大きな炎の前に立つと，炎からの熱放射を受けて体が暖まる；炎の熱エネルギーが減少して体の熱エネルギーが増加する。放射による熱伝達には何の媒体も必要としない。太陽からあなたに熱が届くように，放射は真空中でも伝わる。

　物体から電磁波として単位時間あたりに放出されるエネルギー（熱放射率 P_rad）は，表面積 A と表面温度 T（ケルビン目盛り）に依存する：

$$P_\text{rad} = \sigma \varepsilon A T^4 \tag{19-38}$$

$\sigma = 5.6703 \times 10^{-8}$ W/m$^2\cdot$K^4 はシュテファン・ボルツマン定数(Stefan-Boltzmann constant)とよばれ，ジョセフ・シュテファン(Josef Stefan，1879年に実験により式(19-38)を見いだした)とルードヴッヒ・ボルツマン(Ludwig Boltzmann，すぐ後にこの式を理論的に導いた)に因んでいる。記号 ε は物体表面の*放射率*(emissivity)を表し，表面の性質によって0と1の間の値をとる。表面の放射率が最大値1.0をとるような物体を*黒体*(black body)とよぶ。しかしこれは理想化の極限であって自然界には存在しない。式(19-38)はケルビン目盛りで表されるので，絶対0度では放射は起こらず，逆に，0Kより温度の高いすべての物体は——あなたの体も

——熱放射をしていることに注意しよう（図19-20を見よ）。

物体が熱放射から吸収する単位時間当たりのエネルギー（熱吸収率 P_{abs}）は，環境の温度 T_{env}（ケルビン目盛り）が一様であると仮定すると，次のように表される：

$$P_{\text{abs}} = \sigma \varepsilon A T_{\text{env}}^4 \tag{19-39}$$

式(19-39)の放射率 ε は式(19-38)のものと同じである。$\varepsilon = 1$ の理想的な黒体は，それが遮った放射エネルギーを（反射や散乱によって一部をはね返すことなく）すべて吸収する。

物体は周囲からエネルギーを吸収したり周囲に放射するので，物体が熱放射によって交換するエネルギーの単位時間当たりの総量 P_{net} は，

$$P_{\text{net}} = P_{\text{abs}} - P_{\text{rad}} = \sigma \varepsilon A (T_{\text{env}}^4 - T^4) \tag{19-40}$$

放射により正味のエネルギーが吸収されれば P_{net} は正であり，放出されれば負である。

例題 19-6

厚さ L_a のアメリカ松と厚さ L_d（$= 2.0 L_a$）のレンガで作られた壁（表面積 A は未知）の間に，材質不明の2枚の板（同じ厚さで同じ熱伝導率をもつ）が挟まれている（図19-21）。アメリカ松の熱伝導率を k_a，レンガの熱伝導率を k_d（$= 5.0 k_a$）とする。熱伝導が定常状態に達したとき，境界面の温度が $T_1 = 25°C$，$T_2 = 20°C$，$T_5 = -10°C$ となった。T_4 は何度か。

解法： **Key Idea 1**：温度 T_4 はレンガの熱伝達率 P_d を決定する（式19-32）。しかし，式(19-32)を解いて T_4 を求めるにはデータが不足している。**Key Idea 2**：熱伝導は定常的だから，レンガの熱伝達率 P_d はアメリカ松の熱伝達率 P_a と等しいはずである。式(19-32)と図19-21より，

$$P_a = k_a A \frac{T_1 - T_2}{L_a} \quad \text{および} \quad P_d = k_d A \frac{T_4 - T_5}{L_d}$$

$P_a = P_d$ とおいて T_4 について解くと，

$$T_4 = \frac{k_a L_d}{k_d L_a}(T_1 - T_2) + T_5$$

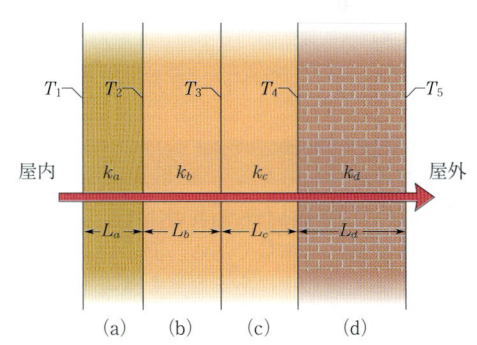

図 **19-21** 例題 19-6。熱が4層の壁を通って定常的に流れている。

$L_d = 2.0 L_a$，$k_d = 5.0 k_a$ として，わかっている温度を代入すると，

$$T_4 = \frac{k_a (2.0 L_a)}{(5.0 k_a) L_a}(25°C - 20°C) + (-10°C)$$
$$= -8.0°C \tag{答}$$

例題 19-7

数百匹のミツバチが，巣へ侵入しようとするオオスズメバチを取り囲んで硬いボール状になったとき，ミツバチたちは体温を通常の35°Cから47°Cか48°Cにまですばやく上げる。このような高温はオオスズメバチには致命的であるが，ミツバチにとってはそうではない（図19-22）。次のような状況を仮定する：500匹のミツバチが，20分間，半径 2.0 cm のボール状に密集し，ボールからの主たるエネルギー損失は熱放射で，ボールの表面の放射率は $\varepsilon = 0.8$，ボールの温度は一様である。温度を 47°C に 20 分間保つために，1匹のミツバチが作り出すべき余分なエネルギーの平均値はいくらか。

解法： **Key Idea**：ミツバチボールが作られた後，表面温度の上昇にともないボールから放射されるエネルギーも増加する。したがって，ミツバチは熱放射によって余分のエネルギーを消耗する。ボールの表面積を A，表面

温度を T(ケルビン目盛)とすると，表面温度とエネルギー放射率は式(19-38)($P_{rad} = \sigma \varepsilon A T^4$)で関係づけられる．エネルギー放射率は単位時間当たりの放射エネルギーだから，

$$P_{rad} = \frac{E}{t}$$

したがって時間 t の間に放射されるエネルギーは $E = P_{rad}\,t$ となる．

通常の温度 $T_1 = 35°C$ での熱放射率を P_{r1} とすると，時間 t の間に放射されるエネルギーは $E_1 = P_{r1}\,t$ ある．温度が $T_2 = 47°C$ に上昇したときの熱放射率を P_{r2} とすると，時間 t の間に放射されるエネルギーは $E_2 = P_{r2}\,t$ ある．したがって，時間 t の間，温度を T_2 に保つためには，ミツバチたちは $\Delta E = E_2 - E_1$ のエネルギーを余分に作り出さなければならない．

$$\begin{aligned}
\Delta E &= E_2 - E_1 = P_{r2}\,t - P_{r1}\,t \\
&= (\sigma \varepsilon A T_2^4)\,t - (\sigma \varepsilon A T_1^4)\,t \\
&= \sigma \varepsilon A t (T_2^4 - T_1^4) \quad (19\text{-}41)
\end{aligned}$$

温度はケルビン目盛りで表さなければならない；

$$T_2 = 47°C + 273°C = 320\,K$$
$$T_1 = 35°C + 273°C = 308\,K$$

ボールの表面積は

$$A = 4\pi R^2 = (4\pi)(0.020\,\text{m})^2 = 5.027 \times 10^{-3}\,\text{m}^2$$

時間は 20 min = 1200 s である．これらと他のわかっている量を式(19-41)に代入して，

$$\Delta E = (5.6703 \times 10^{-8}\,\text{W/m}^2 \cdot \text{K}^4)(0.80)(5.027 \times 10^{-3}\,\text{m}^2)$$
$$\times (1200\,\text{s})\,[(320\,K)^4 - (308\,K)^4] = 406.8\,J$$

ボールには500匹のミツバチが集まっているから，1匹が作り出さなければならない余分のエネルギーは，

$$\frac{\Delta E}{500} = \frac{406.8\,J}{500} = 0.81\,J \quad\quad (答)$$

図 19-22 例題 19-7．ミツバチたちは温度が上がっても大丈夫だが，スズメバチには致命的である．

まとめ

温度；温度計 温度はわれわれの冷熱感覚に関係づけられた国際単位系の基本量である．温度は温度計によって測られる．温度計の中にある温度を測る実体は，熱したり冷やしたりすると，それに応じて長さや圧力のような測定可能な量が正確に変化する．

熱力学第0法則 温度計と他の物体を接触させておくと，それらはやがて熱平衡に達する．このときの温度計の読みをこの物体の温度とする．**熱力学第0法則**を基礎として，実用的な温度測定方法を矛盾なく決めることができる：物体AとBがそれぞれ3番目の物体C(温度計)と熱平衡にあれば，AとBは互いに熱平衡にある．

ケルビン温度目盛り 国際単位系では，温度は**ケルビン温度目盛り**で測られる．この目盛りは水の3重点(273.16 K)を基準とする．他の温度は定積気体温度計で定義される．定積気体温度計の気体試料は一定の体積に保たれるので，その圧力は温度に比例する．気体温度計によって測られる温度 T を次のように定義する：

$$T = (273.16\,K)\left(\lim_{gas \to 0} \frac{p}{p_3}\right) \quad (19\text{-}6)$$

T はケルビンで表され，p_3 と p はそれぞれ273.16 Kと測定温度における気体の圧力である．

セルシウスとファーレンハイト温度目盛り セルシウス温度目盛りはケルビン温度によって次のように定義される：

$$T_C = T - 273.15° \quad (19\text{-}7)$$

ファーレンハイト温度目盛りは次のように定義される：

$$T_F = \frac{9}{5}T_C + 32° \quad (19\text{-}8)$$

熱膨張 すべての物体は温度とともに大きさを変える．温度変化 ΔT に対する長さの変化 ΔL は，

$$\Delta L = L\alpha\Delta T \quad (19\text{-}9)$$

α を**線膨張率**という．固体や液体の体積 V の変化 ΔV は，

$$\Delta V = V\beta\Delta T \quad (19\text{-}10)$$

$\beta = 3\alpha$ を物質の**体膨張率**という．

熱 熱 Q は，温度差によって系と環境の間を移動するエネルギーであり，**ジュール**(J)，**カロリー**(cal)，**キロカロリー**(Cal または kcal)，**英国熱単位**(Btu)等で表られる．これらの単位の間の関係は，

$$1\,\text{cal} = 3.969 \times 10^{-3}\,\text{Btu} = 4.1860\,J \quad (19\text{-}12)$$

熱容量と比熱 熱 Q が物体に吸収されたときの，物体の温度変化 $T_f - T_i$ と Q の関係は，

$$Q = C\Delta T = C(T_f - T_i) \qquad (19\text{-}13)$$

C は**熱容量**である．物体の質量がmであるとき，

$$Q = cm\Delta T = cm(T_f - T_i) \qquad (19\text{-}14)$$

c は物体を作っている物質の**比熱**である．**モル比熱**は1モル（または6.02×10^{23}素単位）当たりの熱容量である．

転移熱　物質に熱が吸収されると，たとえば，固体から液体へ，または液体から気体へ，物理的状態または相が変化する．物質の相を変化させる（温度は変化させずに）ための単位質量当たりのエネルギーを**転移熱**という：

$$Q = Lm \qquad (19\text{-}16)$$

蒸発熱 L_V は，単位質量の液体を蒸発させるために加えるエネルギー，または単位質量の気体を凝縮させるために取り除くエネルギーである．**融解熱** L_F は単位質量の固体を融解させるために加えるエネルギー，または単位質量の液体を凝固させるために取り除くエネルギーである．

体積変化に伴う仕事　気体は仕事よって周囲とエネルギーを交換する．気体が体積 V_i から V_f まで膨張または圧縮したとき，気体がする仕事量は，

$$W = \int dW = \int_{V_i}^{V_f} p\,dV \qquad (19\text{-}25)$$

体積変化の間に圧力も変化するから積分が必要である．

熱力学第1法則　熱力学過程におけるエネルギー保存則は**熱力学第1法則**で表される：

$$\Delta E_{\text{int}} = E_{\text{int},f} - E_{\text{int},i} = Q - W \quad \text{（第1法則）} \qquad (19\text{-}26)$$

または

$$dE_{\text{int}} = dQ - dW \quad \text{（第1法則）} \qquad (19\text{-}27)$$

E_{int} は物質の内部エネルギーであり，その状態（温度，圧力，体積）のみに依存する．Q は系と環境の間で熱として交換されたエネルギーである；Q は，系が熱を吸収したとき正，放出したとき負である．W は系がした仕事である；系が環境からの外力にさからって膨張したとき W は正，外力によって圧縮したとき W は負である．Q と W はどちらも経路に依存する量であるが，ΔE_{int} は経路に依存しない．

第1法則の応用　熱力学第1法則の適用例：

断熱過程：　　$Q = 0, \quad \Delta E_{\text{int}} = -W$
定積過程：　　$W = 0, \quad \Delta E_{\text{int}} = Q$
循環過程：　　$\Delta E_{\text{int}} = 0, \quad Q = W$
自由膨張：　　$Q = W = \Delta E_{\text{int}} = 0$

伝導，対流，放射　両面の温度が T_H と T_C に保たれた，断面積 A，厚さ L の板を通って単位時間に熱伝導で伝わるエネルギー P_{cond} は，k を熱伝導率とすると，

$$P_{\text{cond}} = \frac{Q}{t} = kA\frac{T_H - T_L}{L} \qquad (19\text{-}32)$$

温度差による流体の運動がエネルギーの移動を引き起こすとき**対流**が生じる．**放射**は電磁エネルギーの放出によるエネルギー移動である．表面積 A，表面温度 T（ケルビン目盛り）の物体が熱放射によって放出する単位時間当たりのエネルギーは，

$$P_{\text{rad}} = \sigma \varepsilon A T^4 \qquad (19\text{-}38)$$

$\sigma\,(= 5.6703 \times 10^{-8}\,\text{W/m}^2\cdot\text{K}^4)$ はシュテファン・ボルツマン係数，ε は物体表面の放射率である．一様な温度 T_{env}（ケルビン目盛り）の環境におかれた物体が熱放射によって吸収する単位時間当たりのエネルギー P_{abs} は，

$$P_{\text{abs}} = \sigma \varepsilon A T_{\text{env}}^4 \qquad (19\text{-}39)$$

問題

1. 図19-23には3つの温度目盛りが水の凝固点と沸点とともに示されている．$25\text{R}°$，$25\text{S}°$，$25\text{U}°$ の温度変化を，変化の大きい順に並べよ．

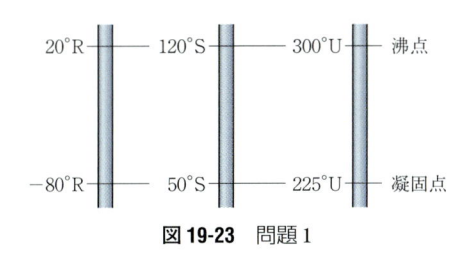

図 19-23 問題1

2. 表には4本の棒の最初の長さ L，温度変化 ΔT，長さの変化 ΔL が与えられている．4つの棒を熱膨張率の大きい順に並べよ．

棒	L(m)	ΔT(C°)	ΔL(m)
a	2	10	4×10^{-4}
b	1	20	4×10^{-4}
c	2	10	8×10^{-4}
d	4	5	4×10^{-4}

3. 断熱された箱の中に，質量 m の物質Aと，より高温で同じ質量 m の物質Bが入っている．熱平衡に達したときの両者の温度変化 ΔT_A と ΔT_B を記録する．次に，Aと質量 m の別の物質を使って実験を繰り返し，結果を表にまとめた．4つの物質を比熱の大きい順に並べよ．

実験	温度変化	
1	$\Delta T_A = +50\,°\mathrm{C}$	$\Delta T_B = -50\,°\mathrm{C}$
2	$\Delta T_A = +10\,°\mathrm{C}$	$\Delta T_C = -20\,°\mathrm{C}$
3	$\Delta T_A = +2\,°\mathrm{C}$	$\Delta T_D = -40\,°\mathrm{C}$

4. 物質A，B，Cは固体で，温度はそれぞれの融点にある．4kgの物質Aを融かすのに200J，5kgの物質Bを融かすのに300J，6kgの物質Cを融かすのに300Jの熱を必要である．3つの物質を融解熱の大きい順に並べよ．

5. 図19-24は，気体の閉じたサイクルのp-V図を2通り示している．サイクル1の3つの部分は，長さも形もサイクル2と同じである．次の2つの場合，それぞれのサイクルは時計まわりに回すべきか，反時計まわりか：(a) 気体がする全仕事が正になる；(b) 気体によって熱として運ばれる全エネルギーが正となる．

6. 図19-24の2つのサイクルを時計まわりに回すとき，(a) 仕事Wが大きい，(b) 熱Qが大きい，のはどちらのサイクルか．

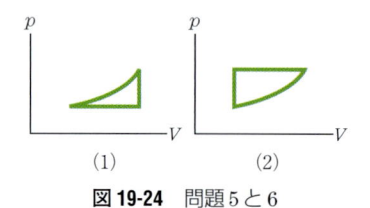

図 19-24 問題5と6

7. 図19-25には，同じ厚さで，熱伝導率が $k_b > k_a > k_c$ の3種類の材質 $a,\ b,\ c$ からできた合板が示されている．熱エネルギーの移動は定常的でゼロではない．これらの材質を両端の温度差 ΔT の大きい順に並べよ．

図 19-25 問題7

8. つららが成長するとき，その外面は薄い水の膜で覆われ，その水が徐々に集まってしずくとなり，つららの先にぶら下がる（図19-26）．細い水の管が，しずくからつららの中を通って根本に向かって（途中まで）延びている．この管の先端の水が徐々に凍り，エネルギーが解き放たれるとき，このエネルギーは，氷の中を外へ放射状に伝わるのか，水の中をしずくの方へ伝わるのか，つららの根本に向かって伝わるのか？（外気の温度は0°C以下とする．）

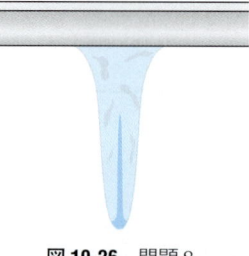

図 19-26 問題8

9. 同じ材質でできた3つの固体（一辺の長さ r の立方体，半径 r の球，半径 r の半球）が温度300°Cに保たれ，350°Cの外界と接している．3つの物体を外界と熱放射をやり取りする割合が大きい順に並べよ．

10. 異なる物質でできた，質量が同じ3つの物体を順番に冷凍庫に入れる．この冷凍庫は一定の割合で物質からエネルギーを奪うことができる．3種類の物質はいずれも液体から冷やされて固体に至る；図19-27は各物質の温度の時間変化を示す．(a) 物質1について液体の比熱は固体の比熱より大きいか，小さいか．3つの物質を，(b) 凝固点，(c) 液体の比熱，(d) 固体の比熱，(e) 融解熱の大きい順に並べよ．

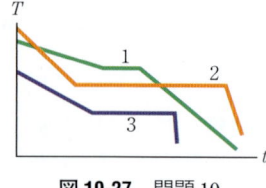

図 19-27 問題10

11. 同じ質量の水と氷が断熱された容器に入れられ，熱平衡に達するようになっている．図19-28aは温度の時間変化を示す．(a) 平衡温度は水の凝固点より高いか，低いか，同じか．(b) 平衡に達するまでに，水は，部分的に凍るか，全部凍るか，それとも全く凍らないか．(c) 氷は，部分的に融けるか，全部融けるか，それとも全く融けないか．

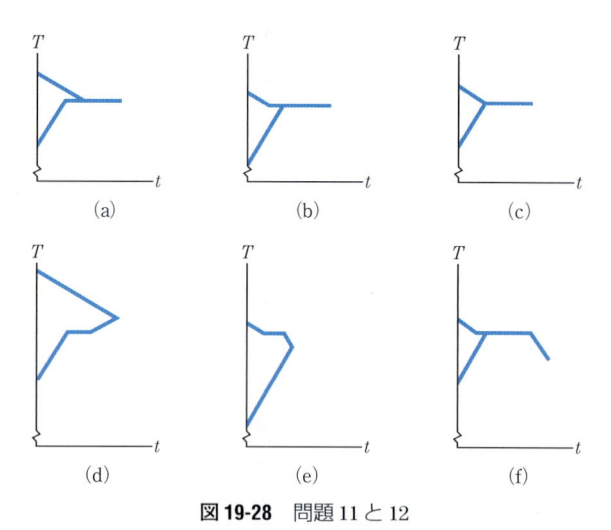

図 19-28 問題11と12

12. 問題11の続き：図19-28には温度vs.時間の例がいくつか示されているが，このうちのいくつかは起こり得ない．(a) どのグラフが起こり得ないか，またそれは何故か．(b) 起こりうる場合，平衡温度は凝固点より高いか，低いか，同じか．(c) 起こりうる場合，水は，部分的に凍るか，全部凍るか，それとも全く凍らないか．氷は，部分的に融けるか，全部融けるか，それとも全く融けないか．

20 気体分子運動論

冷えたシャンパンやソーダ水のような炭酸飲料の入ったビンの栓を抜くと，ビンの口のまわりにわずかに霧が発生し，いくらかの液体がしぶきとなって飛び出す。（写真では，霧が栓のまわりに白い雲状となり，しぶきはこの雲の中で閃光のように見える。）

どうして霧ができたのだろうか。

答えは本章で明らかになる。

20-1 新たな視点で見る気体

古典熱力学——前章の主題——は原子についてはなにも語っていない。古典熱力学の法則は，圧力，体積，温度といった巨視的変数だけを扱っている。一方，気体は動き回る原子や分子（互いに結びついた原子の集まり）からできていることをわれわれは知っている。気体がおよぼす圧力は，気体分子と容器の壁との衝突に関係づけられるに違いない。気体が容器の体積いっぱいに広がることができるのは，その分子が自由に運動しているからに違いないし，また，温度や内部エネルギーは，気体分子の運動エネルギーに関係づけられるに違いない。分子という観点で気体を考えれば，気体に関する何らかの知見を得ることができるだろう。このような手法を**気体分子運動論** (kinetic theory of gases) とよぶ。これが本章の主題である。

20-2 アヴォガドロ数

分子のことを考えるとき，試料の量をモルで測るのが便利である。そうすれば，比較すべき試料が，同じ数の原子または分子を含んでいることが保証される。モル (mole) は7つのSI基本単位の1つであり，次のように定義される：

> 1モルは12gの炭素-12に含まれる原子の数である。

"1モルの中には何個の原子または分子があるのか"という疑問がすぐにわいてくる．その数は実験によって決められており，第19章でみたように次の値をもつ：

$$N_A = 6.02 \times 10^{23} \text{mol}^{-1} \quad (アヴォガドロ数) \quad (20\text{-}1)$$

mol^{-1}はモルの逆数または"毎モル"で，molはmoleの省略形である．N_Aはイタリアの科学者Amadeo Avogadro(1776-1856)に因んで**アヴォガドロ数**(Avogadro's number)とよばれる．アヴォガドロは，"すべての気体は，同じ温度と圧力のもとで同じ体積を占めていれば，同じ数の原子または分子を含んでいるだろう"と提唱した．

どんな物質に対しても，試料中の分子数Nと，1モルの分子数N_Aの比を試料のモル数nという：

$$n = \frac{N}{N_A} \quad (20\text{-}2)$$

(注意：この式に現れる3つの"N"は混同しやすいので，その意味をしっかり把握しておくこと．) 試料(sample)のモル数は，試料の質量M_{sam}と**モル質量**M(molar mass，1モルの質量)，または分子質量m(分子1個の質量)から求められる：

$$n = \frac{M_{\text{sam}}}{M} = \frac{M_{\text{sam}}}{mN_A} \quad (20\text{-}3)$$

式(20-3)では，1モルの質量が分子1個の質量と1モルの分子数の積であるという次の関係式を用いた：

$$M = mN_A \quad (20\text{-}4)$$

PROBLEM-SOLVING TACTICS

Tactic 1： 何のアヴォガドロ数か？
式(20-1)のアヴォガドロ数はmol^{-1} (モルの逆数または1/mol)で表されているが，代わりに素単位をあからさまに書いてもよい．たとえば，素単位が原子のときは$N_A = 6.02 \times 10^{23}$原子/mol，素単位が分子のときは$N_A = 6.02 \times 10^{23}$分子/molである．

20-3 理想気体

本章の目的は，圧力や温度のような気体の巨視的性質を，気体を構成する分子の振るまいによって説明することである．しかし，さしあたってどの気体を扱うのかという問題にぶつかる．水素か，酸素か，メタンか，それとも6フッ化ウランか？ これらはすべて異なる物質である．しかし，実験によると，いろいろな気体の1モルを同じ体積の容器に入れて同じ温度に保つと，それらの圧力は——厳密には等しくはないけれども——ほぼ等しくなることがわかっている．気体の密度を小さくして測定を繰り返すと，わずかな圧力の差はさらに減少する．十分に密度が小さくな

ると，すべての気体について次の関係が成り立つことが実験で確かめられた：

$$pV = nRT \quad \text{(理想気体の法則)} \tag{20-5}$$

p は気体の圧力(ゲージ圧ではなく絶対圧)，n は気体のモル数，T はケルビン目盛りで測った温度である．記号 R は**気体定数**(gas constant)とよばれる定数で，すべての気体に対して同じ値をもつ：

$$R = 8.31 \, \text{J/mol·K} \tag{20-6}$$

式(20-5)は**理想気体の法則**(ideal gas law)とよばれる．気体の密度が小さいとき，この法則は1種類の気体に対しても，異なった気体の混合気体に対しても成り立つ．(混合気体の場合，n は全モル数である．)

式(20-5)は**ボルツマン定数**(Boltzmann constant) k を用いて別の形に書くこともできる．ボルツマン定数は次のように定義される：

$$k = \frac{R}{N_A} = \frac{8.31 \, \text{J/mol·K}}{6.02 \times 10^{23} \, \text{mol}^{-1}} = 1.38 \times 10^{-23} \, \text{J/K} \tag{20-7}$$

$R = kN_A$ であるから，式(20-2) ($n = N/N_A$) を用いて，

$$nR = Nk \tag{20-8}$$

これを式(20-5)に代入すると，理想気体の法則の第2の表現が得られる：

$$pV = NkT \quad \text{(理想気体)} \tag{20-9}$$

(注意：理想気体の法則の2つの表現の違いに気をつけよう；式(20-5)はモル数 n を含み，式(20-9)は分子数 N を含む．)

"*理想気体ってなに？何が理想的なの？*" とあなたは疑問に思うかもしれない．その答は，気体の巨視的な振る舞いを支配する法則(式(20-5)と(20-9))の単純さにある．後でわかるように，この法則を用いると理想気体の諸性質を簡単に導き出すことができる．真の理想気体は自然には存在しないが，すべての実在の気体は，十分小さな密度——気体分子が相互作用をしないほど遠くに離れた状態——において理想状態に近づく．このように，理想気体は，実在の気体が極限でどのように振る舞うかを考察するのに有用な概念である．

温度一定のもとで理想気体によってなされる仕事

理想気体を第19章に登場したピストンとシリンダーで構成された装置に入れて，気体の温度 T を一定に保ちながら，体積を V_i から V_f まで膨張させよう．温度一定のこのような過程を**等温膨張**(isothermal expansion)という(逆の過程は**等温圧縮**(isothermal compression)という)．

等温線(isotherm)とは，p-V 図で同じ温度をもつ状態を結ぶ曲線，すなわち，温度が一定に保たれた気体に対する圧力 vs. 体積のグラフである．n モルの理想気体に対しては次式のグラフとなる：

$$p = nRT\frac{1}{V} = (\text{定数})\frac{1}{V} \tag{20-10}$$

図20-1には，異なった（一定の）温度 T に対する3つの等温線が示されている。（等温線の T の値は右へいくほど増加することに注意。）気体が一定温度310 K で状態 i から f へ等温膨張するときにたどる経路が，真ん中の等温線に重ねて描かれている。

等温膨張の間に気体がする仕事を求めるには式(19-25)を用いる：

$$W = \int_{V_i}^{V_f} p\,dV \tag{20-11}$$

この式は，体積変化にともなって気体がする仕事に対する一般的表現である。理想気体の場合は，式(20-5)を用いて p を置き換える：

$$W = \int_{V_i}^{V_f} \frac{nRT}{V}\,dV \tag{20-12}$$

等温膨張を考えているから T は一定であり，積分の外に出すことができる：

$$W = nRT\int_{V_i}^{V_f} \frac{dV}{V} = nRTz\Big[\ln V\Big]_{V_i}^{V_f} \tag{20-13}$$

$\ln a - \ln b = \ln(a/b)$ の関係を用いて括弧を計算すると，

$$W = nRT\ln\frac{V_f}{V_i} \tag{20-14}$$

記号 ln は自然対数を表し，底は e である。

膨張する場合，V_f は V_i より大きいから，式(20-14)に現れる比 V_f/V_i は1より大きい。1より大きい数の自然対数は正であるから，等温膨張で理想気体がした仕事 W は期待通り正である。圧縮の場合は，V_f は V_i より小さく，式(20-14)の体積比は1より小さい。式中の自然対数，したがって仕事 W は，これも期待通り負となる。

体積一定と圧力一定のもとでなされる仕事

式(20-14)は，あらゆる熱力学過程において理想気体がする仕事を与えるものではなく，温度が一定に保たれる過程に対してのみ適用できる。温度が変化するときは，式(20-12)の T を式(20-13)の積分記号の前に出すことはできないから，式(20-14)のような結果にはならない。

しかし，式(20-11)に戻れば，他の2つの過程――定積過程と定圧過程――における理想気体（またはどんな気体でも）がする仕事を求めることができる。気体の体積が一定の場合，式(20-11)より，

$$W = 0 \quad \text{(定積過程)} \tag{20-15}$$

体積は変化するが圧力が変化しない場合は，式(20-11)より，

$$W = p(V_f - V_i) = p\Delta V \quad \text{(定圧過程)} \tag{20-16}$$

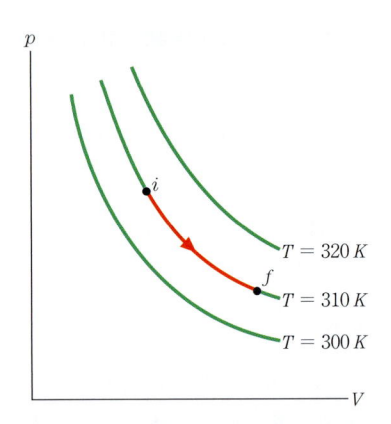

図 **20-1** p-V 図上の3本の等温曲線。真ん中の等温曲線上の経路は，気体の状態 i から f への等温膨張を表している。等温曲線上で状態 f から i への経路は，逆の過程，すなわち，等温圧縮を表す。

✓ **CHECKPOINT 1:** ある理想気体の初期状態の圧力が3圧力単位，体積が4体積単位であった。表は5つの過程について（同じ単位で）最終の圧力と体積を与えている。どの過程が同じ等温線の上に乗るか。

	a	b	c	d	e
p	12	6	5	4	1
V	1	2	7	3	12

例題 20-1

シリンダーに 20℃，15 気圧の酸素 12ℓ が詰められている。温度を 35℃ に上げ，体積を 8.5ℓ に減らすと圧力は何気圧になるか。気体は理想気体と仮定する。

解法： **Key Idea**：気体は理想気体だから，その圧力，体積，温度，モル数は，初期状態 i でも終状態 f（変化後）でも，理想気体の法則によって関係づけられる。したがって，式(20-5)より

$$p_i V_i = nRT_i \quad \text{および} \quad p_f V_f = nRT_f$$

第2式を第1式で割って p_f について解くと，

$$p_f = \frac{p_i T_f V_i}{T_i V_f} \qquad (20\text{-}17)$$

体積の単位をリットルから立方メートルに変えても，変換係数は式(20-17)でうち消されることに注意しよう。圧力の単位を気圧からパスカルに変えても同じことがいえる。しかし，温度をケルビンに変えるときはうち消されない量を足さなければならない：

$$T_i = (273 + 20)\,\text{K} = 293\,\text{K}$$
$$T_f = (273 + 35)\,\text{K} = 308\,\text{K}$$

与えられた値を式(20-17)に代入すると

$$p_f = \frac{(15\,\text{atm})(308\,\text{K})(12\,\ell)}{(293\,\text{K})(8.5\,\ell)} = 22\,\text{atm} \quad (\text{答})$$

例題 20-2

理想気体とみなすことのできる1モルの酸素が，一定温度 $T = 310\,\text{K}$ のもとで，初めの体積 $V_i = 12\,\ell$ から終りの体積 $V_f = 19\,\ell$ まで膨張した。膨張するときにどれだけの仕事が気体によってなされたか。

解法： **Key Idea**：一般的には，式(20-11)を用いて，気体の圧力を体積で積分すれば仕事を求めることができる。しかし，気体が理想気体で，膨張が等温的であるなら，積分は式(20-14)に帰着される：

$$W = nRT \ln \frac{V_f}{V_i}$$

$$= (1\,\text{mol})(8.31\,\text{J/mol·K})(310\,\text{K}) \ln \frac{19\,\ell}{12\,\ell}$$

$$= 1180\,\text{J} \qquad (\text{答})$$

膨張のようすが図 20-2 の p-V 図に描かれている。膨張するときに気体がする仕事は，if 曲線の下の面積で表される。

逆の過程により 19ℓ から 12ℓ に等温圧縮すると，気

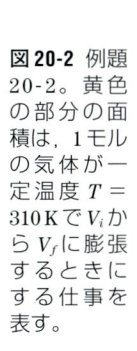

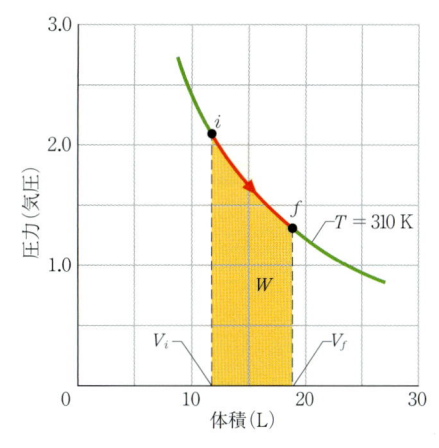

図 20-2 例題 20-2。黄色の部分の面積は，1モルの気体が一定温度 $T = 310\,\text{K}$ で V_i から V_f に膨張するときにする仕事を表す。

体がする仕事は $-1180\,\text{J}$ となる。このとき，外力は気体を圧縮するために $1180\,\text{J}$ の仕事をしなければならない。

20-4 圧力，温度，RMS 速度

いよいよ分子運動論を展開しよう。n モルの理想気体を体積 V の容器（図 20-3）に閉じ込める。容器の壁は温度 T に保たれている。気体が容器の壁に及ぼす圧力と分子の速さの間にはどのような関係があるのだろうか。

容器内の気体分子は，あらゆる向きにいろいろな速さで運動しており，互いに衝突したり，ラケットボールのボールのように容器の壁で跳ね返されている。分子どうしの衝突を（さしあたって）無視し，壁との弾性衝突だけを考えよう。

図 20-3 は，影をつけた右側の壁に衝突する質量 m，速度 $\vec{v}$ の分子を描いている。分子と壁の衝突を弾性衝突と仮定すると，この分子が壁に衝突したとき，速度の x 成分のみが変化し，符号を反転させる。すなわち，

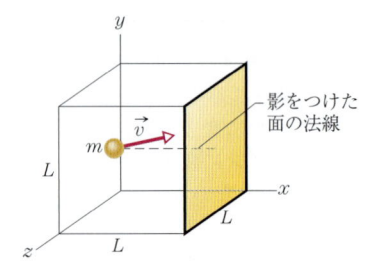

図20-3 n モルの理想気体を入れた一辺 L の容器。質量 m，速度 v の分子が，面積 L^2 の影をつけた壁に衝突しようとしている。面の法線が破線で示されている。

分子の運動量変化は x 方向のみで，その変化量は，
$$\Delta p_x = (-mv_x) - (mv_x) = -2mv_x$$
したがって，分子が衝突の際に壁に与える運動量は $+2mv_x$ である。（本書では記号 p を運動量と圧力の両方に用いるが，ここでの p は運動量を表し，ベクトル量であることに注意。）

図20-3の分子は，右側の壁に繰り返し衝突する。衝突と衝突の間の時間 Δt は，分子が速さ v_x で反対側の壁に向かって進み，壁と衝突して再び帰ってくるまで（距離 $= 2L$）の時間であるから $2L/v_x$ に等しい。（この結果は分子が飛行中に他の壁に跳ね返される場合でも正しい。なぜなら他の壁は x に平行なので v_x は変化しない。）こうして1個の分子が右側の壁に与える運動量の単位時間当たりの平均値は次のようになる：

$$-\frac{\Delta p_x}{\Delta t} = \frac{2mv_x}{2L/v_x} = \frac{mv_x^2}{L}$$

ニュートンの第2法則 $(\vec{F} = d\vec{p}/dt)$ によれば，壁に与えられる運動量の時間変化率は，壁に加えられる力に等しい。壁に働くすべての力を求めるためには，いろいろな速さで壁に当たるすべての分子からの寄与を足し合わせなければならない。合力の大きさ F_x を壁の面積 $(= L^2)$ で割ったものが壁に加わる圧力 p である。これ以降，p は圧力を表すことにする。$\Delta p_x / \Delta t$ の表式を用い，N を容器内の分子数とすると，圧力は次のように表される：

$$p = \frac{F_x}{L^2} = \frac{mv_{x1}^2/L + mv_{x2}^2/L + \cdots + mv_{xN}^2/L}{L^2}$$

$$= \left(\frac{m}{L^3}\right)(v_{x1}^2 + v_{x2}^2 + \cdots + v_{xN}^2) \tag{20-18}$$

$N = nN_A$ であるから，式 (20-18) の2番目の括弧の中には nN_A 個の項がある。分子の速さの x 成分の2乗の平均 $(v_x^2)_{\text{avg}}$ を用いて，括弧内の量を $nN_A(v_x^2)_{\text{avg}}$ で置き換えると，式 (20-18) は，

$$p = \frac{nmN_A}{L^3}(v_x^2)_{\text{avg}}$$

ところが，mN_A は気体1モルの質量 M であり，L^3 は容器の体積だから，

$$p = \frac{nM(v_x^2)_{\text{avg}}}{V} \tag{20-19}$$

ところで，すべての分子に対して $v^2 = v_x^2 + v_y^2 + v_z^2$ という関係が成り立っている。非常に多くの分子がランダムな向きに飛び回っているから，速度成分の2乗平均はすべて等しい，すなわち $v_x^2 = v^2/3$ となる。したがって，式 (20-19) は

$$p = \frac{nM(v^2)_{\text{avg}}}{3V} \tag{20-20}$$

$(v^2)_{\text{avg}}$ の平方根は平均速度の一種であり，分子の**平方2乗平均速度**（root-mean-square speed）とよばれ v_{rms} と記される。（訳注：本書では **rms 速度**とよぶ）この名前は実によく中味を表している：すべての速度を*2乗*（square）し，つぎにそれらの*平均値*（mean）を求め，最後に平均値の*平方根*（root）をとる。$\sqrt{(v^2)_{\text{avg}}} = v_{\text{rms}}$ だから，式 (20-20) を次のように書く

ことができる：

$$p = \frac{nMv_{rms}^2}{3V} \tag{20-21}$$

式(20-21)こそまさに分子運動論の真髄である．この式は，気体の圧力（真に巨視的な量）がいかに分子の速さ（真に微視的な量）に関わっているかを示している．

式(20-21)から逆にv_{rms}を計算することもできる．式(20-21)と理想気体の法則($pV = nRT$)を結びつけると，次式が得られる：

$$v_{rms} = \sqrt{\frac{3RT}{M}} \tag{20-22}$$

式(20-22)を用いて計算したrms速度を表20-1にまとめた．分子の速さは驚くほど速い．室温(300 K)における水素分子のrms速度は1920 m/sあるいは4300 mi/hであり，弾丸の速さよりも速い．温度が2×10^6Kの太陽表面（訳注：コロナの温度，光球表面の温度は約6000 K）では，水素のrms速度は室温の82倍で，分子は分子どうしの衝突で壊れてしまう．ここで，rms速度は平均速度の一種だということを思い起こそう；多くの分子はもっと速く飛んでいるし，もっと遅い分子もある．

気体の音速は気体分子のrms速度に密接に関係している．音波では，分子どうしの衝突を通じて擾乱が分子から分子へと伝えられる．音波は分子の"平均の"速さより速くは進めない．実際，すべての分子が音波と同じ向きに動いているわけではないので，音速はこの分子の平均の速さより少しだけ小さい．たとえば，室温における水素分子と窒素分子のrms速度はそれぞれ1920 m/sと517 m/sであり，音速はそれぞれ1350 m/sと350 m/sである．

素朴な疑問が生じる：分子がそんなに速く動くのなら，誰かが部屋の向こうで香水のビンを開けたとき，その香りが届くのに何故1分あるいはそれ以上の時間がかかるのだろうか．答：20-6節で議論するように，香りの分子は他の分子と衝突を繰り返すので，ビンからなかなか遠ざかることができない；部屋を横切ってまっすぐにあなたのもとへ届くわけではないのだ．

表 20-1 室温における分子の速さ($T = 300$ K)[a]

気体	モル質量 (10^{-3} kg/mol)	v_{rms} (m/s)
水素(H_2)	2.02	1920
ヘリウム(He)	4.0	1370
水蒸気(H_2O)	18.0	645
窒素(N_2)	28.0	517
酸素(O_2)	32.0	483
二酸化炭素(CO_2)	44.0	412
二酸化イオウ(SO_2)	64.1	342

a：便宜上（かなり熱い部屋ではあるが）室温を300 K(27℃または81°F)とした．

例題 20-3

5つの数, 5, 11, 32, 67, 89 がある。

(a) これらの数の平均値 n_{avg} はいくらか。

解法：次のように求められる：
$$n_{avg} = \frac{5 + 11 + 32 + 67 + 89}{5} = 40.8 \quad \text{(答)}$$

(b) これらの数の rms 値 n_{rms} はいくらか。

解法：次のように求められる：
$$n_{rms} = \sqrt{\frac{5^2 + 11^2 + 32^2 + 67^2 + 89^2}{5}} = 52.1 \quad \text{(答)}$$

20-5 並進運動エネルギー

図 20-3 の容器内を動き回る理想気体の1分子に話を戻そう。ただし今度は，分子の速さが他の分子との衝突によって変わるものとする。ある瞬間に，この分子のもつ並進運動エネルギーは $(1/2)mv^2$ である。この分子をある時間観測し続けたときの運動エネルギーの平均値は，

$$K_{avg} = \left(\frac{1}{2}mv^2\right)_{avg} = \frac{1}{2}m(v^2)_{avg} = \frac{1}{2}mv^2_{rms} \tag{20-23}$$

ただし，この分子の速度の平均値は，ある瞬間におけるすべての分子の速度の平均値に等しいと仮定した。（気体の全エネルギーが変化せず，十分に長い時間この分子を観測すれば，この仮定は正しい。）式 (20-22) の v_{rms} を代入すると，

$$K_{avg} = \left(\frac{1}{2}m\right)\frac{3RT}{M}$$

1モルの質量を分子1個の質量で割った量 M/m は，まさにアヴォガドロ数であるから，

$$K_{avg} = \frac{3RT}{2N_A}$$

式 (20-7) ($k = R/N_A$) を用いると，

$$K_{avg} = \frac{3}{2}kT \tag{20-24}$$

この式は思いがけないことを表している：

> ある温度が与えられたとき，理想気体の分子は——その質量に関係なく——すべて等しい平均運動エネルギー $(3/2)kT$ をもつ。温度を測定するということは，分子の平均運動エネルギーを測定していることになる。

✓ **CHECKPOINT 2**：1, 2, 3 という 3 種類の気体の混合気体がある。分子の質量は $m_1 > m_2 > m_3$ である。3 種類の気体を (a) 平均エネルギー，(b) rms 速度，の大きい順に並べよ。

20-6 平均自由行程

理想気体の分子の運動をさらに調べよう。図20-4は，他の分子と弾性衝突を繰り返し，その速さと向きを急に変えながら気体中を動き回る分子の経路を示している。衝突と衝突の間，分子は一定の速度で直線的に運動する。図では他の分子は静止しているように描かれているが，これらも同様に飛び回っている。

このような乱雑な運動を記述するときに有用な変数は**平均自由行程**（mean free path）λである。その名のとおり，λは衝突と衝突の間に分子が通過する距離の平均値である。λは単位体積当たりの分子数（分子の密度）N/Vに反比例すると予測される。N/Vが大きくなるほど衝突の回数は増し，平均自由行程は短くなるに違いない。また，分子が大きくなるほど平均自由行程は短くなるであろう。（以前仮定したように分子が点状であれば，分子は決して衝突せず，平均自由行程は無限大になる。）λは分子半径の2乗に反比例すると予測される：衝突に有効な標的の大きさを決めるものは，半径ではなく，分子の断面積である。

平均自由行程は次式で与えられる：

$$\lambda = \frac{1}{\sqrt{2}\pi d^2 N/V} \quad \text{（平均自由行程）} \quad (20\text{-}25)$$

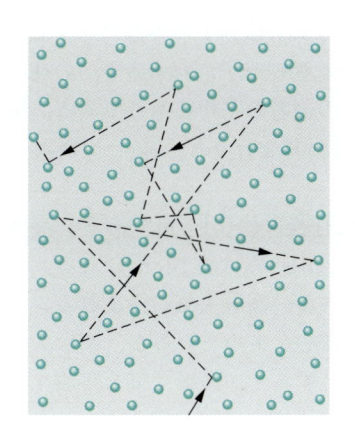

図20-4 他の気体分子と衝突しながら気体中を動き回る分子。他の分子は静止しているように描かれているが，実はこれらも飛び回っている。

式(20-25)を証明するために，まず1個の分子に着目しよう。分子は一定の速さvで運動し，他のすべての分子は静止していると仮定する（図20-4）。この仮定は後で緩められる。

さらに分子は直径dの球であると仮定する。2つの分子の中心が距離dより近づいたときに衝突が起こる（図20-5a）。もっと見やすくするために，この分子を半径dの球とし，他の分子は点と考えることもできる（図20-5b）。こうしても衝突の条件は変わらない。

気体中を分子がジグザグ運動するとき，衝突と衝突の間に，この分子は断面積πd^2の短い円柱を描くように進んでいく。この分子を時間Δtの間観測すると距離$v\Delta t$だけ進む。時間Δtの間に作られた短い円柱をつなげてまっすぐに並べると，長さが$v\Delta t$で体積が$(\pi d^2)(v\Delta t)$の円柱がつくられる（図20-6）。したがって，時間Δtの間に起こった衝突の回数はこの円柱の中にある（点状）分子の数に等しい。

N/Vは単位体積中の分子の数であるから，円柱の中にある分子の数は円柱の体積のN/V倍，すなわち$(N/V)(\pi d^2)(v\Delta t)$である。これはまた時間$\Delta t$の間の衝突の回数でもある。平均自由行程は経路の長さ（円柱の長さ）をこの数で割ったものである：

$$\lambda = \frac{\Delta t\text{間の行路長}}{\Delta t\text{間の衝突回数}}$$

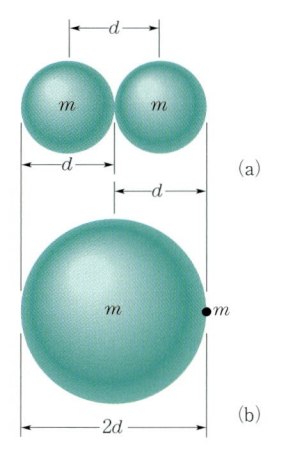

$$\approx \frac{v\Delta t}{\pi d^2 v \Delta t N/V} = \frac{1}{\pi d^2 N/V} \quad (20\text{-}26)$$

図20-5 (a) 2つの分子の中心が距離d以内に近づくと衝突が起こる。dは分子の直径である。(b) これと等価であるがもっと便利な表し方は，動く分子の半径をd，他の分子は点とみなすことである。衝突の条件は変わらない。

この式は，1つの分子以外は静止していると仮定しているから近似にすぎない。実際すべての分子は動いている；このことを正しく考慮すると式(20-25)が得られる。式(20-25)は（近似）式(20-26)と$1/\sqrt{2}$しか違わな

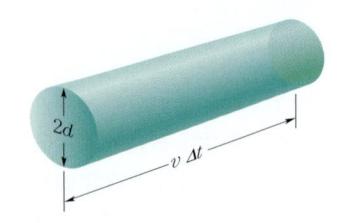

図 20-6 運動する分子は，時間 Δt の間に，長さ $v\Delta t$，半径 d の円柱を掃いていく。

いことに注意しよう。

式 (20-26) では何が "近似" なのか，もう少し見てみよう。分子の v と分母の v は厳密には同じものではない。分子の v は分子の容器に対する平均の速さ v_{avg} である。分母の v は動いている他の分子に対する平均の速さ v_{rel} である。衝突の回数を決めるものはこの後者の平均の速さである。実際の分子の速度分布を考慮に入れて詳細な計算を行うと，$v_{\text{rel}} = \sqrt{2}v_{\text{avg}}$ となり，因子 $\sqrt{2}$ が出てくる。

海面高度における空気分子の平均自由行程は約 $0.1\,\mu\text{m}$ である。高度 100 km では空気の密度が小さくなり平均自由行程は約 16 cm になる。高度 300 km での平均自由行程は約 20 km である。高層大気に含まれるフレオン，二酸化炭素，オゾンの研究は広く関心を集めているが，高層大気の物理学や化学の研究を実験室で行おうとすると，高層大気を再現するために必要な大きさの容器が作れないという問題にぶつかる。

例題 20-4

(a) 温度 $T = 300\,\text{K}$，圧力 $p = 1.0$ 気圧における酸素分子の平均自由行程 λ を求めよ。分子の直径を $d = 290\,\text{pm}$ とし，気体は理想気体とみなす。

解法： **Key Idea**：各酸素分子は，動き回っている他の酸素分子の間を衝突しながらジグザグ運動をする。したがって，平均自由行程を求めるためには式 (20-25) を用いる。そのためには分子数密度 N/V が必要である。気体は理想気体と仮定しているから，式 (20-9) の理想気体の法則 $(pV = NkT)$ より，$N/V = p/kT$ が得られる。これを式 (20-25) に代入して，

$$\lambda = \frac{1}{\sqrt{2}\pi d^2 N/V} = \frac{kT}{\sqrt{2}\pi d^2 p}$$

$$= \frac{(1.38 \times 10^{-23}\,\text{J/K})(300\,\text{K})}{\sqrt{2}\pi (2.9 \times 10^{-10}\,\text{m})^2 (1.01 \times 10^5\,\text{Pa})}$$

$$= 1.1 \times 10^{-7}\,\text{m} \qquad (\text{答})$$

これは分子の直径の約 380 倍である。

(b) 酸素分子の平均の速さを $v = 450\,\text{m/s}$ と仮定する。ある 1 つの分子に注目したとき，衝突と衝突の間の平均時間 t を求めよ。分子の衝突頻度 f はいくらか。

解法： **Key Idea**：衝突と衝突の間に，分子は速さ v で，平均として，平均自由行程 λ だけ進むということを用いる。したがって，衝突と衝突の間の平均時間は，

$$t = \frac{\text{距離}}{\text{速さ}} = \frac{\lambda}{v} = \frac{1.1 \times 10^{-7}\,\text{m}}{450\,\text{m/s}}$$

$$= 2.44 \times 10^{-10}\,\text{s} \approx 0.24\,\text{ns} \qquad (\text{答})$$

これから，酸素分子は平均としてナノ秒以下の時間で衝突を繰り返すことがわかる。

Key Idea：衝突の起こる頻度は，衝突と衝突の間の平均時間 t の逆数である。したがって

$$f = \frac{1}{t} = \frac{1}{2.44 \times 10^{-10}\,\text{s}} = 4.1 \times 10^9\,\text{s}^{-1} \qquad (\text{答})$$

これから，酸素分子は平均として 1 秒間に約 40 億回衝突することがわかる。

> ✓ **CHECKPOINT 3**：分子の直径が $2d_0$，平均速さが v_0 の気体 A が 1 モルだけ容器に入っている。分子の直径が d_0，平均速さが $2v_0$ の気体 B が 1 モルだけ別の同じ形の容器に入っている。(B の分子は A の分子より小さくて速い)。この容器内で起こる衝突の頻度が高いのはどちらの気体か。

20-7　分子の速度分布

ある温度での rms 速度 v_{rms} は，気体分子の速さについておおよそのイメージを与えてくれる。しかしもっと詳しく知りたくなることがある。たとえば，rms 速度より速い分子はどれくらいあるだろうか？ rms 速度の 2 倍の速さをもった分子はどれくらいあるのか？ このような問に答えるためには，分子の速さがどのように分布しているかを知らなければならな

い．図20-7aには室温($T=300\,\mathrm{K}$)での酸素分子の速度分布が示されている；図20-7bでは，$T=80\,\mathrm{K}$での分布と比較した．

1852年，スコットランドの物理学者ジェームス・クラーク・マクスウェル(James Clerk Maxwell)は気体分子の速度分布を見いだす問題を初めて解いた．彼の得た結果は，**マクスウェルの速度分布**(Maxwell's speed distribution)として知られている：

$$P(v) = 4\pi \left(\frac{M}{2\pi RT}\right)^{3/2} v^2 e^{-Mv^2/2RT} \qquad (20\text{-}27)$$

vは分子の速さ，Tは気体の温度，Mは気体のモル質量，Rは気体定数である．図20-7a, bに描かれているのはこの式である．式(20-27)と図20-7の$P(v)$は**確率分布関数**(probability distribution function)である．任意の速さvに対して，積$P(v)\,dv$(無次元量)は，分子の速さがvを中心とする幅dvの間の値をとる確率である．

図20-7に示されているように，この確率は高さ$P(v)$，幅dvの細長い帯の面積である．分布曲線の下の総面積は，分子の速さがゼロから無限大までの値をとる割合である．すべての分子はこの範囲におさまるからこの全面積は1である；

$$\int_0^\infty P(v)\,dv = 1 \qquad (20\text{-}28)$$

分子の速さがv_1とv_2の間にある確率は，

$$確率 = \int_{v_1}^{v_2} P(v)\,dv \qquad (20\text{-}29)$$

平均速度，RMS速度，最頻速度

原理的には，次の方法で気体分子の**平均速度**(average speed)v_avgを求めることができる：分布中の各々のvの値に重みをつける；分子の速さがvを中心とする微小区間dvにある確率$P(v)\,dv$をvにかける．次に$vP(v)\,dv$を足し合わせる．その結果がv_avgである．実際には次の積分を計算して求めることができる：

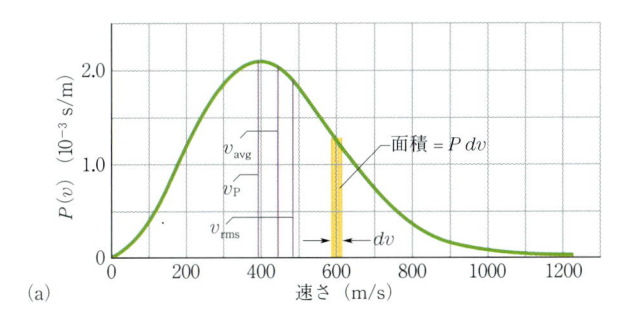

図20-7 (a)$T=300\,\mathrm{K}$での酸素分子に対するマクスウェルの速度分布．3つの特徴的な速さが示されている．(b)300Kと80Kに対する速度分布曲線．温度が低くなるほど分子は遅くなることに注意しよう．これらは確率分布であるから，それぞれの曲線の下の面積は1である．

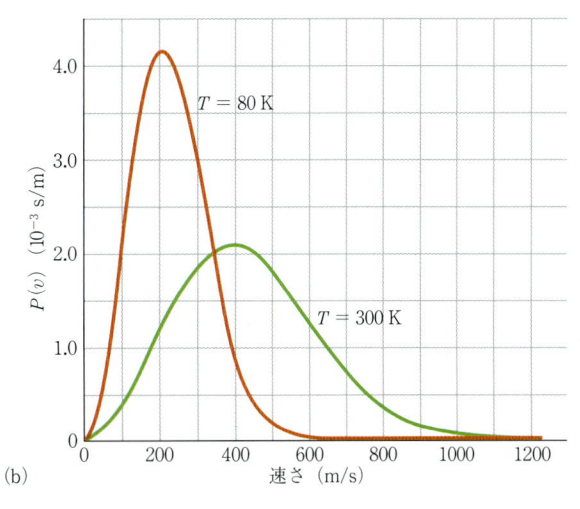

$$v_{\text{avg}} = \int_0^\infty v P(v)\, dv \tag{20-30}$$

式(20-27)の $P(v)$ を代入し，付録Cの積分公式20を用いると，

$$v_{avg} = \sqrt{\frac{8RT}{\pi M}} \quad \text{(平均速度)} \tag{20-31}$$

同様に速さの2乗平均 $(v^2)_{\text{avg}}$ は次式で求められる：

$$(v^2)_{\text{avg}} = \int_0^\infty v^2 P(v)\, dv \tag{20-32}$$

式(20-27)の $P(v)$ を代入し，付録Cの積分公式16を用いると，

$$(v^2)_{\text{avg}} = \frac{3RT}{M} \tag{20-33}$$

$(v^2)_{\text{avg}}$ の平方根が **rms 速度**（root-mean-square speed）v_{rms} であるから，

$$v_{\text{rms}} = \sqrt{\frac{3RT}{M}} \quad \text{(rms 速度)} \tag{20-34}$$

これは式(20-22)に一致する．

　最頻速度（most probable speed）v_P は $P(v)$ が最大となる速さである（図20-7aを見よ）．v_P を計算するには $dP/dv = 0$ とおいて v について解けばよい（図20-7aの曲線の傾きは，曲線が最大値となるところでゼロになる）．計算すると，

$$v_P = \sqrt{\frac{2RT}{M}} \quad \text{(最頻速度)} \tag{20-35}$$

他の速さの分子に比べて，速さ v_P の分子が最も多いが，v_P の何倍もの速さをもつ分子も存在する．これらの分子は，図20-7aの分布曲線の*高速側の裾*（higher-speed tail）に位置している．われわれはこれら少数の高速分子に感謝しなければならない．なぜならば，これらのおかげで雨が降り，太陽が輝いているからである（少数の高速分子なしではわれわれは存在し得なかったであろう）．なぜだろう？

雨：池の中の水分子が夏の気温のもとでもつ速さの分布は，図20-7に似た曲線で表すことができる．ほとんどの分子は水面から脱出するのに十分な運動エネルギーをもっていない．しかし，曲線のずっと裾の方にいるきわめて速い分子は水面から脱出できる．池から蒸発して雲を作ったり雨を降らせたりするのはこれらの水分子なのである．

　高速の水分子は水面から離れるときにエネルギーを奪い去っていくが，周りからの熱の移動によって池に残った水の温度は保たれる．都合良く衝突が起こって別の高速分子が作られ，離れていった分子の代わりになって速さの分布はもとどおりに保たれる．

日光：図20-7aの分布曲線を太陽の中心にある陽子に当てはめてみよう．太陽エネルギーの供給源である核融合反応は，2つの陽子の結合によって始まる．しかし，陽子は電荷をもっているので互いに反発しあう．平均速度の陽子は十分な運動エネルギーをもたないため，反発力に逆らって，核反応が起きる距離まで近づくことができない．しかし，分布の裾

例題 20-5

酸素ガスで満たされた容器が室温 (300 K) に保たれている。分子の速さが 599 と 601 m/s の間をもつ確率はいくらか。酸素のモル質量は 0.0320 kg/mol である。

解法：
Key Idea 1：分子の速さは式 (20-27) の $P(v)$ に従って広い範囲に分布している。
Key Idea 2：分子が微小区間 dv の間の速さをもつ確率は $P(v)\,dv$ である。
Key Idea 3：広い区間についての確率を求めるためには，その区間について積分しなければならない。
Key Idea 4：しかしながら，区間の幅 $\Delta v = 2$ m/s は，速さ 600 m/s という中心値に比べて小さい。

したがって，積分をする必要はなく，確率を次式で近似できる：

$$\text{確率} = P(v)\,\Delta v = 4\pi\left(\frac{M}{2\pi RT}\right)^{3/2} v^2 e^{-Mv^2/2RT}\,\Delta v$$

$P(v)$ の関数は図 20-7a に描かれている。曲線と横軸の間の面積は 1 で，全確率を表す。細い金色の帯の面積が求める確率である。

部分に分けて確率を求めるために，

$$\text{確率} = (4\pi)(A)(v^2)(e^B)(\Delta v) \quad (20\text{-}36)$$

A と B は，

$$A = \left(\frac{M}{2\pi RT}\right)^{3/2} = \left(\frac{0.0320\,\text{kg/mol}}{(2\pi)(8.31\,\text{J/mol·K})(300\,\text{K})}\right)^{3/2}$$

$$= 2.92 \times 10^{-9}\,\text{s}^3/\text{m}^3$$

$$B = -\frac{Mv^2}{2RT} = -\frac{(0.0320\,\text{kg/mol})(600\,\text{m/s})^2}{(2)(8.31\,\text{J/mol·K})(300\,\text{K})} = -2.31$$

A と B を式 (20-36) に代入して，

$$\text{確率} = (4\pi)(A)(v^2)(e^B)(\Delta v)$$
$$= (4\pi)(2.92 \times 10^{-9}\,\text{s}^3/\text{m}^3)(600\,\text{m/s})^2(e^{-2.31})(2\,\text{m/s})$$
$$= 2.62 \times 10^{-3} \quad \text{(答)}$$

室温では 0.262 % の酸素分子が短い区間 599 と 601 m/s の間の速さをもつ。もし図 20-7a の金色の帯が正しい縮尺で描かれていたなら，きわめて細い帯となったであろう。

例題 20-6

酸素のモル質量は 0.0320 kg/mol である。

(a) 温度 $T = 300$ K での酸素気体分子の平均速度 v_{avg} はいくらか。

解法：　**Key Idea**：平均速度を求めるためには，速さ v に式 (20-27) の分布関数 $P(v)$ で重みをつけて，可能な速さの範囲 (0 から ∞ まで) で積分しなければならない。その結果である式 (20-31) より，

$$v_{\text{avg}} = \sqrt{\frac{8RT}{\pi M}}$$

$$= \sqrt{\frac{8(8.31\,\text{J/mol·K})(300\,\text{K})}{\pi(0.0320\,\text{kg/mol})}} = 445\,\text{m/s} \quad \text{(答)}$$

この結果が図 20-7a に示されている。

(b) 温度 $T = 300$ K での rms 速度 v_{rms} はいくらか。

解法：　**Key Idea**：rms 速度を求めるためには，v^2 に式 (20-27) の分布関数 $P(v)$ で重みをつけて，可能な速さの範囲にわたって積分してから平方根をとらなくてはならない。その結果である式 (20-34) より，

$$v_{\text{rms}} = \sqrt{\frac{3RT}{M}}$$

$$= \sqrt{\frac{3(8.31\,\text{J/mol·K})(300\,\text{K})}{0.0320\,\text{kg/mol}}} = 483\,\text{m/s} \quad \text{(答)}$$

この結果が図 20-7a に示されている。v_{rms} は v_{avg} より大きい。何故ならば，v を積分するときよりも，v^2 を積分するときの方が，速さの大きなものがよく効くからである。

(c) 温度 $T = 300$ K における最頻速度 v_P はいくらか。

解法：　**Key Idea**：v_P は分布関数 $P(v)$ の最大値を与えるから，微分係数を $dP/dv = 0$ とおいて v について解けばよい。その結果である式 (20-35) より，

$$v_P = \sqrt{\frac{2RT}{M}}$$

$$= \sqrt{\frac{2(8.31\,\text{J/mol·K})(300\,\text{K})}{0.0320\,\text{kg/mol}}} = 395\,\text{m/s} \quad \text{(答)}$$

これも図 20-7a に示されている。

20-8 理想気体のモル比熱

この節では，分子論的考察から理想気体の内部エネルギー E_{int} を導出しよう。言いかえれば，気体の原子や分子の乱雑な運動に関するエネルギーの表式を求めるのである。次にこの式から理想気体のモル比熱を導く。

内部エネルギー E_{int}

まず，理想気体は，ヘリウム，ネオン，アルゴンのような(分子でなく単一原子からなる) *単原子分子気体* (monoatomic gas)であると仮定しよう。また，理想気体の内部エネルギー E_{int} は，単に原子の並進運動エネルギーの総和であると仮定しよう。(量子論によって説明されるように，個々の原子は回転運動エネルギーをもたない。)

単一原子の並進運動エネルギーの平均は，気体の温度のみに依存し，式(20-24)で与えられるように $K_{\text{avg}} = (3/2)kT$ である。n モルの気体は nN_{A} 個の原子を含むから内部エネルギー E_{int} は，

$$E_{\text{int}} = (nN_{\text{A}}) K_{\text{avg}} = (nN_{\text{A}}) \left(\frac{3}{2}kT\right) \qquad (20\text{-}37)$$

式(20-7) ($k = R/N_{\text{A}}$) を使って書き直すと，

$$E_{\text{int}} = \frac{3}{2}nRT \qquad \text{(単原子分子理想気体)} \qquad (20\text{-}38)$$

したがって，

▶ 理想気体の内部エネルギー E_{int} は気体の温度のみの関数である；他の物理量には依存しない。

この式(20-38)を用いて，理想気体のモル比熱を導くことができる。実際2つの表式が得られる。ひとつは，エネルギーが熱として出入りするときに気体の体積が一定に保たれる場合，もうひとつは，気体の圧力が一定に保たれる場合である。これらふたつのモル比熱をそれぞれ C_V, C_p と記す。(C_V と C_p は比熱の種類を表すものであり，熱容量を表すものではないが，慣習により大文字の C を用いる。)

定積モル比熱

図20-8aでは，体積 V の固定されたシリンダーに，圧力 p，温度 T の n モルの理想気体が入っている。この*初期状態* i が図20-8bの p-V 図に示されている。熱源の温度をゆっくりと上げてエネルギーを熱 Q として気体に与えたとしよう。気体の温度が $T + \Delta T$ に，圧力が $p + \Delta p$ に上がって気体は*終状態* f になる。

このような実験により，熱 Q は温度変化 ΔT と次のように関係づけられることがわかる：

$$Q = nC_V \Delta T \qquad \text{(体積一定)} \qquad (20\text{-}39)$$

C_V は定積モル比熱 (molar specific heat at constant volume) とよばれる定数である。この式を熱力学第1法則を表す式(19-26) ($\Delta E_{\text{int}} = Q - W$) に

図20-8 (a)定積過程において理想気体の温度が T から $T + \Delta T$ に上がる。熱が加えられるが仕事はなされない。(b)この過程の p-V 図。

代入すると，

$$\Delta E_{\text{int}} = nC_V\,\Delta T - W \tag{20-40}$$

体積は一定に保たれているから気体は膨張せず，何の仕事もしない．したがって $W = 0$ であるから，式(20-40)より，

$$C_V = \frac{\Delta E_{\text{int}}}{n\,\Delta T} \tag{20-41}$$

式(20-38)より $E_{\text{in}} = (3/2)nRT$ であるから，内部エネルギーの変化は，

$$\Delta E_{\text{int}} = \frac{3}{2} nR\,\Delta T \tag{20-42}$$

この結果を式(20-41)に代入すると，

$$C_V = \frac{3}{2} R = 12.5\,\text{J/mol}\cdot\text{K} \quad \text{(単原子分子気体)} \tag{20-43}$$

表20-2に示されるように，(理想気体に対する)分子運動論の予言値は，ここで仮定した実在の単原子分子に対する実験値と非常によく合っている．(2つの原子からなる分子をもつ)2原子分子気体(diatomic gas)や，(2つ以上の原子からなる分子をもつ)多原子分子気体(polyatomic gas)に対する(予言値と)実験値は，単原子分子気体に対する値より大きい．この理由は20-9節で示される．

式(20-38)の $(3/2)R$ を C_V で置き換えると，理想気体の内部エネルギーの表式を一般化することができる：

$$E_{\text{int}} = nC_V T \quad \text{(すべての理想気体)} \tag{20-44}$$

この式は，C_V として適切な値を用いれば，単原子分子気体のみならず2原子分子や多原子分子理想気体にも適用することができる．式(20-38)と同様に，気体の内部エネルギーは気体の温度のみに依存し，圧力や密度には依らない．

容器に入れられた理想気体が ΔT だけ温度変化をしたとき，式(20-41)または(20-44)より，内部エネルギーの変化は

$$\Delta E_{\text{int}} = nC_V\,\Delta T \quad \text{(理想気体，すべての過程)} \tag{20-45}$$

表 20-2　定積モル比熱

分子の種類		例	C_V (J/mol·K)
単原子分子	理想気体		$\frac{3}{2}R = 12.5$
	実在の気体	He	12.5
		Ar	12.6
2原子分子	理想気体		$\frac{5}{2}R = 20.8$
	実在の気体	N_2	20.7
		O_2	20.8
多原子分子	理想気体		$3R = 24.9$
	実在の気体	NH_4	29.0
		CO_2	29.7

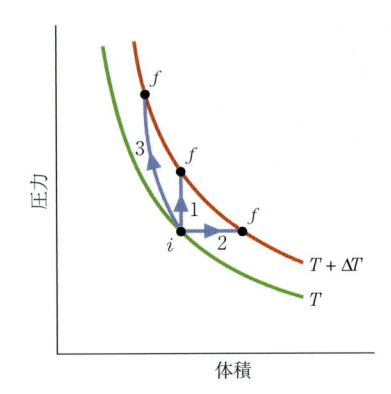

図 20-9 T の初期状態 i にある理想気体を，$T+\Delta T$ の終状態 f へ変化させる 3 つの過程に対応する 3 つの経路。これら 3 つの過程および同じ温度変化をするどんな過程についても，気体の内部エネルギーの変化 ΔE_{int} は等しい。

この式は次のことを示している：

▶ 容器内に閉じこめられた理想気体の内部エネルギー E_{int} の変化は，気体の温度変化のみに依存する；温度を変化させる過程には依存しない。

例として，図 20-9 の p-V 図に描かれた 2 つの等温曲線の間を結ぶ 3 つの経路を考えよう。経路 1 は定積過程を，経路 2 は（このあとすぐに議論する）定圧過程を，経路 3 は系が周囲と熱のやり取りをしない過程（20-11 節）を表す。これら 3 つの過程では，熱 Q や仕事 W，あるいは p_f や V_f が異なっているが，温度変化 ΔT が同じだから ΔE_{int} は等しく，すべて式 (20-45) で与えられる。どのような経路を通って T から $T+\Delta T$ へ変化しようとも，ΔE_{int} の計算には常に経路 1 を使うことができる。

定圧モル比熱

ここでは，理想気体の温度は前と同じく微小量 ΔT だけ増えるが，圧力が一定に保たれるように必要なエネルギー（熱 Q）が加えられると仮定する。このような実験が図 20-10a に示されている；この過程の p-V 図が図 20-10b に描かれている。このような実験により，熱 Q は温度変化 ΔT と次のように関係づけられることがわかる：

$$Q = nC_p\,\Delta T \qquad (\text{圧力一定}) \qquad (20\text{-}46)$$

C_p は，**定圧モル比熱**（molar specific heat at constant pressure）とよばれる定数である。定圧過程では，気体の温度上昇だけでなく，気体がする仕事（図 20-10a の錘を乗せたピストンを押し上げる）にもエネルギーが使われるから，C_p は定積モル比熱 C_V よりも大きくなる。

2 つのモル比熱 C_p と C_V を関係づけるために，熱力学第 1 法則（式 19-26）から出発する：

$$\Delta E_{\text{int}} = Q - W \qquad (20\text{-}47)$$

次に，式 (20-47) の各項を置き換える；ΔE_{int} には式 (20-45) を，Q には式 (20-46) を代入する。W を置き換えるために，圧力が一定であることに注意すると，式 (20-16) から $W = p\Delta V$ であることがわかる。理想気体の方

図 20-10 (a) 理想気体の温度が圧力一定のもとで T から $T+\Delta T$ に上がる。熱が加えられ，錘を乗せたピストンが上昇して仕事がなされる。(b) p-V 図に描かれた定圧過程。仕事 $p\Delta V$ は影をつけた部分の面積で与えられる。

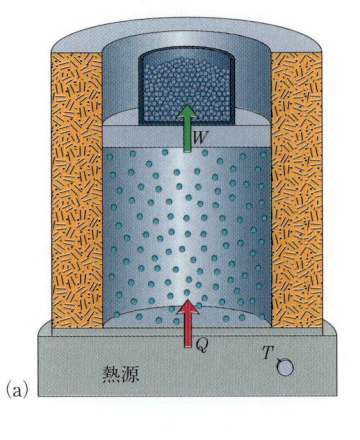

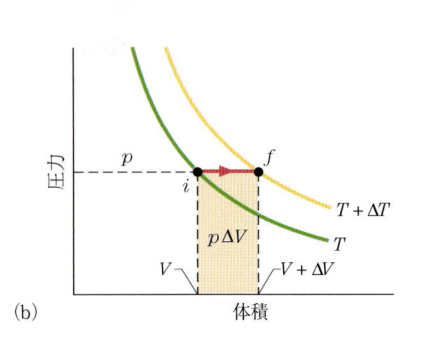

程式 ($pV = nRT$) を用いると,

$$W = p\,\Delta V = nR\,\Delta T \qquad (20\text{-}48)$$

これらを式 (20-47) に代入し, 両辺を $n\,\Delta T$ で割ると,

$$C_V = C_p - R$$

これより, 次式が得られる:

$$C_p = C_V + R \qquad (20\text{-}49)$$

この分子運動論による予言は, 単原子分子だけでなく, 一般に, 気体の密度が低く理想気体とみなせるときに実験とよく一致する。

✓ **CHECKPOINT 2:** 図には気体がたどる 5 つの経路が p-V 図上に示されている。これらの経路を内部エネルギーの変化の大きい順に並べよ。

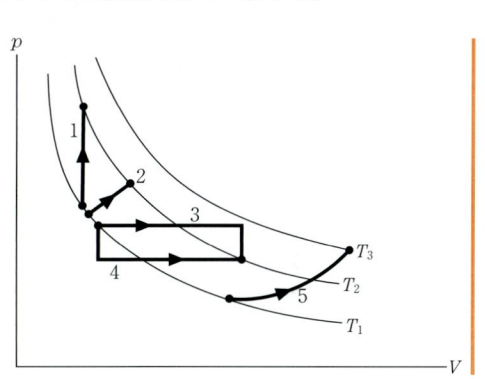

例題 20-7

5.00 モルのヘリウムの気泡が水の中に沈められている。水 (したがってヘリウム) が一定圧力のもとで $\Delta T = 20.0\,\text{℃}$ だけ温度上昇し, その結果気泡は膨張する。ヘリウムは単原子分子であり, 理想気体とみなす。

(a) ヘリウムの温度が上昇して膨張するとき, どれほどのエネルギーが熱としてヘリウムに加えられたか。

解法: **Key Idea**: 熱 Q は温度変化 ΔT と気体のモル比熱で関係づけられる。エネルギーが加えられる間, 圧力 p は一定であるから, Q を求めるために定圧モル比熱 C_p と式 (20-46) を用いる:

$$Q = nC_p\,\Delta T \qquad (20\text{-}50)$$

C_p を求めるために, 式 (20-49) ($C_p = C_V + R$) を使おう。式 (20-43) より, (ヘリウムのような) 単原子分子については $C_V = (3/2)R$ であることがわかっている。したがって, 式 (20-50) より,

$$Q = n(C_V + R)\,\Delta T = n\left(\frac{3}{2}R + R\right)\Delta T = n\left(\frac{5}{2}R\right)\Delta T$$

$$= (5.00\,\text{mol})\,(2.5)\,(8.31\,\text{J/mol·K})\,(20.0\,\text{℃})$$
$$= 2077.5\,\text{J} \approx 2080\,\text{J} \qquad (答)$$

(b) 温度が上がるときのヘリウムの内部エネルギーの変化 ΔE_{int} はいくらか。

解法: 気泡は膨張するから定積過程ではないが, それでもヘリウムは (気泡の中に) 閉じ込められている。**Key Idea**: ΔE_{int} は, 同じ温度変化 ΔT をする定積過程における変化と等しい。定積変化の場合の ΔE_{int} は式 (20-45) で与えられている:

$$\Delta E_{\text{int}} = nC_V\,\Delta T = n\left(\frac{3}{2}R\right)\Delta T$$

$$= (5.00\,\text{mol})\,(1.5)\,(8.31\,\text{J/mol·K})\,(20.0\,\text{℃})$$
$$= 1246.5\,\text{J} \approx 1250\,\text{J} \qquad (答)$$

(c) 温度上昇にともなってヘリウムが周りの水圧に抗して膨張するときにする仕事はいくらか。

解法: **Key Idea 1**: どんな気体でも, 周囲の圧力に抗して膨張するときにする仕事は, 式 (20-11) によって与えられるから, $p\,dV$ を積分すればよい。(この例題のように) 圧力が一定の場合, この積分は単に $W = p\,\Delta V$ となる。(この例題のように) 理想気体の場合, 理想気体の法則 (式 20-5) により $p\,\Delta V = nR\,\Delta T$ が成り立つ。したがって,

$$W = nR\,\Delta T = (5.00\,\text{mol})\,(8.31\,\text{J/mol·K})\,(20.0\,\text{℃})$$
$$= 831\,\text{J} \qquad (答)$$

ここでは Q と ΔE_{int} がわかっているから，別の解き方もできる。

Key Idea 2: 気体のエネルギー変化を熱力学第1法則を使って書き表す：

$W = Q - \Delta E_{int} = 2077.5\,\text{J} - 1246.5\,\text{J} = 831\,\text{J}$ （答）

温度が上がるとき，熱としてヘリウムに供給されるエネルギー(2080 J)のうちの一部(1250 J)だけがヘリウムの内部エネルギー，すなわち温度上昇に使われるということに注意しよう。残り(831 J)はヘリウムが膨張するときにする仕事として外部へ移動する。もし水が凍っていたらヘリウムは膨張できないから，仕事はされず，同じ温度20.0 ℃を上げるのに1250 Jの熱だけで十分である。

20-9 自由度とモル比熱

表20-2に見られるように，$C_V = (3/2)R$ という予言が実験と一致するのは，単原子分子だけであり，2原子分子や多原子分子では一致しない。2個以上の原子からなる分子が，並進運動以外の形で内部エネルギーを蓄える可能性を考えることによって，この違いを説明してみよう。

図20-11はヘリウム(1個の原子から成る**単原子分子**)，酸素(2個の原子から成る**2原子分子**)，メタン(**多原子分子**)の模型を示している。このような模型から，これら3つの型の分子は(左右とか上下とかの)並進運動と(コマのように軸のまわりを回る)回転運動をすることができると仮定しよう。さらに，2原子分子と多原子分子は，原子が互いに近寄ったり離れたりして，あたかもばねの両端に取り付けられたように，振動すると仮定しよう。

James Clerk Maxwellは，気体がエネルギーを蓄える種々の方法を考慮するために，**エネルギー等分配**(equipartition of energy)の定理を導入した：

> すべての分子は f 個の**自由度**(degree of freedom)をもっている。自由度とは，分子がエネルギーを蓄える独立した方法である。それぞれの自由度は，平均として，1分子当たり $(1/2)kT$ (または1モル当たり $(1/2)RT$)のエネルギーをもつ。

この定理を図20-11の分子の並進運動と回転運動に当てはめてみよう。(振動については次節で議論する。)並進運動に関しては xyz 座標系を用いる。一般に，分子はこの3つの座標軸に沿った速度成分をもつ。したがって，すべての型の気体分子は3つの並進自由度(並進運動をする3つの方法)をもち，1分子当たり平均としてこれに関連したエネルギー $3\left(\frac{1}{2}kT\right)$ をもつ。

回転運動については，xyz 座標系の原点を図20-11のそれぞれの分子の中心において考えよう。分子はこれら3つの軸のそれぞれのまわりに角速度の成分をもって回転することができるから，気体は3つの回転自由度をもち，したがって1分子当たり平均として $3\left(\frac{1}{2}kT\right)$ のエネルギーが付け加わる。しかしながら，実験によるとこれは多原子分子についてのみ成り立つ。量子論で説明されるように，単原子分子は回転せず，したがって回転エネルギーをもたない(1個の原子はコマのようには回転でき

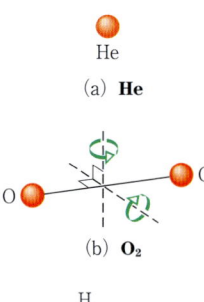

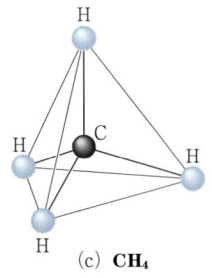

図20-11 分子運動論で用いられる3つの分子模型。
(a)ヘリウム，代表的な単原子分子；(b)酸素，代表的な2原子分子；(c)メタン，代表的な多原子分子。球が原子を，それらを結ぶ線が化学結合を表す。酸素に対して2つの回転軸が示されている。

表 20-3　分子の自由度

種類	分子	自由度			モル比熱の予言値	
		並進	回転	計 (f)	C_V (式.20-51)	$C_p = C_V + R$
単原子分子	He	3	0	3	$\frac{3}{2}R$	$\frac{5}{2}R$
2原子分子	O_2	3	2	5	$\frac{5}{2}R$	$\frac{7}{2}R$
多原子分子	CH_4	3	3	6	$3R$	$4R$

ない)．2原子分子は原子を結ぶ線に垂直な軸(図20-11に示されている)のまわりにのみコマのように回転することができ，原子を結ぶ線のまわりには回転することができない．したがって，2原子分子は2つだけの回転自由度をもつことができ，1分子当たりの回転のエネルギーは $2\left(\frac{1}{2}kT\right)$ である．

モル比熱についての議論 (20-8節の C_V と C_p) を2原子分子と多原子分子の理想気体に拡張するためには，その議論の過程を詳しくたどらなくてはならない．まず，式 (20-38) ($E_{\text{int}} = (3/2)nRT$) を $E_{\text{int}} = (f/2)nRT$ に置き換える．f は表20-3に載せてある自由度の数である．これより次の関係が予言される：

$$C_V = \left(\frac{f}{2}\right)R = 4.16f \text{ J/mol·K} \quad (20\text{-}51)$$

単原子分子 ($f = 3$) に対しては，この式は式 (20-43) と一致する．表20-2に示されているように，この予言は2原子分子 ($f = 2$) に対しては実験とよく合うが，多原子分子に対しては小さすぎる．

例題 20-8

容積 V の小屋が，温度 T_1 の空気 (2原子分子の理想気体と考える) で満たされている．ストーブを焚いたら温度が T_2 に上昇した．小屋の中の空気の内部エネルギーの変化 E_{int} はいくらか．

解法：温度は上昇するが，空気の圧力は変化せず，常に部屋の外の気圧と同じに保たれる．なぜならば，部屋は密閉されていないので，空気は部屋に閉じ込められていない．温度が上昇すると空気の分子は隙間から洩れて，部屋の中の空気分子のモル数 n は減る．

Key Idea 1：一定の n に対して成り立つ式 (20-45) ($\Delta E_{\text{int}} = nC_V \Delta T$) は使えない．

Key Idea 2：しかし，ある瞬間の内部エネルギー E_{int} と n および温度 T は，式 (20-44) ($E_{\text{int}} = nC_V T$) で関係づけられている．これより，

$$\Delta E_{\text{int}} = \Delta(nC_V T) = C_V \Delta(nT)$$

次に，式 (20-5) ($pV = nRT$) を用いて nT を pV/R で置き換えると，

$$\Delta E_{\text{int}} = C_V \Delta\left(\frac{pV}{R}\right) \quad (20\text{-}52)$$

ところが p, V, R はすべて一定であるから，式 (20-52) より，

$$\Delta E_{\text{int}} = 0 \quad \text{(答)}$$

温度が変わっても内部エネルギーは変化しない．

小屋が暖まるとなぜ心地よく感じるのだろうか．少なくとも2つの要因がある：あなたは (1) 部屋の内壁と電磁放射 (熱放射) のやり取りをしている，(2) あなたに衝突する空気分子とエネルギーのやり取りをしている．部屋の温度が上がると，(1) 内壁から放出されてあなたが吸収する放射の量が増え，(2) 空気分子の衝突であなたが得るエネルギーの量も増える．

20-10　量子論の徴候

2原子分子気体や多原子分子気体の振動を考慮することによって，分子運動論と実験の一致を良くすることができる．たとえば，図20-11bの酸素分子の2つの原子は，それらを結びつけている化学結合がばねのように働いて，互いに近づいたり離れたり振動することができる．しかしながら，実験によると，そのような振動は気体がかなり高温になってから始まる．気体分子がかなり大きなエネルギーを得たとき初めてこの運動が"オン"になる．回転運動はもっと低い温度で"オン"になる．

図20-12はこのような回転と振動の"スイッチオン"を理解する助けとなる図で，2原子分子気体(H_2)のC_V/Rの温度変化を示している．数桁にわたる温度をプロットできるように，横軸には対数目盛を使っている．約80K以下では$C_V/R = 1.5$である．この結果は，水素の3つの並進自由度だけが比熱に寄与していることを意味している．

温度が上がっていくとC_V/Rは徐々に増えて2.5になる．これは2つの自由度が付け加わることを意味している．量子論によると，これら2つの自由度は水素分子の回転に関したものであり，この回転のためにはある最小のエネルギーが必要である．非常に低い温度(80K以下)では，分子は回転するのに十分なエネルギーをもっていない．温度が80Kから上がっていくと，初めは少数の，次第に多くの分子が回転に必要な十分なエネルギーを得ていく．そしてすべての分子が回転するようになると$C_V/R = 2.5$となる．

同様に，量子論によると，分子の振動のためにはある(もっと大きい)最小のエネルギーが必要である．このエネルギーの最小量は，図20-12に示されているように，温度が約1000K以上にならないと得られない．温度が1000Kを越えて上昇すると，振動するのに十分なエネルギーをもった分子の数が増えて，それに伴ってC_V/Rが増加する．最終的にすべての分子が振動し，$C_V/R = 3.5$となる．(図20-12では曲線は3200Kで止まっている．この温度になると水素分子はきわめて激しく振動し，結合が壊れて分子が2つの原子に解離してしまう．)

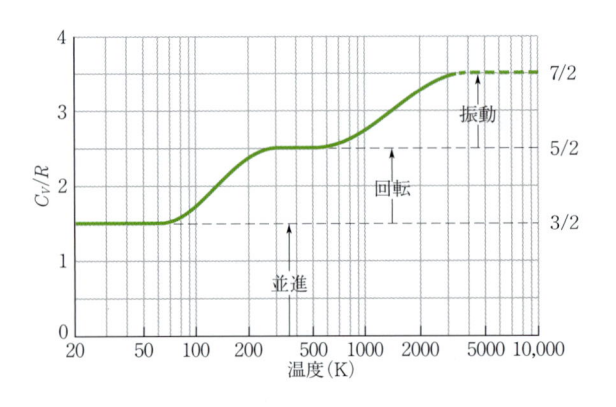

図20-12 2原子分子である水素ガスに対するC_V/R vs.温度のグラフ．回転と振動にはそれ相当のエネルギーが必要なので，低温では並進だけが可能である．温度が上がると回転が始まり，さらに高い温度で振動が始まる．

20-11 理想気体の断熱膨張

音波が空気などの気体中を伝わるとき，気体は圧縮と膨張を繰り返していることを18-3節で学んだ。このような媒質の変化は非常に速く起こるので，エネルギーが熱として媒質のある場所から別の場所へ移動する時間がない。19-10節で見たように，$Q=0$の過程は断熱過程である。$Q=0$が実現されるのは，(音波のように) きわめて速い過程か，(遅くてもかまわないが) よく断熱された容器内の過程である。断熱過程について分子運動論からどんなことがわかるのか見てみよう。

図20-13aはいつもの断熱シリンダーである。ここでは，理想気体が入れられて断熱台の上に置かれている。ピストンから錘を取り去れば，気体を断熱的に膨張させることができる。体積が増えるとともに圧力と温度の両方が下がる。後で証明するが，このような断熱過程における圧力と体積の間には次のような関係がある：

$$pV^\gamma = 定数 \quad (断熱過程) \qquad (20\text{-}53)$$

$\gamma = C_p/C_V$は気体のモル比熱の比である。断熱過程は，図20-13bのp-V図に示された*断熱線*(adiabat) と呼ばれる曲線をたどる。断熱線は等式$p=定数/V^\gamma$で表される。気体は初期状態iから終状態fへ変化するので，式(20-53)を次のように表すこともできる：

$$p_i V_i^\gamma = p_f V_f^\gamma \quad (断熱過程) \qquad (20\text{-}54)$$

断熱過程の式をTとVで書くこともできる。理想気体の方程式 ($pV = nRT$) を用いて式(20-53)からpを消去すると，

$$\left(\frac{nRT}{V}\right)V^\gamma = 定数$$

nとRは定数だから，次式のように書き換えられる：

$$TV^{\gamma-1} = 定数 \quad (断熱過程) \qquad (20\text{-}55)$$

この定数は式(20-53) の定数とは異なる。気体は初期状態iから終状態fへ変化するので，式(20-55)を次のように表すこともできる：

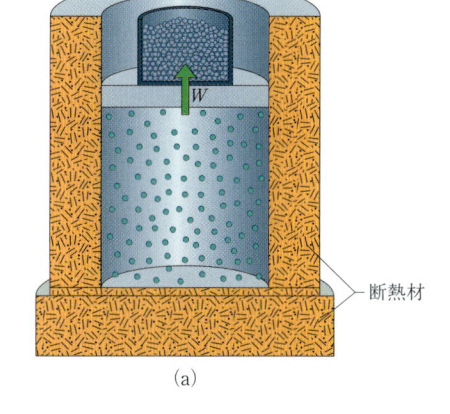

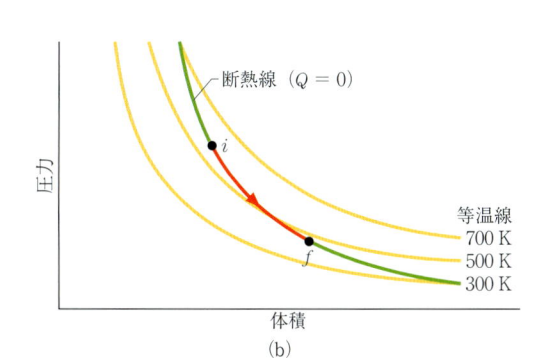

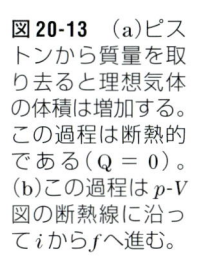

図20-13 (a)ピストンから質量を取り去ると理想気体の体積は増加する。この過程は断熱的である ($Q=0$)。(b)この過程はp-V図の断熱線に沿ってiからfへ進む。

$$T_i V_i^{\gamma-1} = T_f V_f^{\gamma-1} \qquad (断熱過程) \qquad (20\text{-}56)$$

ここで，本章冒頭の疑問に答えることができる．栓が抜かれていない炭酸飲料のビンの上部には，二酸化炭素と水蒸気が気体の状態で閉じこめられている．この気体の圧力は大気圧より大きいので，栓を開けると気体は膨張して大気中に出る．気体の体積増加は，気体が大気を押して仕事をすることを意味する．膨張は瞬時に起こるので断熱過程である．したがって，仕事をするためのエネルギーは気体の内部エネルギーから得るしかない．内部エネルギーが減ると気体の温度は下がる．このために水蒸気は凝縮して小さな水滴になり，霧が発生する．(式(20-56)もまた，断熱膨張で温度が下がることを示している；V_f は V_i より大きいから T_f は T_i より小さい．)

式(20-53)の証明

図20-13aのピストンからいくつかの散弾を取り除いたために，理想気体がピストンと残った散弾を押し上げ，その結果体積が微小量 dV だけ増えたとしよう．体積変化は小さいので，変化の間ピストンにかかる気体の圧力 p は一定であると仮定してよいだろう．すなわち，体積増加にともなって気体がする仕事 W は pdV としてよい．すると，式(19-27)の熱力学第1法則は次のように書くことができる：

$$dE_{\text{int}} = Q - pdV \qquad (20\text{-}57)$$

気体は熱的に孤立している(したがって膨張は断熱的である)ので，Q はゼロとおいてよい．式(20-45)を用いて dE_{int} に $nC_V dT$ を代入して式を整理すると，

$$ndT = -\left(\frac{p}{C_V}\right)dV \qquad (20\text{-}58)$$

一方，理想気体の法則 $(pV = nRT)$ から次式が得られる：

$$p\,dV + V\,dp = nR\,dT \qquad (20\text{-}59)$$

式(20-59)の R を $C_p - C_V$ で置き換えると，

$$n\,dT = \frac{p\,dV + V\,dp}{C_p - C_V} \qquad (20\text{-}60)$$

式(20-58)と(20-60)を等しいとおいて並べ直すと，

$$\frac{dp}{p} + \left(\frac{C_p}{C_V}\right)\frac{dV}{V} = 0$$

モル比熱の比を γ とおいて積分すると(付録Cの積分5を見よ)，

$$\ln p + \gamma \ln V = 定数$$

左辺を $\ln pV^\gamma$ と書き直して両辺の真数をとると，

$$pV^\gamma = 定数 \qquad (20\text{-}61)$$

これが証明したかった式である．

自由膨張

19-10節を思い出そう。気体の自由膨張は断熱過程であるが，気体は仕事をしないし，仕事をされることもない；気体の内部エネルギーは変化しない。自由膨張は，式(20-53)から(20-61)で表されるような，仕事がなされ内部エネルギーが変化するような断熱過程とは全く異なっている。自由膨張は断熱過程ではあるが，これらの式を適用することはできない。また，自由膨張では，気体が熱平衡にあるのは初期状態と終状態だけであることを思い出そう；p-V図に示すことができるのはこの2つの状態だけであり，膨張そのものを描くことはできない。さらに，$\Delta E_{\text{int}}=0$だから初期状態と終状態の温度は等しい。したがって，初期状態と終状態はp-Vの同じ等温線の上にあり，式(20-56)の代わりに次の関係が成り立つ：

$$T_i = T_f \quad (自由膨張) \tag{20-62}$$

次に，気体が理想気体であると仮定すると(すなわち$pV=nRT$)，温度が変化しないから積pVも変化しない。したがって，式(20-53)の代わりに次の関係が成り立つ：

$$p_i V_i = p_f V_f \quad (自由膨張) \tag{20-63}$$

例題 20-9

例題20-2では，1モルの酸素(理想気体と仮定)が等温的(310K)に体積12ℓから19ℓまで膨張した。

(a) 気体が同じ体積まで断熱膨張すると，終状態の温度はいくらか。酸素は2原子分子であり，回転はするが振動はしないものとする。

解法：
Key Idea 1：気体が周囲の圧力にさからって膨張するとき，気体は仕事をする。
Key Idea 2：過程が断熱的である(熱としてのエネルギーの出入りはない)とき，仕事をするために必要なエネルギーは気体の内部エネルギーで賄われる。
Key Idea 3：内部エネルギーが減るので温度は下がる。

初期状態と終状態の温度と体積は式(20-56)で関係づけられる：

$$T_i V_i^{\gamma-1} = T_f V_f^{\gamma-1} \tag{20-64}$$

分子は2原子分子で回転はするが振動はしない。表20-3のモル比熱を使うと，

$$\gamma = \frac{C_p}{C_V} = \frac{\frac{7}{2}R}{\frac{5}{2}R} = 1.40$$

式(20-64)をT_fについて解いて，わかっている数を代入すると，

$$T_f = \frac{T_i V_i^{\gamma-1}}{V_f^{\gamma-1}} = \frac{(310\,\text{K})(12\,\ell)^{1.40-1}}{(19\,\ell)^{1.40-1}} \quad (答)$$

$$= (310\,\text{K})\left(\frac{12}{19}\right)^{0.40} = 258\,\text{K}$$

(b) 初期状態の圧力が2.0 Paの気体が終状態の体積まで自由膨張したら，終状態の温度と圧力はいくらになるか。

解法：自由膨張では温度は変化しないから，
$$T_f = T_i = 310\,\text{K} \quad (答)$$
終状態の圧力は，式(20-63)より，
$$P_f = P_i \frac{V_i}{V_f} = (2.0\,\text{Pa})\frac{12\,\ell}{19\,\ell} = 1.3\,\text{Pa} \quad (答)$$

160　第20章　気体分子運動論

PROBLEM-SOLVING TACTICS

Tactic 2:　4つの過程のまとめ
本章では理想気体に対する4つの過程を議論してきた。これらの例を図20-14に示し，それぞれの特徴を表20-4にまとめた。本書では扱わなかったが，他の課程でお目にかかるかも知れない2つの過程の名前（定圧過程と定積過程）も載せてある。

✔**CHECKPOINT 5:**　図20-14に示した1, 2, 3の経路を，気体に移った熱の多い順に並べよ。

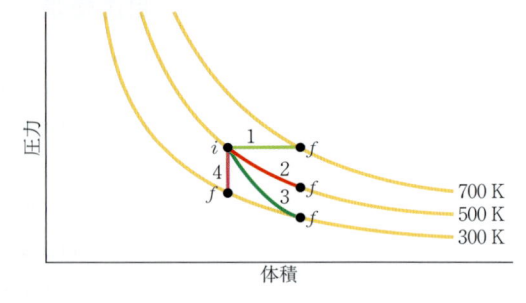

図20-14　気体の4つの過程を表すp-V図。過程の説明は表20-4を見よ。

表20-4　4つの過程

図20-14の経路	一定にする量	過程の種類	いくつかの特別な結果 (すべての過程に対して $\Delta E_{\text{int}} = Q - W$ および $\Delta E_{\text{int}} = nC_V \Delta T$)
1	p	定圧	$Q = nC_p \Delta T$;　$W = p\Delta V$
2	T	等温	$Q = W = nRT \ln (V_f/V_i)$;　$\Delta E_{\text{int}} = 0$
3	$pV^\gamma, TV^{\gamma-1}$	断熱	$Q = 0$;　$W = -\Delta E_{\text{int}}$
4	V	定積	$Q = \Delta E_{\text{int}} = nC_V \Delta T$;　$W = 0$

まとめ

気体分子運動論　気体分子運動論は，気体の巨視的性質（たとえば，圧力や温度）を気体分子の微視的性質（たとえば，速さや運動エネルギー）と関係づける．

アヴォガドロ数　物質の1モルは，N_A個（アヴォガドロ数）の素単位（通常，原子または分子）から成る．N_Aは実験によって次のように決められている：

$$N_A = 6.02 \times 10^{23} \text{mol}^{-1} \quad (\text{アヴォガドロ数}) \quad (20\text{-}1)$$

1モルの物質の質量は1モル質量Mである．これは物質を構成する個々の分子の質量mと関係づけられる：

$$M = mN_A \quad (20\text{-}4)$$

N個の分子を含む質量M_{sam}の試料のモル数nは，

$$n = \frac{N}{N_A} = \frac{M_{\text{sam}}}{M} = \frac{M_{\text{sam}}}{mN_A} \quad (20\text{-}2,\ 20\text{-}3)$$

理想気体　圧力p，体積V，温度Tの間に次の関係が成り立つ気体を理想気体という：

$$pV = nRT \quad (\text{理想気体の法則}) \quad (20\text{-}5)$$

nは気体のモル数，Rは**気体定数**とよばれる定数（8.31 J/mol·K）である．理想気体の法則は次のように表すこともできる：

$$pV = NkT \quad (20\text{-}9)$$

kは**ボルツマン定数**で，

$$k = \frac{R}{N_A} = 1.38 \times 10^{-23} \text{J/K} \quad (20\text{-}7)$$

等温体積変化による仕事　理想気体の体積がV_iからV_fまで**等温変化**するときに気体がする仕事は，

$$W = nRT \ln \frac{V_f}{V_i} \quad (\text{理想気体, 等温過程}) \quad (20\text{-}14)$$

圧力，温度，分子の速さ　理想気体nモルが及ぼす圧力を分子の速さで表すと，

$$p = \frac{nMv_{\text{rms}}^2}{3V} \quad (20\text{-}21)$$

$v_{\text{rms}} = \sqrt{(v^2)_{\text{avg}}}$は気体分子の**rms速度**である．式(20-5)より，

$$v_{\text{rms}} = \sqrt{\frac{3RT}{M}} \quad (20\text{-}22)$$

温度と運動エネルギー　理想気体1分子の平均の運動エネルギーK_{avg}は，

$$K_{\text{avg}} = \frac{3}{2}kT \quad (20\text{-}24)$$

平均自由行程　気体分子の平均自由行程 λ は，分子が衝突と衝突の間に飛ぶ平均距離であり，N/V を単位体積当たりの分子数，d を分子の直径とすると，

$$\lambda = \frac{1}{\sqrt{2}\pi d^2 N/V} \quad \text{(平均自由行程)} \quad (20\text{-}25)$$

マクスウェルの速度分布　マクスウェルの速度分布 $P(v)$ は，速さ v を中心とする幅 dv の区間にある分子の割合が $P(v)\,dv$ となるような関数である：

$$P(v) = 4\pi \left(\frac{M}{2\pi RT}\right)^{3/2} v^2 e^{-Mv^2/2RT} \quad (20\text{-}27)$$

気体分子の速さを特徴づける 3 つの速さは，

$$v_{\text{avg}} = \sqrt{\frac{8RT}{\pi M}} \quad \text{(平均速度)} \quad (20\text{-}31)$$

$$v_P = \sqrt{\frac{2RT}{M}} \quad \text{(最頻速度)} \quad (20\text{-}35)$$

および式 (20-22) で定義される rms 速度である．

モル比熱　体積一定の場合のモル比熱 C_V は次式で定義される：

$$C_V = \frac{1}{n}\frac{Q}{\Delta T} = \frac{1}{n}\frac{\Delta E_{\text{int}}}{\Delta T} \quad (20\text{-}39,\ 20\text{-}41)$$

Q は n モルの気体試料に熱として出入りしたエネルギー，ΔT は気体の温度変化，ΔE_{int} は内部エネルギーの変化である．単原子分子理想気体に対しては，

$$C_V = \frac{3}{2}R = 12.5\,\text{J/mol·K} \quad (20\text{-}43)$$

圧力一定の場合のモル比熱 C_p は次式で定義される：

$$C_p = \frac{1}{n}\frac{Q}{\Delta T} \quad (20\text{-}46)$$

Q, n, ΔT の定義は上と同じである．C_p はまた次のように表される：

$$C_p = C_V + R \quad (20\text{-}49)$$

n モルの理想気体に対して，

$$E_{\text{int}} = nC_V T \quad \text{(理想気体)} \quad (20\text{-}44)$$

容器に閉じ込められた n モルの理想気体の温度が ΔT だけ変化するとき，どのような過程で変化しても内部エネルギーの変化は，

$$\Delta E_{\text{int}} = nC_V \Delta T \quad \text{(理想気体，すべての過程)} \quad (20\text{-}45)$$

ただし，理想気体の種類によって適切な C_V を代入しなければならない．

自由度と C_V　C_V はエネルギー等分配の定理を用いて求められる．この定理によると，それぞれの分子の自由度（すなわち，エネルギーの蓄える独立した方法）は，平均として，1 分子当たり $(1/2)kT$（または 1 モル当たり $(1/2)RT$）のエネルギーをもつ．f を自由度の数とすると，$E_{\text{int}} = (f/2)nRT$ であり，また，

$$C_V = \left(\frac{f}{2}\right)R = 4.16f\,\text{J/mol·K} \quad (20\text{-}51)$$

単原子分子では $f = 3$（3 つの並進自由度）；2 原子分子では $f = 5$（3 つの並進自由度と 2 つの回転自由度）である．

断熱過程　理想気体がゆっくり断熱的に体積を変化させるとき（このとき $Q = 0$），圧力と体積の関係は，

$$pV^\gamma = \text{定数} \quad \text{(断熱過程)} \quad (20\text{-}53)$$

$\gamma\,(= C_p/C_V)$ は気体のモル比熱の比である．一方，自由膨張の場合は $pV = $ 定数となる．

問題

1. 理想気体の体積が変化せずに温度が 20 ℃ から 40 ℃ に変わった．気体の圧力は 2 倍になったか，2 倍にはならないが増えたか，または 2 倍以上に増えたか．

2. 図 20-15a には，異なる温度に対応する 3 本の等温線が示されている：同じ気体が同じ体積変化（V_i から V_f へ）をするこれらの過程を，(a) 気体がした仕事，(b) 気体の内部エネルギーの変化，(c) 熱として気体に移動したエネルギー，の大きい順に並べよ．

図 20-15b には，ひとつの等温線に沿って同じ体積変化 ΔV をする 3 つの等温過程が示されている．これらの過程を，(d) 気体がした仕事，(e) 気体の内部エネルギーの変化，(f) 熱として気体に移動したエネルギー，の大きい順に並べよ．

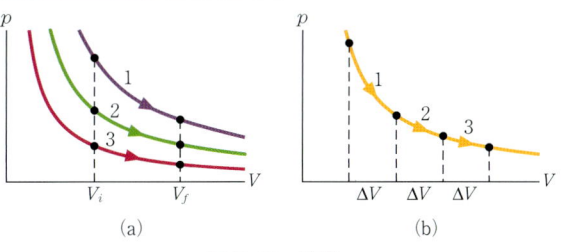

図 20-15 問題 2

3. 気体の体積とその中にある分子数が 4 通りある；(a) $2V_0$ と N_0，(b) $3V_0$ と $3N_0$，(c) $8V_0$ と $4N_0$，(d) $3V_0$ と $9N_0$．これらを分子の平均自由行程が長い順に並べよ．

4. 例題 20-2 において，膨張の際にどれだけのエネルギーが熱として移動したか．

5. 図 20-16 には，理想気体の初期状態とそこを通る 1 本の等温線が示されている．図に示された過程の中で，気体の温度が下がるのはどの過程か．

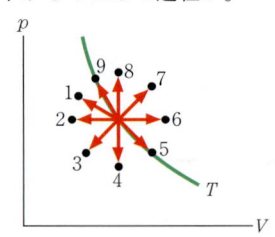

図 20-16　問題 5

6. 表には，理想気体ついて，熱 Q と気体がした仕事 W または気体になされた仕事 W_{on} が 4 通り，ジュール単位で与えられている．これらを温度変化が正で最も大きなものから順に並べよ．

	a	b	c	d
Q	-50	$+35$	-15	$+20$
W	-50	$+35$		
W_{on}				$+40$

7. ある量の理想気体の温度を ΔT_1 だけ上げるのに，体積一定の場合は 30 J を必要とし，圧力一定の場合は 50 J を必要とする．後者の場合に気体はどれほどの仕事をしたか．

8. 回転はするが振動はしない 2 原子分子の理想気体が熱としてエネルギー Q を失った．体積一定と圧力一定では，どちらの場合が内部エネルギーの減少が大きいか．

9. ある量のエネルギーが熱として，1 モルの単原子分子気体に，(a) 圧力一定で，(b) 体積一定で移動し，1 モルの 2 原子分子気体に，(c) 圧力一定で，(d) 体積一定で移動した．図 20-17 の p-V 図には，初期状態から 4 つの終状態への 4 つの経路が描かれている．どの過程がどの経路に対応するか．(e) 2 原子分子気体の分子は回転しているか．

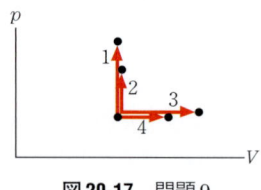

図 20-17　問題 9

10. 理想気体の温度は，(a) 等温膨張，(b) 等圧膨張，(c) 断熱膨張，(d) 体積一定での圧力増加，の過程で，増加するか，減少するか，変化しないか．

11. (a) 図 20-14 の 4 つ経路について，気体がした仕事が大きい順に並べよ．(b) 経路 1，2，3 について，気体の内部エネルギーの変化が正で最も大きいものから順に並べよ．

12. 図 20-18 の p-V 図で，気体は等温線 ab に沿って 5 J の仕事をし，断熱線 bc に沿って 4 J の仕事をした．もし気体が a から c へ直線的に変化したら，内部エネルギーの変化はいくらか．

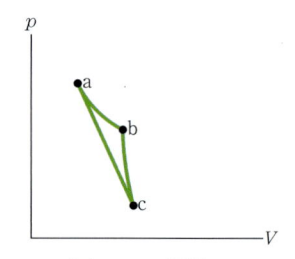

図 20-18　問題 12

21 エントロピーと熱力学第2法則

テキサス州 Austin にある Pecan Street Cafe の壁には，"時は，物事が同時に起こらないようにと，神様が考えたものである。"という匿名の落書きがある。時はまた方向性をもっている；ある順序では起こるが，決してその逆では起こらないような現象がある。誤って落とした卵がカップにぶつかって割れることはあっても，逆の過程，すなわち，砕けた卵が元の卵に戻って，差し出した手に飛び上がってくるというようなことは決して起きない。何故だろう？ビデオを巻き戻すようには元に戻らないのだろうか？

自然界の何が時間に方向性を与えているのか。

答えは本章で明らかになる。

21-1 一方通行の過程

寒い日に外から部屋に戻り，冷えた手でココアの入った温かいマグカップを包むと，手は温まりカップは冷えていく。しかし，この逆，すなわち，手がますます冷えてカップがさらに熱くなるようなことは決して起こらない。

手とマグカップから成る系は*閉じた系*，すなわち外部から孤立した系である。閉じた系で起こる一方通行の過程は他にもある：(1) 床を滑る木箱はやがて止まるが，静止している木箱が独りでに動き出すことはない。(2) 床に落とした一塊りの粘土が，自然に空気中へ飛び上がるようなことはない。(3) ヘリウムの入った風船を破裂させるとヘリウムガスは部屋中に広がってしまうが，個々のヘリウム原子が集まって風船の形を再生するというようなことは決してない。

このような一方通行の過程は**不可逆**(irreversible)であるという。不可逆過程を環境にほとんど変化を与えないで逆行させることはできない。

熱力学過程の不可逆性には至る所でお目にかかるので，至極当然のこと

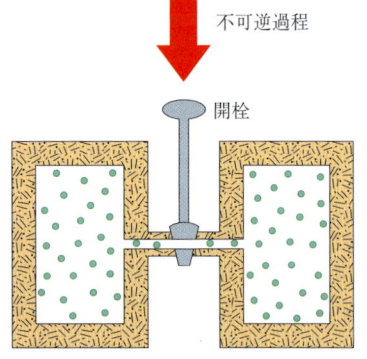

と思われる．このような過程が自然に（それ自身で）"間違った向き"に起きたら，腰を抜かすほど驚くだろう．ところが"間違った向き"の過程もエネルギー保存則に反しているわけではない．ココア入りのマグカップの例では，手とカップの間でエネルギーが"間違った向き"に移動しても保存則は保たれる．静止していた木箱や一塊の粘土が突然その熱エネルギーを運動エネルギーに変えて動き始めても，風船から飛び出たヘリウム原子がいつの間にか元の形に集まったとしてもエネルギー保存則は成り立っている．

不可逆過程の向きを決めているのは閉じた系のエネルギー変化ではなく，本章で論じられる系のエントロピー（entropy）の変化 ΔS である．系のエントロピー変化は次節で定義されるが，ここではエントロピー仮説（entropy postulate）とよばれる大切な性質を述べておこう：

▶ 閉じた系で不可逆過程が起こると，系のエントロピー S は常に増加し，決して減少しない．

エネルギーとは異なり，エントロピーの保存則というものは存在しない．閉じた系のエネルギーは保存され常に一定であるのに対して，閉じた系の不可逆過程ではエントロピーは常に増加する．この性質のために，エントロピーの変化はしばしば"時の矢（the arrow of time）"と呼ばれる．本章冒頭の写真の卵はカップに落ちて不可逆的に割れたが，その時，時間は進みエントロピーは増加した．時間が逆行する（ビデオテープを逆に回す）ことは，割れた卵が元の形に戻って空気中へ飛び上がることに相当する．この逆過程はエントロピーを減少させるので決して起こらない．

系のエントロピーの変化を定義する2つの等価な方法がある：(1) 系の温度と，系が熱として得た（または失った）エネルギーで表す．(2) 系を構成している原子や分子の配置の場合の数を数える．第1の方法を次節で，第2の方法を21-7節で説明する．

図 21-1 理想気体の自由膨張．(a) 気体は栓によって断熱された容器の左半分に閉じ込められている．(b) 栓を開くと気体は急速に容器全体を満たす．この過程は不可逆的である；気体が自然に容器の左半分に集まってくるような過程は起こらない．

21-2 エントロピーの変化

第1の方法でエントロピーの変化を定義するために19-10節と20-11節で述べた過程，すなわち理想気体の自由膨張を考える．図21-1aは，断熱された容器の左側に閉じ込められた初期平衡状態 i にある気体を示している．栓を開けると気体は急速に容器全体を満たし，最終的に図21-1bで示されるような最終平衡状態 f に達する．これは不可逆過程である；気体分子が自然に容器の左半分に戻ることはない．

図21-2の p-V 図は，気体の初期状態 i と終状態 f の圧力と体積を示している．圧力と体積は状態量（state property）である；状態量とは，気体の状態のみに依存し，どのような過程を経てその状態に至ったかには関係しない量である．温度やエネルギーも状態量である．ここで，気体はエントロピーとよばれる別の状態量をもつと仮定する．系が初期状態 i から終状態 f に変化する過程における**エントロピーの変化** $S_f - S_i$ を次のように定義する；

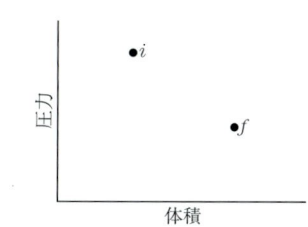

21-2 エントロピーの変化　165

図 21-2 図 21-1 の自由膨張の初期状態 i と終状態 f を示す p-V 図。気体の中間状態は平衡状態ではないから図に示すことはできない。

$$\Delta S = S_f - S_i = \int_i^f \frac{dQ}{T} \quad \text{(エントロピー変化の定義)} \quad (21\text{-}1)$$

Q はこの過程の間に熱として系を出入りしたエネルギー，T はケルビンで測った系の温度である。エントロピーの変化は，熱として出入りしたエネルギーのみならず，熱の移動が行われた温度にも依存する。T は常に正であるから ΔS の符号は Q の符号と同じである。式 (21-1) より，エントロピーとエントロピー変化の SI 単位は，ジュール／ケルビンであることがわかる。

しかし，図 21-1 の自由膨張に式 (21-1) を適用しようとすると問題にぶつかる。気体が急速に容器全体を満たすとき，気体の圧力，温度，体積は予測できないほど大きく変動する；初期状態 i から終状態 f に至る途中の状態で，これらの値は平衡状態において定められるような明確な値をとるわけではない。したがって，図 21-2 の p-V 図において，自由膨張の 圧力-体積変化の経路をたどることができないし，(もっと重要なことは) 式 (21-1) の積分を行うために必要な Q と T の関係がわからない。

しかしながら，エントロピーが本当に状態量であるならば，初期状態 i と終状態 f のエントロピーの差はこれらの状態のみに依存し，系の状態変化の過程には全く依存しないはずである。そこで，図 21-1 の不可逆的自由膨張を，状態 i から f への可逆過程で置き換えてみよう。可逆過程については p-V 図で 圧力-体積変化の経路をたどることができ，式 (21-1) の積分に必要な Q と T の関係を見つけることができる。

20-11 節で学んだように，自由膨張する理想気体の温度は変化しない：すなわち $T_i = T_f = T$ である。図 21-2 の点 i と f は同じ等温線の上にあるはずだから，この等温線上を状態 i から f へたどる可逆等温膨張で自由膨張を置き換えるのが便利であろう。可逆等温膨張では T は一定だから，式 (21-1) の積分は非常に簡単になる。

図 21-3 にはこのような可逆等温膨張を実現する方法が示されている。温度 T に保たれた熱源の上に断熱されたシリンダーを置き，その中に気体を詰める。まず，気体が図 21-1a の初期状態 i と同じ圧力と体積になるように，ピストンの上に鉛の散弾を載せる。次に，図 21-1b の終状態 f の圧力と体積になるまで，散弾をひとつずつゆっくりと取り除いていく。この過程の間，気体は熱源と熱的に接触しているから，気体の温度は変わらない。

図 21-3 の可逆等温膨張と図 21-1 の不可逆自由膨張は，物理的に全く異なる過程であるが，両過程とも同じ初期状態と終状態をもっているのでエントロピーの変化は等しい。散弾は少しずつ減っていくので，中間状態の

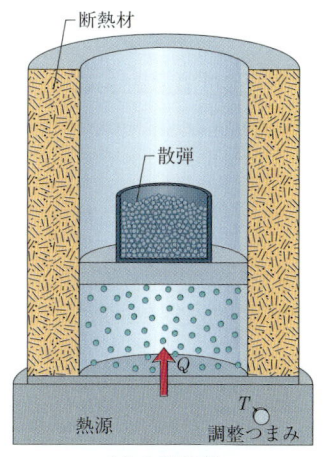

図 21-3 可逆的に行われる理想気体の等温膨張。気体は図 21-1, 21-2 に示された不可逆過程と同じ初期状態 i および終状態 f をもつ。

(a) 初期状態 i

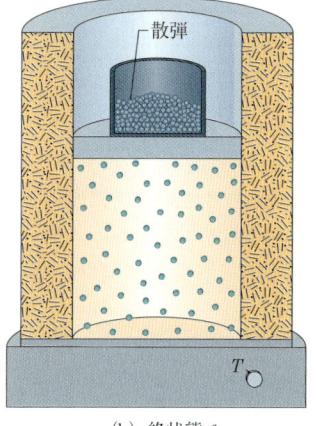

可逆過程

(b) 終状態 f

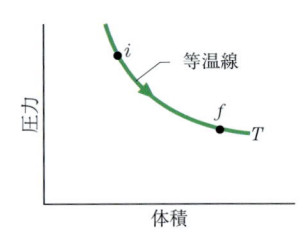

図21-4 図21-3の可逆等温膨張を表す p-V 図。ここでは中間状態も平衡状態であるから図に示すことができる。

気体は平衡状態にあり，p-V 図に描くことができる（図21-4）。

等温膨張に式(21-1)を適用するために，定数である温度 T を積分の外に出すと，

$$\Delta S = S_f - S_i = \frac{1}{T}\int_i^f dQ$$

この過程の間に熱として移動したエネルギーを Q とすると，$\int dQ = Q$ だから，

$$\Delta S = S_f - S_i = \frac{Q}{T} \quad (\text{エントロピー変化，等温過程}) \quad (21\text{-}2)$$

図21-3の等温膨張の間，気体の温度を一定に保つためには，エネルギーは熱 Q として熱源から気体へ移動しなければならない。したがって，Q は正であり，気体のエントロピーは，等温膨張においても図21-1の自由膨張においても増加する。

要約すると：

> 閉じた系での不可逆過程に対するエントロピーの変化を求めるためには，この不可逆過程を同じ初期状態と同じ終状態をもつ可逆過程で置き換え，この可逆過程に対して式(21-1)を使ってエントロピーの変化を計算すればよい。

過程の前後の（ケルビン）温度に比べて，系の温度変化 ΔT が小さいときは，エトロピーの変化は次のように近似することができる；

$$\Delta S = S_f - S_i \approx \frac{Q}{T_{\text{avg}}} \quad (21\text{-}3)$$

T_{avg} はケルビンで表した過程の間の系の平均温度である。

✓ **CHECKPOINT 1:** 水がストーブの上で温められている。温度の上昇が，(a) 20℃から30℃，(b) 30℃から35℃，(c) 80℃から85℃のとき，エントロピーの変化が大きい順に並べよ。

例題 21-1

1モルの窒素ガスが図21-1aの容器の左側に詰められている。栓を開けると気体の体積は2倍になる。この不可逆過程においてエントロピーはどれだけ変化したか。気体は理想気体とする。

解法： **Key Idea1**：不可逆過程に対するエントロピーの変化を求めるには，同じ体積変化をする可逆過程について計算すればよい。**Key Idea2**：自由膨張で温度は変化しない。したがって，この可逆過程は図21-3や図21-4と同じような等温膨張である。

気体が体積 V_i から V_f まで温度 T で等温膨張するとき，熱として気体に加えられたエネルギー Q は，表20-4よ

り，

$$Q = nRT \ln \frac{V_f}{V_i}$$

n は気体のモル数である．式 (21-2) より，この可逆過程に対するエントロピーの変化は，

$$\Delta S_{\text{rev}} = \frac{Q}{T} = \frac{nRT \ln(V_f/V_i)}{T} = nR \ln \frac{V_f}{V_i}$$

$n = 1.00\,\text{mol}$ と $V_f/V_i = 2$ を代入して，

$$\Delta S_{\text{rev}} = nR \ln \frac{V_f}{V_i} = (1.00\,\text{mol})(8.31\,\text{J/mol·K})(\ln 2)$$
$$= +5.76\,\text{J/K}$$

したがって，自由膨張（そして，図21-2の初期状態と終状態を結びつける他のあらゆる過程）におけるエントロピーの変化は，

$$\Delta S_{\text{irrev}} = \Delta S_{\text{rev}} = +5.76\,\text{J/K} \qquad (答)$$

ΔS が正，すなわちエントロピーが増えていることは，21-1節のエントロピー仮説どおりである．

✓ **CHECKPOINT 2:** p-V図の初期状態 i にある理想気体の温度が T_1 であった．この気体が図に示される経路に沿って変化し，温度 T_2 の終状態 a と b になった．状態 a への過程に対するエントロピーの変化は，状態 b への過程に対するものより，大きいか，小さいか，それとも等しいか．

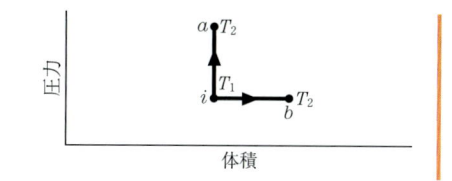

例題 21-2

質量 $m = 1.5\,\text{kg}$ の2つの同じ銅のブロックが断熱された箱の中に置かれ，断熱シャッターで仕切られている（図21-5a）．ブロックLの温度は $T_{iL} = 60\,℃$，ブロックRは $T_{iR} = 20\,℃$ である．シャッターを上げるとブロックはやがて平衡温度 $T_f = 40\,℃$ になった（図21-5b）．この不可逆過程における2ブロック系の正味のエントロピー変化はいくらか．銅の比熱は $386\,\text{J/kg·K}$ である．

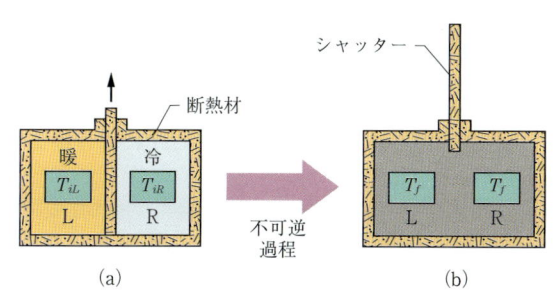

図 21-5 例題 21-2．(a) 初期状態では，温度以外は同じ銅ブロックLとRが断熱容器に入れられ断熱シャッターで熱的に隔てられている．(b) シャッターが開くと，ブロックは熱としてエネルギーを交換し同じ温度 T_f の終状態になる．

解法： **Key Idea：** エントロピー変化を計算するには，図21-5aの初期状態から図21-5bの終状態に変化するような可逆過程を見つけなければならない．可逆過程に対する正味のエントロピー変化 ΔS_{rev} は式 (21-1) を用いて計算でき，不可逆過程に対するエントロピーの変化は ΔS_{rev} に等しい．このような可逆過程を行うために，（たとえば，つまみを回して）温度をゆっくりと変えることのできる熱源が必要がある．このような装置を使って，2段階でブロックの状態を変化させる（図21-6）．

Step 1. 熱源の温度を $60\,℃$ にしてブロックLをその上

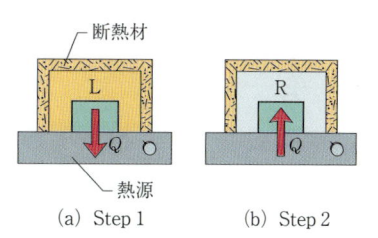

図 21-6 温度制御可能な熱源を使うと，図21-5のブロックは可逆的に初期状態から終状態に変化することができる．(a) ブロックLから可逆的に熱を奪う．(b) ブロックRに可逆的に熱を与える．

に載せる．（ブロックと熱源は同じ温度だから，それらは既に熱平衡状態にある．）次に，ゆっくり熱源とブロックの温度を $40\,℃$ に下げる．この過程においてブロックの温度が dT だけ変化するとき，エネルギー dQ が熱としてブロックから熱源へ移動する．銅の比熱を c とすると，式 (19-14) より，このエネルギーは $dQ = mc\,dT$ となる．式 (21-1) より，初期温度 $T_{iL}(= 60\,℃ = 333\,\text{K})$ から最終温度 $T_f(= 40\,℃ = 313\,\text{K})$ まで変化する間のブロックLのエントロピー変化 ΔS_L は，

$$\Delta S_L = \int_i^f \frac{dQ}{T} = \int_{T_{iL}}^{T_f} \frac{mc\,dT}{T} = mc \int_{T_{iL}}^{T_f} \frac{dT}{T}$$
$$= mc \ln \frac{T_f}{T_{iL}}$$

数値を代入して，

$$\Delta S_L = (1.5\,\text{kg})(386\,\text{J/kg·K}) \ln \frac{313\,\text{K}}{333\,\text{K}}$$
$$= -35.86\,\text{J/K}$$

Step 2. 今度は熱源の温度を $20\,℃$ にしてブロックRをその上に載せる．それからゆっくり熱源とブロッ

クの温度を40℃に上げる。ΔS_Lを求めたのと同様に，この過程におけるエントロピー変化ΔS_Rは，

$$\Delta S_R = (1.5\,\text{kg})(386\,\text{J/kg·K})\ln\frac{313\,\text{K}}{293\,\text{K}}$$
$$= +38.23\,\text{J/K}$$

したがって，2ブロック系が2つの可逆過程を行ったときの全エントロピー変化ΔS_{rev}は，

$$\Delta S_{\text{rev}} = \Delta S_L + \Delta S_R$$
$$= -35.86\,\text{J/K} + 38.23\,\text{J/K} = 2.4\,\text{J/K}$$

したがって，2ブロック系が実際の不可逆過程で変化したときの正味のエントロピー変化ΔS_{irrev}は，

$$\Delta S_{\text{irrev}} = \Delta S_{\text{rev}} = 2.4\,\text{J/K} \quad (答)$$

この結果は正であり，21-1節のエントロピー仮説どおりである。

状態関数としてのエントロピー

エントロピーは，圧力，エネルギー，温度と同じく系の状態量であり，その状態がどのようにして達成されたかには依存しないと仮定してきた。エントロピーが本当に*状態関数*(state function，状態量をこうよぶことが多い)であるどうかは，実験によって決めなければならない。しかし，理想気体が可逆過程を行うような特別かつ重要な場合には，エントロピーが状態関数であることを証明することができる。

過程を可逆的に行うためには，各ステップで熱平衡が保たれるような微小な変化を積み重ねていけばよい。各微小ステップに対して，熱として気体へ出入りするエネルギーをdQ，気体がする仕事をdW，内部エネルギーの変化をdE_{int}とすると，これらは熱力学第1法則の微分形(式19-27)で関係づけられる；

$$dE_{\text{int}} = dQ - dW$$

各過程は可逆的であり，気体は平衡状態にあるから，式(19-24)を使ってdWを$p\,dV$に置き換え，式(20-45)を使ってdE_{int}を$nC_V\,dT$に置き換えることができる。これをdQについて解くと，

$$dQ = p\,dV + nC_V\,dT$$

理想気体の法則を用いてこの式のpをnRT/Vに置き換える。得られた式の両辺をTで割ると，

$$\frac{dQ}{T} = nR\frac{dV}{V} + nC_V\frac{dT}{T}$$

この式の各項を任意の初期状態iから終状態fまで積分すると，

$$\int_i^f \frac{dQ}{T} = \int_i^f nR\frac{dV}{V} + \int_i^f nC_V\frac{dT}{T}$$

左辺は式(21-1)で定義されたエントロピーの変化ΔS ($= S_f - S_i$)である。これを代入して右辺を積分すると，

$$\Delta S = S_f - S_i = nR\ln\frac{V_f}{V_i} + nC_V\ln\frac{T_f}{T_i} \quad (21\text{-}4)$$

積分をするとき特別の可逆過程を選ぶ必要はないことに注意しよう。状態iからfへ変化するすべての可逆過程について積分は同じ結果を与える。このように，理想気体が初期状態から終状態に変化するときのエントロピ

ーの変化 ΔS は，初めの状態（V_i と T_i）と終りの状態（V_f と T_f）のみに依存する；ΔS は 2 つの状態間の変化の過程には依存しない．

21-3　熱力学第 2 法則

ここで困った問題が生じる．例題 21-1 で見たように，図 21-3 の (a) から (b) へ可逆過程で変化させると，気体——これがいま考えている系である——のエントロピーの変化は正になる．しかし，この過程は可逆だから，気体の体積が元に戻るまで，散弾を少しずつ図 21-3b のピストンに載せていくだけで，過程を (b) から (a) へ変化させることができる．この逆過程では，気体の温度が上がらないように，エネルギーを熱として気体から奪わなければならない．Q は負となり，式 (21-2) より，気体のエントロピーは減少するはずである．

このような気体のエントロピーの減少は，エントロピーは常に増加するという 21-1 節のエントロピー仮説を破綻させているのだろうか？　否，この仮説は閉じた系の不可逆過程に対してのみ正しいのである．例題 21-1 で考えた可逆過程はこの条件に合っていない．この過程は不可逆過程ではないし（エネルギーが熱として気体から熱源へ移動している），系——気体だけ——は閉じていない．

しかし，熱源を系の一部として気体に含めると，系は閉じた系になる．拡大された気体＋熱源系のエントロピーの変化を，図 21-3 の (b) から (a) に至る過程について確かめてみよう．この可逆過程において，エネルギーは熱として気体から熱源へ移動する；拡大系の一部から別の部分へ移動する．$|Q|$ をこの熱の絶対値とすると，式 (21-2) により，気体のエントロピー変化（気体は $|Q|$ を失う）と，熱源のエントロピー変化（熱源は $|Q|$ を得る）を別々に計算することができる；

$$\Delta S_{\text{gas}} = -\frac{|Q|}{T} \quad \text{および} \quad \Delta S_{\text{res}} = +\frac{|Q|}{T}$$

閉じた系のエントロピーの変化はこれらの量の和であり，ゼロになる．

この結果から，21-1 節のエントロピー仮説を可逆過程と不可逆過程を含むように修正することができる：

▶ 閉じた系の熱力学過程において，系のエントロピーは不可逆過程では増加し，可逆過程では一定に保たれる．エントロピーは決して減少しない．

閉じた系の一部でエントロピーが減少しても，系の他の部分ではそれ以上のエントロピーの増加があり，系のエントロピーは全体としては決して減少しない．これが**熱力学第 2 法則**（second law of thermodynamics）のひとつの表現であり，次のように書き表される：

$$\Delta S \geq 0 \quad (\text{熱力学第 2 法則}) \tag{21-5}$$

不等号は不可逆過程の場合，等号は可逆過程の場合に成り立つ．式 (21-5) は閉じた系だけに適用される．

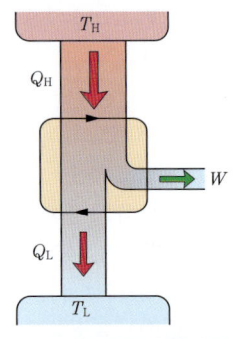

図 21-7 エンジンの基本構成要素。中央の閉曲線の2つの矢印は，作業物質がサイクルの中で働いていることを表している。温度 T_H の高温熱源から作業物質へエネルギー $|Q_H|$ が熱として移動する。作業物質から温度 T_L の低温熱源へエネルギー $|Q_L|$ が熱として移動する。エンジン(実際は作業物質)によって仕事 W が外部になされる。

現実の世界では，摩擦や乱流等のさまざまな原因により，ほとんどすべての過程が不可逆である。したがって実在の閉じた系の実際の過程では，エントロピーは常に増加する。系のエントロピーが変化しない過程は常に理想化されたものである。

21-4 現実世界のエントロピー：エンジン

熱機関(heat engine)または単に**エンジン**(engine)は，エネルギーを外部から熱として取り出して仕事をする装置である。すべてのエンジンでは*作業物質*(working substance)が中心的な役割を果たす。蒸気機関の作業物質は水(蒸気および液体の水)であり，自動車エンジンの作業物質はガソリンと空気の混合物である。エンジンの動作を持続させるために，作業物質は*周期的な*過程(cycle，サイクル)を繰り返さなければならない；作業物質は行程(stroke)とよばれる一連の閉じた熱力学過程のなかで，それぞれの状態を何回も繰り返し再現する。熱力学第2法則がエンジンの動作について何を教えてくれるのか調べよう。

カルノーエンジン

単純な法則 $pV = nRT$ に従う理想気体を解析することによって，実在の気体について多くのことを学ぶことができた。理想気体は現実には存在しないが，気体の密度を十分に低くすれば，どんな実在気体も理想気体に近づいていくので，理想気体から学ぶというのは有効な手段である。これと同じ精神で，実在のエンジンを調べるために**理想エンジン**(ideal engine)の振る舞いを解析しよう。

> 理想エンジンでは，すべての過程は可逆的であり，摩擦や乱流等によってエネルギーが失われることはないものとする。

ここでは特別の理想エンジンに注目する。このエンジンは，フランスの科学者で技術者でもあったカルノー(N. L. Sadi Carnot)にちなんで**カルノーエンジン**(Carnot engine)と名付けられている。カルノーは1824年に初めてエンジンの概念を提唱した。この理想エンジンは，熱としてのエネルギーを使って力学的仕事をするエンジンのなかで，原理的に最も優れたものである。驚くべきことに，カルノーは熱力学第1法則やエントロピーの概念が発見される前に，このエンジンの性能を解析した。

図 21-7 は，カルノーエンジンの動作を模式的に描いたものである。エンジンの1サイクルの間に，作業物質は，一定温度 T_H の熱源からエネルギー $|Q_H|$ を熱として吸収し，一定温度 T_L の低温熱源へエネルギー $|Q_L|$ を熱として放出する。

図 21-8 には，カルノーサイクル(Carnot cycle)——作業物質がたどるサイクル——の p-V 図が描かれている。矢印で示されるように，サイクルは時計まわりに回る。断熱されたシリンダー(錘を載せたピストン付)に詰められた気体を作業物質として考えよう。図 21-3 のように，シリンダーは2つの熱源のどちらか，あるいは断熱台の上に置かれる。シリンダー

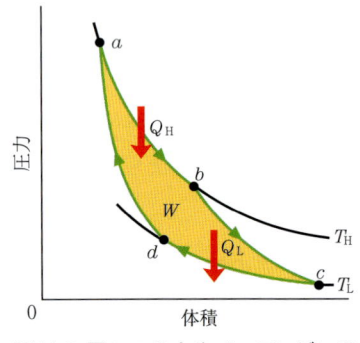

図 21-8 図 21-7 のカルノーエンジンの作業物質によって描かれるサイクルの p-V 図。このサイクルは，2つの等温過程(ab と cd)と2つの断熱過程からなる。サイクルに囲まれた影の部分の面積はカルノーエンジンによってなされる1サイクル当たりの仕事に等しい。

を温度 T_H の高温熱源に接触させると，熱源から作業物質へ熱 $|Q_H|$ が移動し，気体は体積 V_a から V_b へ等温膨張する（図21-8）。同様に，シリンダーを温度 T_L の低温熱源に接触させると，作業物質から低温熱源へ熱 $|Q_L|$ が移動し，気体は体積 V_c から V_d へ等温圧縮される。

図21-7のエンジンでは，作業物質への熱の出入りは図21-8の等温過程 ab と cd だけで起こると仮定する。したがって，この図の温度 T_H と T_L の2つの等温線を結ぶ過程 bc と da は（可逆）断熱過程でなければならない；熱としてのエネルギー移動がない。このために，作業物質の体積が変化する過程 bc と da では，シリンダーは断熱台の上に置かれる。

図21-8の一連の過程 ab と bc では，膨張する作業物質は，錘が載ったピストンを押し上げて正の仕事をする。この仕事は，図21-8の曲線 abc の下の面積によって表される。一連の過程 cd と da では，作業物質は圧縮されるので，外部に対して負の仕事をする。または，外部が作業物質に対して仕事をしたために錘を載せたピストンが押し下げられたといってもよい。この仕事は曲線 cda の下の面積で表される。図21-7と図21-8において W で記されていた1サイクル当たりの正味の仕事は，これら2つの面積の差であり，図21-8におけるサイクル $abcda$ で囲まれた面積に等しい正の量である。この仕事は，外部の物体（押し上げられた錘）に対してなされる。

式(21-1)（$\Delta S = \int dQ/T$）によれば，熱としてのエネルギー移動は必ずエントロピーの変化を伴う。カルノーエンジンに対するエントロピーの変化を図示するために，図21-9のような温度-エントロピー（T-S）図を描くことができる。図21-9の a, b, c, d は，図21-8の p-V 図の点に対応している。図21-9の2本の横線はカルノーサイクルの2つの等温過程に対応する（温度一定）。過程 ab はサイクルの等温膨張である。膨張の間，作業物質が一定温度 T_H でエネルギー $|Q_H|$ を熱として（可逆的に）吸収するのでエントロピーは増える。同様に，等温圧縮 cd の間，作業物質が一定温度 T_L でエネルギー $|Q_L|$ を熱として（可逆的に）失うのでエントロピーは減る。

図21-9の2本の縦線は，カルノーサイクルの2つの断熱過程に対応する。2つの過程においては，熱としてのエネルギー移動がないから，作業物質のエントロピーは一定である。

仕事： カルノーエンジンが1サイクルの間にする仕事を計算するために，式(19-26)の熱力学第1法則（$\Delta E_{\text{int}} = Q - W$）を作業物質に適用する。作業物質の圧力，温度，体積，内部エネルギー，エントロピーのような状態量を X と記すと，作業物質はサイクル中の各状態を何度も繰り返し再現するから，各サイクルにおいて $\Delta X = 0$ となる。したがって，作業物質が1サイクルまわると $\Delta E_{\text{int}} = 0$ となる。式(19-26)の $|Q|$ が1サイクルで移動した全熱量，W が全仕事であることを思い出すと，カルノーサイクルに対する熱力学第1法則は次のように書くことができる：

$$W = |Q_H| - |Q_L| \tag{21-6}$$

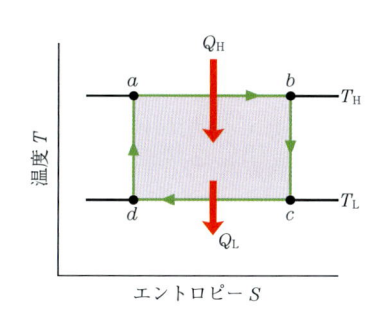

図 21-9 温度-エントロピー図で描かれた図21-8のカルノーサイクル。過程 ab と cd の間は温度が一定に保たれる。過程 bc と da の間はエントロピーが一定に保たれる。

エントロピーの変化： カルノーエンジンでは，可逆的な熱としてのエネルギー移動が 2 回あるので，作業物質のエントロピー変化も 2 回ある；1 回は温度 T_H で，もう 1 回は温度 T_L で変化する．エントロピーの正味の変化は，

$$\Delta S = \Delta S_H + \Delta S_L = \frac{|Q_H|}{T_H} - \frac{|Q_L|}{T_L} \tag{21-7}$$

エネルギー $|Q_H|$ が熱として作業物質に加えられるので ΔS_H は正（エントロピー増加），エネルギー $|Q_L|$ が熱として作業物質から取り去られるので ΔS_H は負（エントロピー減少）となる．エントロピーは状態量だから，1 サイクルの後には $\Delta S = 0$ となる．式 (21-7) で $\Delta S = 0$ とおくと，

$$\frac{|Q_H|}{T_H} = \frac{|Q_L|}{T_L} \tag{21-8}$$

$T_H > T_L$ だから $|Q_H| > |Q_L|$ となることに注意しよう；低温熱源へ放出した熱より，高温熱源から吸収した熱の方が多い．

式 (21-6) と (21-8) を使ってカルノーエンジンの効率を求めよう．

カルノーエンジンの効率

すべてのエンジンの目的は，取り出したエネルギー Q_H をできるだけ効率よく仕事に変えることである．その成果は**熱効率**(thermal efficiency) ε で表される．熱効率は 1 サイクルの間にエンジンがする仕事（"得たエネルギー"）を，1 サイクルの間に熱として吸収したエネルギー（"費やしたエネルギー"）で割ったもので定義される：

$$\varepsilon = \frac{\text{energy we get}}{\text{energy we pay for}} = \frac{|W|}{|Q_H|} \quad (\text{効率，すべてのエンジン}) \tag{21-9}$$

カルノーエンジンについては，式 (21-6) の W を式 (21-9) に代入して，

$$\varepsilon_C = \frac{|Q_H| - |Q_L|}{|Q_H|} = 1 - \frac{|Q_L|}{|Q_H|} \tag{21-10}$$

式 (21-8) を用いると，

$$\varepsilon_C = 1 - \frac{T_L}{T_H} \quad (\text{効率，カルノーエンジン}) \tag{21-11}$$

T_L と T_H はケルビンで測る．$T_L < T_H$ であるから，カルノーエンジンの熱効率はどうしても 1 より小さくなってしまう；100% より小さい．図 21-7 に示されるように，高温熱源から吸収した熱の一部だけが仕事をするのに使われ，残りは低温熱源へ放出される．実在のエンジンの熱効率は式 (21-11) を超えない，ということが 21-6 節で示される．

発明家は，サイクルの間に "捨てられる" エネルギー $|Q_L|$ を減らしてエンジンの効率を高めようと，たゆまぬ努力を続けている．発明家の夢は，図 21-10 に示されたような完璧なエンジンである；$|Q_L|$ が 0 になり，$|Q_H|$ は完全に仕事に変えられる．たとえば，海洋定期船に完璧なエンジンを積めば，海水からエネルギーを熱として取り出し，燃料なしでスクリューを回すことができるし，完璧なエンジンを備えた自動車は，まわりの空気からエネルギーを熱として取り出して，燃料なしで走ることが

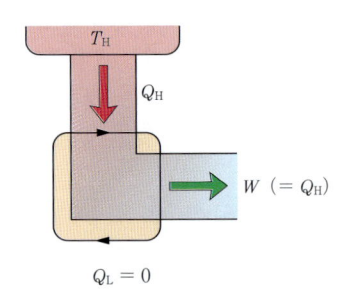

図 21-10 完璧なエンジンの基本構成要素．高温熱源から得た熱 Q_H を 100% の効率で仕事に変換する．

図 21-11 ヴァージニア州，Charlottesville 近くにある North Anna 原子力発電所。これは 900 MW の電力を供給すると同時に，設計上は，2100 MW のエネルギーを近くの川に捨てている。この発電所 —— および同じ型のすべての他の発電所 —— は有効利用されるエネルギー以上のエネルギーを捨てているのである。これは図 21-7 の理想的エンジンに対する実状である。

できる．残念なことに，完璧なエンジンは夢にすぎない：式 (21-11) を見ると，100 % のエンジン効率（$\varepsilon = 1$）は，$T_L = 0$ か $T_H = \infty$ の場合しか達成されないが，これは不可能である．代わりに，長年にわたる技術者の経験は，次のような熱力学第 2 法則の別表現を生んだ：

> ひとつの熱源から熱としてエネルギーを移動し，これを完全に仕事に変えるような一連の熱力学過程は存在しない．

要するに，完璧なエンジンを作ることはできない．

これらをまとめると：式 (21-11) で与えられる熱効率はカルノーエンジンだけに適用される．エンジンのサイクルが不可逆過程を含むような実在エンジンの効率はもっと低い．もし自動車をカルノーエンジンで動かしたら，式 (21-11) により，その効率は約 55 % になるが，実際の効率はおそらく 25 % 程度であろう．原子力発電所（図 21-11）は全体としてひとつのエンジンである．原子炉の炉心から熱としてエネルギーを取り出し，タービンで仕事をし，熱としてエネルギーを近くの川に廃棄する．もし原子力発電所がカルノーエンジンとして作動したら，その効率は 40 % 程度となるであろうが，実際の効率は約 30 % である．どんなタイプのエンジンを設計しても，式 (21-11) で定められた効率の限界を超えることは絶対にない．

スターリングエンジン

式 (21-11) を適用できるのは，すべての理想的なエンジンではなく，図 21-8 で表されるエンジン，すなわちカルノーエンジンだけである．図 21-12 には，理想的な**スターリング・エンジン** (Stirling engine) の動作サイクルが描かれている．図 21-8 のカルノーサイクルと比べると，どちらも温度 T_H と T_L で等温的に熱交換をしているが，スターリングエンジンの 2 つ

174 第21章　エントロピーと熱力学第2法則

の等温線は，カルノーエンジンのような断熱過程ではなく，定積過程で結ばれている（図21-12）。気体の体積を一定に保ちながら温度を可逆的に T_L から T_H に上げるとき（図21-12の過程 da），ゆっくりと温度を変化させることができる熱源から作業物質へ，熱としてのエネルギーを移動しなければならない。同様に，過程 bc では逆のエネルギー移動が必要である。このように，スターリングエンジンでは4つのすべての過程で可逆的な熱の移動（すなわちエントロピーの変化）が起こる；カルノーエンジンでは2つの過程だけであった。したがって，式(21-11)の導出方法は理想的なスターリングエンジンには適用できない。重要なことは，理想的なスターリングエンジンの効率は，同じ2つの温度の間で働くカルノーエンジンよりも低いということである。実在のスターリングエンジンの効率はさらに低い。

スターリングエンジンは1816年に Robert Stirling よって発明された。このエンジンは長い間忘れられていたが，近年自動車や宇宙船用に開発されており，一機で5000馬力(3.7 MW)を出すものが作られている。

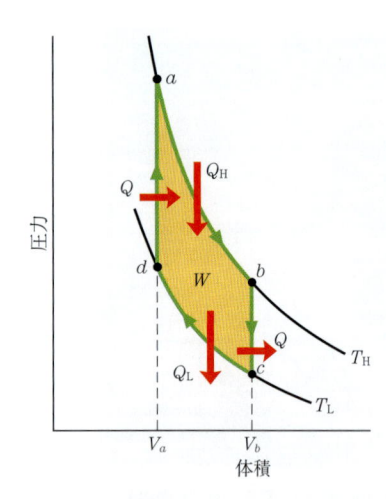

図 21-12 理想的スターリングエンジンの作業物質の p-V 図。作業物質は理想気体と仮定している。

✓ **CHECKPOINT 3:** 3つのカルノーエンジンが，それぞれ，(a) 400 K と500 K，(b) 600 K と800 K，(c) 400 K と600 K の熱源の間で働いている。3つのエンジンを熱効率が高いものから順に並べよ。

例題 21-3

温度 $T_H = 850$ K と $T_L = 300$ K の間で働くカルノーエンジンを考えよう。このエンジンは0.25 s の間に1200 J の仕事をする。

(a) このエンジンの効率はいくらか。

解法： **Key Idea**：カルノーエンジンの効率は，エンジンに接する熱源の温度（ケルビン目盛り）の比 T_L/T_H のみに依存する。したがって，式(21-11)より，

$$\varepsilon = 1 - \frac{T_L}{T_H} = 1 - \frac{300 \text{ K}}{850 \text{ K}} = 0.647 \approx 65\% \quad \text{(答)}$$

(b) このエンジンの平均パワーはいくらか。

解法： **Key Idea**：エンジンの平均パワーは，1サイクルの間の仕事 W と1サイクルに要する時間 t との比である。このカルノーエンジンについて計算すると，

$$P = \frac{W}{t} = \frac{1200 \text{ J}}{0.25 \text{ s}} = 4800 \text{ W} = 4.8 \text{ kW} \quad \text{(答)}$$

(c) 1サイクルの間に，高温熱源から熱として吸収されるエネルギー $|Q_H|$ はいくらか。

解法： **Key Idea**：カルノーエンジンを含むどんなエンジンについても，効率 ε は1サイクルの間になされた仕事 W と，1サイクルの間に高温熱源から吸収したエネルギー $|Q_H|$ との比である（$\varepsilon = W/|Q_H|$）；

$$|Q_H| = \frac{W}{\varepsilon} = \frac{1200 \text{ J}}{0.647} = 1855 \text{ J} \quad \text{(答)}$$

(d) 1サイクルの間に，低温熱源に熱として放出されるエネルギー $|Q_L|$ いくらか。

解法： **Key Idea**：カルノーエンジンでは，式(21-6)のように，1サイクルの間になされる仕事 W は，熱としてのエネルギー移動の差 $|Q_H|-|Q_L|$ である；

$$|Q_L| = |Q_H| - W$$
$$= 1855 \text{ J} - 1200 \text{ J} = 655 \text{ J} \quad \text{(答)}$$

(e) 高温熱源からのエネルギー移動に対する作業物質のエントロピーの変化はいくらか。また，低温熱源へのエネルギー移動に対する作業物質のエントロピーの変化はいくらか。

解法： **Key Idea**：一定温度 T のもとでのエネルギー移動量 Q に伴うエントロピーの変化は，式(21-2) ($\Delta S = Q/T$) で与えられる。したがって，温度 T_H の高温熱源からの正のエネルギー移動量 Q_H に対する作業物質のエントロピーの変化は，

$$\Delta S_H = \frac{Q_H}{T_H} = \frac{1855 \text{ J}}{850 \text{ K}} = +2.18 \text{ J/K} \quad \text{(答)}$$

同様に，温度 T_L の低温熱源への負のエネルギー移動量 Q_L に対して，

$$\Delta S_L = \frac{Q_L}{T_L} = \frac{-655\,\mathrm{J}}{300\,\mathrm{K}} = -2.18\,\mathrm{J/K} \quad\text{(答)}$$

式 (21-8) を導いたときに議論したように，1 サイクルの間の作業物質の正味のエントロピー変化はゼロであることに注意しよう．

例題 21-4

ある発明家が，水の沸点と凝固点の間で作動させると効率が 75% になるエンジンを作ったと主張している．このようなことは可能だろうか．

解法： **Key Idea**：実在のエンジン（不可逆過程からなりエネルギーの浪費を伴う）の効率は同じ 2 つの温度間で働くカルノーエンジンの効率よりも小さい．水の沸点と凝固点の間で働くカルノーエンジンの効率は，式 (21-11) より，

$$\varepsilon = 1 - \frac{T_L}{T_H} = 1 - \frac{(0+273)\,\mathrm{K}}{(100+273)\,\mathrm{K}} = 0.268 \approx 27\%$$

したがって，与えられた温度の間で働く実在エンジンで 75% の効率を実現するのは不可能である．

PROBLEM-SOLVING TACTICS

Tactic 1：熱力学で用いられる言葉

科学や工学の分野で熱力学の勉強をすると，熱に関する様々な言い回しに出会うが，時には誤解を招くような使われ方もある．読者は，熱が，加えられた，吸収された，奪われた，取り出された，廃棄された，解き放たれた，捨てられた，回収された，解放された，運ばれた，得られた，失われた，移動した，排出された，あるいは，熱が（あたかも流体のように）ある物体から他の物体へ流れた，という言い方にお目にかかるであろう．また，物体が熱をもつ（あたかも保存される，または所有されるかのように），あるいは熱が上がる，または下がるという言い方にも出会うであろう．熱という言葉が何を意味するのか常に心に留めておかなければならない：

▶ 熱とは，ある物体から他の物体へ，両者の温度差によって移動するエネルギーである．

ひとつの物体を系として考える場合，系に入ってくるエネルギー移動は正の熱 Q であり，系から出ていくときは負の熱 Q である．

仕事という言葉にもまた注意が必要である．仕事が，作られた，生み出された，熱と結びついた，熱から変化した，という言い方に出会うであろう．仕事という言葉の意味にも気をつけなければならない：

▶ 仕事とは，ある物体から他の物体へ，両者の間に働く力によって移動するエネルギーである．

ひとつの物体を系として考える場合，系から出ていくエネルギー移動は，系がした正の仕事 W であるか，系になされた負の仕事 W である．系に入ってくるエネルギー移動は，系がした負の仕事であるか，系になされた正の仕事である．（"が" であるか "に" であるかが重要である．）明らかにこれは紛らわしい．仕事という言葉に出会ったときには，その意図を注意深く読みとらなくてはならない．

21-5 現実世界のエントロピー：冷凍機

冷凍機 (refrigerator) は，外部からの仕事により，一連の熱力学過程を連続的に繰り返すことによって，低温熱源から高温熱源へエネルギーを移動させる装置である．たとえば，家庭用冷蔵庫は，電動コンプレッサーのする仕事により，エネルギーを食料保存室（低温熱源）から室内（高温熱源）へ移動する．

エアコンやヒートポンプも冷凍機である．これらの違いは高温熱源と低温熱源の役割だけである．エアコンでは，低温熱源は冷やそうとする部屋であり，高温熱源は（おそらく部屋よりも暑い）室外である．ヒートポンプもエアコンの一種であるが，冷凍機とは逆に働き，部屋を暖める；部屋は高温熱源であり，熱は（おそらく部屋より寒い）室外から部屋

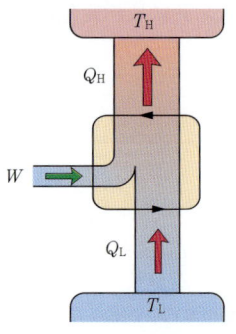

図21-13 冷凍機の基本構成要素。中央の閉曲線の2つの矢印は，作業物質がサイクルの中で働いていることを表している。低温熱源から作業物質へエネルギー $|Q_L|$ が熱として移動する。作業物質から高温熱源へエネルギー $|Q_H|$ が熱として移動する。外部から仕事 W が冷凍機(作業物質)になされる。

へ移動する。

それでは理想冷凍機について考察しよう：

▶ 理想冷凍機では，すべての過程は可逆的であり，摩擦や空気の抵抗などによりエネルギーが失われることはない。

図21-13は，図21-7のカルノーエンジンの逆過程を行う理想冷凍機の基本構成要素を示している。熱にしろ仕事にしろ，すべてのエネルギー移動はカルノーエンジンの逆になる。このような理想冷凍機を**カルノー冷凍機**(Carnot refrigerator)とよぶことができる。

冷凍庫の設計者は，低温熱源からできるだけ多くのエネルギー $|Q_L|$ (われわれの欲しいもの)を，最小限の仕事 $|W|$ (われわれが払う代償)で取り出したいと考える。冷凍機の効率は性能係数(coefficient of performance) K とよばれる量で表される：

$$K = \frac{\text{what we want}}{\text{what we pay for}} = \frac{|Q_L|}{|W|} \qquad \text{(性能係数，すべての冷凍機) (21-12)}$$

高温熱源へ熱として移動するエネルギーの絶対値を $|Q_H|$ とすると，熱力学第1法則より，カルノー冷凍機については $|W| = |Q_H| - |Q_L|$ となる。したがって，式(21-12)は，

$$K_C = \frac{|Q_L|}{|Q_H| - |Q_L|} \qquad (21\text{-}13)$$

カルノー冷凍機はカルノーエンジンを逆に回すものであるから，式(21-8)と(21-13)を結びつけて少し計算すると，

$$K_C = \frac{T_L}{T_H - T_L} \qquad \text{(性能係数，カルノー冷凍機)} \qquad (21\text{-}14)$$

代表的なエアコンでは $K_C \sim 2.5$，家庭用冷蔵庫では $K_C \sim 5$ である。皮肉なことに，2つの熱源の温度差が小さいほど K の値は大きい。穏和な気候の方が寒暖の激しい気候よりヒートポンプの効率が良いのはこのためである。

仕事を入力しないでも働く——すなわち，コンセントを差し込まなくても動く——冷蔵庫があればすばらしい。図21-14には，もうひとつの"発明家の夢"である完璧な冷凍機が描かれている。これは仕事なしで冷たい熱源から暖かい熱源へ熱 Q を運ぶ。この装置はサイクルで作動するので，1サイクル後の作業物質のエントロピーは変化しない。しかし，2つの熱源のエントロピーは変化する：冷たい熱源のエントロピーの変化は $-|Q|/T_L$，暖かい熱源のエントロピーの変化は $+|Q|/T_H$ である。したがって，系全体の総エントロピー変化は，

$$\Delta S = -\frac{|Q|}{T_L} + \frac{|Q|}{T_H}$$

$T_H > T_L$ であるから，この式の右辺は負である。したがって，冷凍機と熱源からなる閉じた系の，1サイクルの間の総エントロピーの変化も負となる。このようなエントロピーの変化は熱力学第2法則に反するから，完璧な冷凍機は存在しない。(冷蔵庫を働かせようとすればコンセントを差し込まなければならない。)

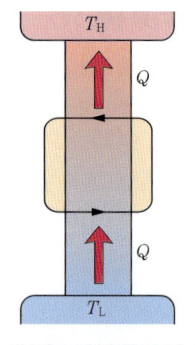

図21-14 完璧な冷凍機の基本構成要素。低温熱源から高温熱源へ熱が何らの仕事なしに移動する。

この結果から熱力学第2法則の別の(等価な)表現が導かれる：

▶ ある温度の熱源からそれより温度の高い熱源へ，熱としてエネルギーを移動するだけの一連の熱力学過程は存在しない。

要するに，完璧な冷凍機を作ることはできない。

✓ **CHECKPOINT 4:** 理想冷凍機の性能係数を次の4つの方法で上げたい。(a)冷凍機内の温度を少し上げる，(b)冷凍機内の温度を少し下げる，(c)冷凍機を少し暖かい部屋へ移動させる，(d)冷凍機を少し冷たい部屋へ移動させる。これら4つの方法において温度変化は等しいとする。性能係数の変化を大きい順に並べよ。

21-6 実在エンジンの効率

2つの与えられた温度の間で働くカルノーエンジンの効率を ε_C しよう。本節では，この温度で働く実在のエンジンの効率が ε_C より大きくならないことを証明する。もしそれが可能ならこのエンジンは熱力学第2法則に反するであろう。

修理工場で働く発明家が，ε_C より高い効率 ε_X をもつエンジンを組み立てたと主張したとする：

$$\varepsilon_X > \varepsilon_C \quad \text{(主張)} \quad (21\text{-}15)$$

このエンジン X を，図 21-15a のように，カルノー冷凍機と組み合わせよう。カルノー冷凍機の行程を調整して，カルノー冷凍機が1サイクルで必要とする仕事が，エンジン X の供給する仕事に等しくなるようにする。そうすると，図 21-15a のエンジン＋冷凍機系が(外部に)なす仕事も(外部から)なされる仕事もない。

これが正しいとすると，効率の定義(式 21-9)より，

$$\frac{|W|}{|Q'_H|} > \frac{|W|}{|Q_H|}$$

ダッシュはエンジン X に関するもので，不等式の右辺はエンジンとして働かせたときのカルノー冷凍機の効率である。この不等式より，

$$|Q_H| > |Q'_H| \quad (21\text{-}16)$$

図 21-15 (a)エンジン X がカルノー冷凍機を駆動する。(b)もし発明家の主張どおりエンジン X の効率がカルノーエンジンより高ければ，(a)の組み合わせは完璧な冷凍機と等価である。これは熱力学第2法則に反する。したがって，エンジン X がカルノーエンジンより高い効率をもつことはない。

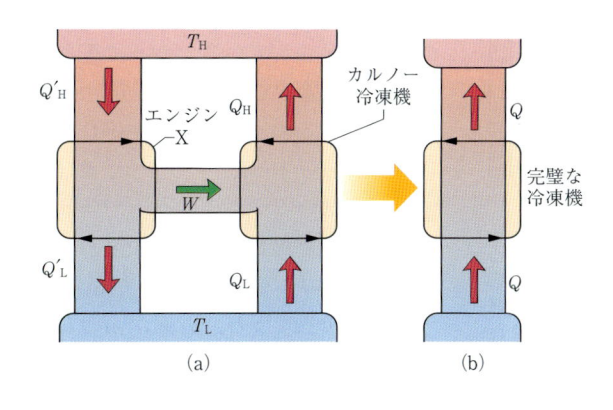

エンジン X がする仕事はカルノー冷凍機になされる仕事に等しいから，熱力学第 1 法則 (式 21-6 を見よ) より，

$$|Q_H| - |Q_L| = |Q'_H| - |Q'_L|$$

これは，次のように書くことができる：

$$|Q_H| - |Q_L| = |Q'_H| - |Q'_L| = Q \qquad (21\text{-}17)$$

式 (21-16) より，Q は正でなければならない。

式 (21-17) を (21-15) と比べると，エンジン X とカルノー冷凍機を連動させた結果は，仕事なしで低温熱源から高温熱源へ熱としてエネルギー Q を移したことになる。したがって，この組み合わせは図 21-14 の完璧な冷凍機のように働く。しかしこれは熱力学第 2 法則に反する。

仮定のうちの何かが間違っている。それは式 (21-15) しかない。実在エンジンの効率は同じ温度差で働くカルノーエンジンの効率を越えることはない，と結論づけられる。せいぜいカルノーエンジンの効率に等しくなるだけで，その場合はエンジン X がカルノーエンジンである。

21-7 統計力学的エントロピー

第 20 章では，気体の巨視的性質が，気体の微視的または分子的振る舞いによって説明できることを学んだ。たとえば，気体が容器の壁に及ぼす圧力は，気体分子が壁で跳ね返るときに壁に与える運動量で説明することができる。このような視点は**統計力学** (statistical mechanics) の一部である。

孤立した箱の左半分と右半分にある気体分子の分布に焦点を絞ろう。この問題は解析するのが容易で，理想気体が自由膨張する際のエントロピー変化を，統計力学を用いて計算することを可能にする。統計力学が，例題 21-1 において熱力学を使って求めたエントロピー変化と同じ結果を出すことを例題 21-6 で示す。

図 21-16 は，6 つの同じ (したがって，区別できない) 気体分子が入っている箱を描いている。ある瞬間に，特定の分子は箱の左半分か右半分のどちらかにいる；左半分と右半分の体積は等しいから，分子がどちらかにいる可能性または確率は同じである。

表 21-1 には，6 つの分子の 7 通りの可能な**配置** (configuration) のうちの 4 つが示されている。個々の配置にはローマ数字で番号をつけた。たとえば，配置 I では，6 つの分子すべてが箱の左半分にあり ($n_1 = 6$)，右半分にはひとつもない ($n_2 = 0$)。表にない配置は，(2, 4) に分ける V，(1, 5) に分ける VI，そして (0, 6) に分ける VII である。一般に，ある特定の配置はいくつかの並べ方で実現される。このような異なった並べ方を分子の**微視的状態** (microstate) とよぶ。ある配置に対応する微視的状態の数をどのように計算するかを見てみよう。

N 個の分子のうち，n_1 個が箱の左半分にあり，n_2 個が右半分にあるとする。(したがって，$N = n_1 + n_2$ である。) 分子を"手で"ひとつずつ置

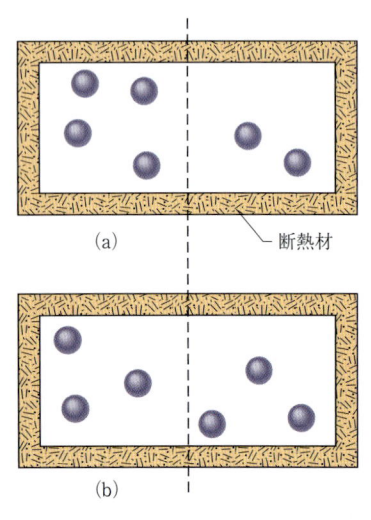

図 21-16 6 つの気体分子が入っている孤立した箱。個々の分子は同じ確率で左半分か右半分にいる。(a) の配置は表 21-1 の配置 III に，(b) は配置 IV に対応する。

21-7 統計力学的エントロピー

表 21-1 箱の中の 6 分子

配置番号	n_1	n_2	多重度 W (微視的状態の数)	Wの計算 (式 21-18)	エントロピー 10^{-23} J/K (式 21-19)
I	6	0	1	$6!/(6!\ 0!) = 1$	0
II	5	1	6	$6!/(5!\ 1!) = 6$	2.47
III	4	2	15	$6!/(4!\ 2!) = 15$	3.74
IV	3	3	20	$6!/(3!\ 3!) = 20$	4.13

微視的状態の総数 = 64

いていくことにしよう。$N=6$ の場合，1 番目の分子の選び方は 6 通りある；6 つの分子から任意の 1 つを取り出せばよい。2 番目の分子の取り出し方は 5 通りある；残りの 5 つから 1 つを取り出せばよい。以下同様である。6 つの分子すべてを選び出す方法の総数は，これらの独立な場合の数の積である；すなわち，$6 \times 5 \times 4 \times 3 \times 2 \times 1 = 720$。数学記号を使うと $6! = 720$ と書くことができる。$6!$ は"6 の階乗 (six factorial)"と言う。読者の電卓は階乗の計算ができるであろう。後で使うので，$0! = 1$ であることを覚えておこう。(電卓で確かめよ。)

しかしながら，分子は区別できないので 720 通りの並べ方はすべてが異なるわけではない。たとえば，$n_1 = 4$，$n_2 = 2$ の場合 (表 21-1 の配置 III)，4 つの分子を箱の左半分にどういう順番で入れたかは問題ではない。なぜならば，4 つを入れてしまった後では，どういう順番で入れたかはわからなくなってしまうからである。4 つの分子を順番に入れる場合の数は $4!$，すなわち 24 である。同様に，2 つの分子を箱の右半分に順番に入れるやり方は $2!$，すなわち 2 である。配置 III の $(4, 2)$ になるような異なる並べ方の数を求めるには，720 を 24 と 2 で割らなければならない。得られた数は，与えられた配置に対応する微視的状態の数であり，多重度 (multiplicity) W とよぶ。配置 III に対しては，

$$W_{\text{III}} = \frac{6!}{4!\ 2!} = \frac{720}{24 \times 2} = 15$$

すなわち，15 の独立な微視的状態が配置 III に対応している。また，表 21-1 からわかるように，7 通りの配置すべての微視的状態の総数は 64 である。

6 つの分子を一般的に N 個の分子に拡張すると，

$$W = \frac{N!}{n_1!\ n_2!} \quad \text{(多重度)} \qquad (21\text{-}18)$$

読者は，表 21-1 に載っているすべての配置に対する多重度が，式 (21-18) によって与えられることを確かめるべきである。

統計力学の基本的仮定は，

▶ **すべての微視的状態は等しい確率で出現する。**

言いかえれば，図 21-16 の箱の中を動き回る 6 つの分子のスナップ写真を数多く撮り，それぞれの微視的状態が起こる回数を数えたとすると，64

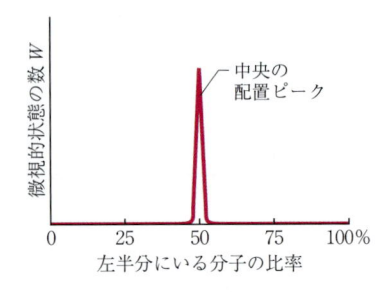

図 21-17 箱の中に非常に多くの分子がある場合について，分子が箱の左半分にいるような配置に対応する微視的状態の数。ほとんどすべての微視的状態が，箱の左半分と右半分に分子が等しく存在する状態に対応している：このような微視的状態が図の"中央の配置ピーク"を形作っている。$N \sim 10^{22}$ に対して中央の配置ピークを描こうとしても，余りに狭くなるのでこの図では描けない。

の微視的状態は同じ回数だけ起こる。さらに言いかえれば，この系は，平均すると同じ時間だけ64の各微視的状態にいる。

微視的状態は等しい確率で起こるが，異なった配置は異なった微視的状態をもつから，個々の配置は等しい確率では起こらない。20の微視的状態をもつ表21-1の配置Ⅳは，*最も起こりやすい*配置であり，その確率は $20/64 = 0.313$ である。この結果は，この系が31.3％の時間だけ配置Ⅳにいることを意味する。すべての分子がどちらか一方にいるような配置ⅠとⅦは最も確率が低く，$1/64 = 0.016$，すなわち1.6％である。同数の分子が箱の左右に半分ずつ存在するような配置が最も高い確率で起こる，ということは決して驚くべきことではない。なぜならば，これが熱平衡状態で期待される配置だからである。しかしながら，6つのすべての分子が箱のどちらか半分に集まって他の半分にはひとつもないという状態が，たとえ低いにせよ，0でない確率をもつということは驚くべきことである。このような状態は，分子の数が6個という非常に少ない数の場合だから起こる，ということが例題21-5で示される。

大きな数Nに対しては非常に多くの微視的状態があり，図21-17で示されるように，ほとんどすべての微視的状態は，箱の左右に分子が等分配されるような配置をとる。たとえ測定される温度や圧力が一定でも，気体は，分子がすべての起こりうる微視的状態を等しい確率で"訪問する"という形で，絶え間なく揺れ動いているのである。しかし，図21-17の配置の中央の狭いピークの外にある微視的状態の数は非常に少ないので，気体分子は常に箱の左半分と右半分に等しい数で分けられていると仮定してよい。後で見るようにこの配置が最大のエントロピーをもつ。

例題 21-5

図21-16の箱の中に，互いに区別できない100個の分子があるとしよう。$n_1 = 50$，$n_2 = 50$ の配置をもつ微視的状態はいくつあるか。$n_1 = 100$，$n_2 = 0$ の配置をもつ微視的状態はいくつあるか。2つの配置の起こる確率という観点からこの結果を解釈せよ。

解法：　**Key Idea**：箱の中の区別できない分子がとる配置の多重度Wは，そのような配置となる微視的状態の数であり，式(21-18)で与えらる。配置(n_1, n_2)が$(50, 50)$の場合は，

$$W = \frac{N!}{n_1!\, n_2!} = \frac{100!}{50!\, 50!}$$

$$= \frac{9.33 \times 10^{157}}{(3.04 \times 10^{64})(3.04 \times 10^{64})}$$

$$= 1.01 \times 10^{29} \qquad \text{(答)}$$

同様に配置$(100, 0)$については，

$$W = \frac{N!}{n_1!\, n_2!} = \frac{100!}{100!\, 0!} = \frac{1}{0!} = \frac{1}{1} = 1 \qquad \text{(答)}$$

50-50配置は100-0配置に比べて約1×10^{29}倍だけ実現しやすい。50-50配置に対応する微視的状態をひとつ1ナノ秒で勘定しても3×10^{12}年（宇宙年齢の750倍）もかかってしまう。100個といえどもまだまだ小さい数である。1モルの分子（$N \sim 10^{24}$）に対してこのような確率計算をやったらどうなるか想像できるだろう。このように，すべての空気分子が突然部屋の片隅に集まってしまうことを煩う心配はないのである。

確率とエントロピー

1877年，オーストリアの物理学者ルードヴッヒ・ボルツマン（Ludwig Boltzmann, ボルツマン定数kのボルツマン）は，気体のエントロピーS

とその配置に対する多重度 W との間の関係を導いた。この関係は，

$$S = k \ln W \quad \text{（ボルツマンのエントロピー方程式）} \quad (21\text{-}19)$$

この式はボルツマンの墓碑に刻まれている。

S と W が対数で結びつけられているのは当然であろう。2つの系の全エントロピーは，それぞれの系のエントロピーの和である。一方，2つの独立した系が実現される確率は，それぞれの実現確率の積である。$\ln ab = \ln a + \ln b$ であるから，対数はこれらの量を結びつける論理的な帰結ともいえよう。

表 21-1 には，6分子系の配置（図 21-16）に対して，式 (21-19) によって計算されたエントロピーが示されている。最大多重度をもつ配置 IV が最大のエントロピーをもっている。

式 (21-18) の W を求めるために，たとえば 100 の階乗を電卓で計算しようとすると，電卓には "OVERFLOW" と表示されるかもしれない。幸い，**スターリングの近似式**（Stirling's approximation）といわれる便利な近似式がある。これは $N!$ の代わりに $\ln N!$ を計算するものであり，まさに式 (21-19) を求めるのに必要なものである。スターリングの近似式は

$$\ln N! \approx N(\ln N) - N \quad \text{（スターリングの近似式）} \quad (21\text{-}20)$$

この近似式のスターリングは，スターリングエンジンのスターリングとは別人である。

✓ **CHECKPOINT 5:** 箱に1モルの気体が入っている。2つの配置を考えよう：(a) 箱の半分に半分の分子がいる，(b) 箱の3分の1に，それぞれ3分の1の分子がいる。どちらの配置の多重度が大きいか。

例題 21-6

例題 21-1 で，n モルの理想気体が自由膨張してその体積が2倍になったとき，初期状態 i から終状態 f へのエントロピー増加が $S_f - S_i = nR \ln 2$ となることを示した。この結果を統計力学から導け。

解法： **Key Idea1：** 気体分子の与えられた配置に対するエントロピー S は，その配置に対する微視的状態の多重度 W と，式 (21-19) ($S = k \ln W$) によって関係づけられる。2つの配置に興味がある：終状態の配置（図 21-1b の容器全体を気体分子が占める）と初期状態の配置（容器の左半分を分子が占める）である。

Key Idea2： 分子は閉じた容器の中に入っているから，それらの微視的状態の多重度 W は，式 (21-18) を用いて計算することができる。n モルの気体に N 個の分子があるとする。初期状態では，すべての分子が容器の左半分にいるから，配置 (n_1, n_2) は $(N, 0)$ である。したがって，式 (21-18) より，多重度は，

$$W_i = \frac{N!}{N!\,0!} = 1$$

終状態では，分子は容器全体に広がるので，配置 (n_1, n_2) 配置は $(N/2, N/2)$ となる。したがって，式 (21-18) より，多重度は，

$$W_f = \frac{N!}{(N/2)!\,(N/2)!}$$

式 (21-19) より，初期状態と終状態のエントロピーは，

$$S_i = k \ln W_i = k \ln 1 = 0$$
$$S_f = k \ln W_f = k \ln(N!) - 2k \ln[(N/2)!] \quad (21\text{-}21)$$

式 (21-21) では次の関係式を用いた：

$$\ln \frac{a}{b^2} = \ln a - 2 \ln b$$

式 (21-20) を用いて式 (21-21) を計算すると，

$$S_f = k \ln(N!) - 2k \ln[(N/2)!]$$
$$= k[N(\ln N) - N] - 2k[(N/2)\ln(N/2) - (N/2)]$$
$$= k[N(\ln N) - N - N \ln(N/2) + N]$$
$$= k[N(\ln N) - N(\ln N - \ln 2)] = Nk \ln 2 \quad (21\text{-}22)$$

20-3 節より，Nk を nR（R は気体定数）で置き換えると，

$$S_f = nR \ln 2$$

したがって，初期状態から終状態へのエントロピーの

変化は，
$$S_f - S_i = nR\ln 2 - 0$$
$$= nR\ln 2 \quad \text{（答）}$$

これが導きたかった結果である．例題21-1では，熱力学の手法で自由膨張に対するエントロピーの増加を求めた；自由膨張と等価な可逆過程を見つけ，温度と移動した熱を考えてその過程に対するエントロピー変化を計算した．この例題では，系が分子からなるという事実を使って，統計力学の手法で同じエントロピーの増加を求めた．

まとめ

一方通行の過程　不可逆過程は，外部に何らかの変化を与えずには逆行できない過程である．不可逆過程の進む向きは，その過程におけるエントロピーの変化 ΔS によって決定される．エントロピー S は状態量（状態関数）である．すなわち，系の状態のみに依存し，系がどのようにしてその状態に達したかにはよらない．**エントロピー仮説**：閉じた系において不可逆過程が起こるとき，系のエントロピーは常に増加する．

エントロピー変化の計算　系が初期状態 i から終状態 f に変化する不可逆過程のエントロピー変化 ΔS は，同じ状態間のすべての可逆過程に対するエントロピー変化 ΔS と等しい．後者（前者ではない）の計算には次式を用いる：
$$\Delta S = S_f - S_i = \int_i^f \frac{dQ}{T} \quad (21\text{-}1)$$
Q は過程の間に系を出入りした熱としてのエネルギー，T は系の温度（ケルビン目盛り）である．

可逆等温過程では，式(21-1)は次式のように簡略化される：
$$\Delta S = S_f - S_i = \frac{Q}{T} \quad (21\text{-}2)$$
温度変化 ΔT が過程の前後の温度（ケルビン目盛り）より小さいとき，エントロピー変化は次式で近似される：
$$\Delta S = S_f - S_i \approx \frac{Q}{T_{\text{avg}}} \quad (21\text{-}3)$$
T_{avg} は過程の間の系の平均温度である．

理想気体が温度 T_i，体積 V_i の初期状態から温度 T_f，体積 V_f の終状態へ可逆的に変化するとき，エントロピーの変化 ΔS は，
$$\Delta S = S_f - S_i = nR\ln\frac{V_f}{V_i} + nC_V \ln\frac{T_f}{T_i} \quad (21\text{-}4)$$

熱力学第2法則　この法則はエントロピー仮説の拡張である：閉じた系で熱力学過程が起こるとき，不可逆過程ではエントロピーは増加し，可逆過程ではエントロピーは一定に保たれる．エントロピーは決して減少しない．式で書くと
$$\Delta S \geq 0 \quad (21\text{-}5)$$

エンジン　エンジンは，周期的な作業により高温熱源から熱としてエネルギー $|Q_H|$ を取り出し，仕事 W をする装置である．エンジンの効率 ε は次式で定義される：
$$\varepsilon = \frac{\text{energy we get}}{\text{energy we pay for}} = \frac{|W|}{|Q_H|} \quad (21\text{-}5)$$
理想的なエンジンにおいては，すべての過程は可逆的であり，摩擦や空気の抵抗などによってエネルギーが失われることがない．カルノーエンジンは図21-7のサイクルを行う理想的エンジンである．その効率は，
$$\varepsilon_C = 1 - \frac{|Q_L|}{|Q_H|} = 1 - \frac{T_L}{T_H} \quad (21\text{-}10,\ 21\text{-}11)$$
T_H は高温熱源の温度，T_L は低温熱源の温度である．実在のエンジンの効率は式(21-11)で与えられる効率より常に低い．カルノーエンジンではない理想的エンジンの効率もまた式(21-11)で与えられる効率より低い．

完璧なエンジンは，高温熱源から熱として取り出したエネルギーをすべて仕事に変換する想像上のエンジンである．このようなエンジンが存在すれば熱力学第2法則が破綻する．言い換えると：ひとつの熱源から熱としてエネルギーを吸収し，これをすべて仕事に変えるような一連の熱力学過程を作ることは不可能である．

冷凍機　冷凍機は，外部からの仕事によってサイクルを行い，低温熱源からエネルギー $|Q_L|$ を熱として取り出す装置である．その性能係数は次式で定義される：
$$K = \frac{\text{what we want}}{\text{what we pay for}} = \frac{|Q_L|}{|W|} \quad (21\text{-}12)$$

カルノー冷凍機はカルノーエンジンを逆に動作させるものである．カルノー冷凍の性能係数は，
$$K_C = \frac{|Q_L|}{|Q_H| - |Q_L|} = \frac{T_L}{T_H - T_L} \quad (21\text{-}13,\ 21\text{-}14)$$
完璧な冷凍機は，低温熱源から熱として取り出したエネルギーを，仕事なしに，そっくりそのまま熱として高温熱源へ放出する想像上の装置である．このような冷凍機が存在すれば熱力学第2法則が破綻する．言い換えると：ある温度の熱源からそれより温度の高い熱源へ熱としてエネルギーを移動するだけの一連の熱力学過程を作ることは不可能である．

統計力学的エントロピー 系のエントロピーは，分子の分布によって定義される．同種分子の場合，分子がとりうるそれぞれの分布は**微視的状態**とよばれる．すべての同等な微視的状態は系の**配置**としてまとめられる．ある配置に属する微視的状態の数が系の**多重度** W である．

N 個の分子が箱の左半分と右半分に分布している場合，多重度は，

$$W = \frac{N!}{n_1!\, n_2!} \quad (21\text{-}18)$$

n_1 は箱の左半分にいる分子の数，n_2 は右半分にいる分子の数である．統計力学の基本的仮定は，すべての微視的状態は等しい確率で起こりうる，というものである．したがって，大きな多重度をもつ配置ほど起こりやすい．N が非常に大きい（たとえば $N = 10^{22}$）場合，分子はほぼ確実に $n_1 = n_2$ の配置をとる．

系の多重度 W とエントロピー S は，ボルツマンのエントロピー方程式で関係づけられる：

$$S = k \ln W \quad (21\text{-}19)$$

$k = 1.38 \times 10^{-23}$ J/K はボルツマン定数である．

N が非常に大きい場合（通常の場合）は，$N!$ をスターリングの近似式で近似できる：

$$\ln N! \approx N(\ln N) - N \quad (21\text{-}20)$$

問 題

1. 断熱されたシリンダーの中の気体が，半分の体積になるまで断熱的に圧縮された．気体のエントロピーはこの過程で，増えたか，減ったか，それとも変わらなかったか．

2. 異なる温度をもつブロック A と B を（例題 21-2 のように）断熱箱の中に入れて，最終的に等しい温度にするような実験を 4 通り行った．4 つの実験における各ブロックのエントロピー変化が表に（J/K 単位で）示されている．ただし，表の値は必ずしも実験を行った順番ではない．A 欄の値と B 欄の値の対応をつけよ．

ブロック		エントロピー変化		
A	8	5	3	9
B	-3	-8	-8	-2

3. 図 21-18 の点 i は，温度 T の理想気体の初期状態を表す．気体が点 i から a, b, c, d へ可逆的に変化するとき，これらをエントロピー変化の大きい順に並べよ．ただし，正負の符号に注意すること．

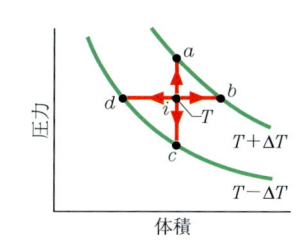

図 21-18 問題 3

4. 温度制御可能な熱源に接触した理想気体が，図 21-19 の 4 通りの経路を通って，初期状態 i から終状態 f に可逆的に変化する．4 つの経路を，(a) 気体，(b) 熱源，(c) 気体＋熱源系 のエントロピー変化の大きさの順に並べよ．

5. 気体が体積 V から $2V$ に自由膨張する．続いて体積 $2V$ から $3V$ に自由膨張する．これら 2 つの過程におけるエントロピーの正味の変化は，同じ気体を体積 V から $3V$ に直接自由膨張させるときと比べて，大きいか，小さいか，それとも等しいか．

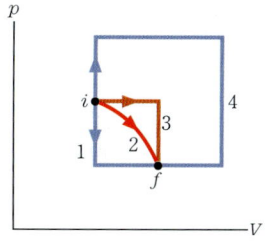

図 21-19 問題 4

6. (a) 400 K と 500 K，(b) 500 K と 600 K，(c) 400 K と 600 K の温度の間で働く 3 つのカルノーエンジンがある．これらのエンジンは高温熱源から 1 サイクル当たりに等しい量のエネルギーを取り出す．3 つのエンジンを，エンジンがする仕事の大きさの順に並べよ．

7. (a) カルノーエンジン，(b) 実在のエンジン，(c) 完璧なエンジン（もちろんこれは作れない）では，1 サイクルの間にエントロピーは増えるか，減るか，それとも変わらないか．

8. 台所の冷蔵庫の扉を数時間開けっ放しにしておいたら，台所の温度は上がるか，下がるか，それとも変わらないか．台所は密閉かつ断熱されているとする．

9. (a) カルノー冷凍機，(b) 実在の冷凍機，(c) 完璧な冷凍機（もちろんこれは作れない）では，1 サイクルの間にエントロピーは増えるか，減るか，それとも変わらないか．

10. 100 個の原子が箱の左半分と右半分に 50 個ずついるような配置を考える．この配置に対する微視的状態の数を，1 秒間に 1000 億個数えられるスーパーコンピューターを使って勘定する．計算時間がどのくらいになるか予想せよ：1 日？ 1 年？ それとも 1 年以上？（筆算

11. 図21-20は，箱の中の分子aとbの時刻 $t = 0$ における（図21-16と同様な）スナップ写真である．分子は同じ質量と同じ速さ v をもち，分子どうしの衝突および分子と壁との衝突は弾性的であるとする．(a) 時刻 $t = 0.10L/v$，(b) 時刻 $t = 10L/v$，におけるスナップ写真において，aが箱の左半分にいてbが右半分にいる確率を求めよ．(c) ある時刻において分子の運動エネルギーの半分だけが箱の右半分にある確率を求めよ．

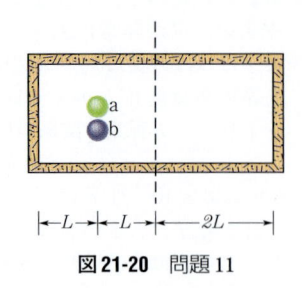

図 21-20 問題 11

付録 A　基礎物理定数

定数	記号	本書で用いる値	最も精度の高い値 (1998年現在) 値[a]	相対誤差[b]
真空中の光速度	c	3.00×10^8 m/s	2.997 924 58	厳密な値
電気素量	e	1.60×10^{-19} C	1.602 176 462	0.039
重力定数	G	6.67×10^{-11} m^3/s$^2 \cdot$kg	6.673	1500
気体定数	R	8.31 J/mol$\cdot$K	8.314 472	1.7
アボガドロ定数	N_A	6.02×10^{23} mol^{-1}	6.022 141 99	0.079
ボルツマン定数	k	1.38×10^{-23} J/K	1.380 650 3	1.7
ステファン-ボルツマン定数	σ	5.67×10^{-8} W/m$^2 \cdot$K^4	5.670 400	7.0
理想気体1モルの体積 (STP)[d]	V_m	2.27×10^{-2} m^3/mol	2.271 098 1	1.7
真空の誘電率	ε_0	8.85×10^{-12} F/m	8.854 187 817 62	厳密な値
真空の透磁率	μ_0	1.26×10^{-6} H/m	1.256 637 061 43	厳密な値
プランク定数	h	6.63×10^{-34} J$\cdot$S	6.626 068 76	0.078
電子の質量[c]	m_e	9.11×10^{-31} kg	9.109 381 88	0.079
		5.49×10^{-4} u	5.485 799 110	0.0021
陽子の質量[c]	m_p	1.67×10^{-27} kg	1.672 621 58	0.079
		1.0073 u	1.007 276 466 88	1.3×10^{-4}
陽子と電子の質量比	m_p/m_e	1840	1836.152 667 5	0.0021
電子の比電荷	e/m_e	1.76×10^{11} C/kg	1.758 820 174	0.040
中性子の質量[c]	m_n	1.68×10^{-27} kg	1.674 927 16	0.079
		1.0087 u	1.008 664 915 78	5.4×10^{-4}
水素原子の質量[c]	$m_{^1H}$	1.0078 u	1.007 825 031 6	0.0005
重水素原子の質量[c]	$m_{^2H}$	2.0141 u	2.014 101 777 9	0.0005
ヘリウム原子の質量[c]	$m_{^4He}$	4.0026 u	4.002 603 2	0.067
ミューオンの質量	m_μ	1.88×10^{-28} kg	1.883 531 09	0.084
電子の磁気モーメント	μ_e	9.28×10^{-24} J/T	9.284 763 62	0.040
陽子の磁気モーメント	μ_p	1.41×10^{-26} J/T	1.410 606 663	0.041
ボーア磁子	μ_B	9.27×10^{-24} J/T	9.274 008 99	0.040
核磁子	μ_N	5.05×10^{-27} J/T	5.050 783 17	0.040
ボーア半径	r_B	5.29×10^{-11} m	5.291 772 083	0.0037
リドベリ定数	R	1.10×10^7 m^{-1}	1.097 373 156 854 8	7.6×10^{-6}
電子のコンプトン波長	λ_C	2.43×10^{-12} m	2.426 310 215	0.0073

a　本書で用いる値と同じ単位, 同じ10の累乗が付く。
b　ppm (100万分の1) 単位
c　uは原子質量単位を表す。1 u = $1.66053873 \times 10^{-27}$ kg
d　STP (standard temperature and pressure) は標準状態を意味する : 0℃で1.0気圧 (0.1 MPa)。

付録 B　天文データ

地球からの距離

月*	3.82×10^8 m	銀河の中心	2.2×10^{20} m
太陽*	1.50×10^{11} m	アンドロメダ銀河	2.1×10^{22} m
最も近い恒星（Proxima Centauri）	4.04×10^{16} m	観測可能な距離	$\sim 10^{26}$ m

＊平均距離

太陽，地球，月

特性	単位	太陽	地球	月
質量	kg	1.99×10^{30}	5.98×10^{24}	7.36×10^{22}
平均半径	m	6.96×10^8	6.37×10^6	1.74×10^6
平均密度	kg/m^3	1410	5520	3340
表面での自由落下加速度	m/s^2	274	9.81	1.67
脱出速度	km/s	618	11.2	2.38
自転周期[a]	—	37 d（極）[b]　26 d（赤道）[b]	23 h 56 min	27.3 d
放射強度[c]	W	3.90×10^{26}		

a 遠くの星に対して測る。
b 太陽はガス球であり剛体のようには回転しない。
c 地球の大気圏外で太陽に垂直な面が太陽エネルギーを受ける割合は 1340 W/m^2

恒星

	水星 (Mercury)	金星 (Venus)	地球 (Earth)	火星 (Mars)	木星 (Jupiter)	土星 (Saturn)	天王星 (Uranus)	海王星 (Neptune)	冥王星 (Pluto)
太陽からの平均距離 (10^6 km)	57.9	108	150	228	778	1 430	2 870	4 500	5 900
公転周期（年）	0.241	0.615	1.00	1.88	11.9	29.5	84.0	165	248
自転周期[a]（日）	58.7	-243[b]	0.997	1.03	0.409	0.426	-0.451[b]	0.658	6.39
軌道速度（km/s）	47.9	35.0	29.8	24.1	13.1	9.64	6.81	5.43	4.74
赤道傾斜角	$< 28°$	≈ 3	23.4°	25.0°	3.08°	26.7°	97.9°	29.6°	57.5°
地球公転面に対する軌道傾斜角	7.00°	3.39°		1.85°	1.30°	2.49°	0.77°	1.77°	17.2°
離心率	0.206	0.0068	0.0167	0.0934	0.0485	0.0556	0.0472	0.0086	0.250
赤道直径（km）	4 880	12 100	12 800	6 790	143 000	120 000	51 800	49 500	2 300
質量（地球＝1）	0.0558	0.815	1.000	0.107	318	95.4	14.5	17.2	0.002
密度（水＝1）	5.60	5.20	5.52	3.95	1.31	0.704	1.21	1.67	2.03
表面での重力加速度 g[c] (m/s^2)	3.78	8.60	9.78	3.72	22.9	9.05	7.77	11.0	0.5
脱出速度（km/s）	4.3	10.3	11.2	5.0	59.5	35.6	21.2	23.6	1.0
衛星の数	0	0	1	2	16 + ring	18 + rings	17 + rings	8 + rings	1

a 遠くの星に対して測る。
b 金星と天王星は公転と自転が逆向き。
c 惑星の赤道で測る重力加速度。

付録 C　数学公式

幾何学
半径 r の円：円周 $= 2\pi r$；面積 $= \pi r^2$
半径 r の球：表面積 $= 4\pi r^2$；体積 $= \frac{4}{3}\pi r^3$
底面の半径 r，高さ h の円柱：
　　　表面積 $= 2\pi r^2 + 2\pi rh$；体積 $= \pi r^2 h$
底辺の長さ a，高さ h の三角形：面積 $= \frac{1}{2}ah$

2次方程式
$ax^2 + bx + c = 0$ のとき $x = \dfrac{-b \pm \sqrt{b^2 - 4ac}}{2a}$

三角比
$\sin\theta = \dfrac{y}{r}$ 　　$\cos\theta = \dfrac{x}{r}$ 　　$\tan\theta = \dfrac{y}{x}$

$\cot\theta = \dfrac{x}{y}$ 　　$\sec\theta = \dfrac{r}{x}$ 　　$\csc\theta = \dfrac{r}{y}$

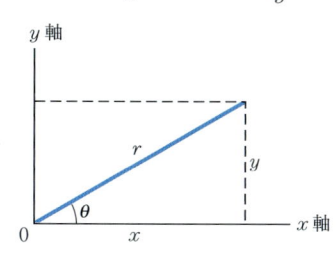

ピタゴラスの定理
右図のような直角三角形では，
$$a^2 + b^2 = c^2$$

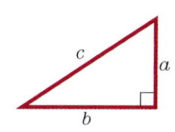

三角形
角 A, B, C の対辺をそれぞれ a, b, c とするとき，
$$A + B + C = 180°$$
$$\dfrac{\sin A}{a} = \dfrac{\sin B}{b} = \dfrac{\sin C}{c}$$
$$c^2 = a^2 + b^2 - 2ab\cos C$$
外角 $D = A + C$

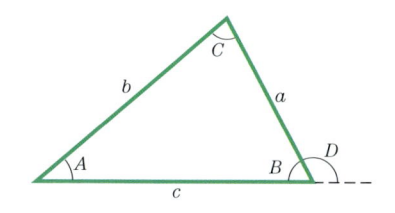

記号
$=$	等しい
$\approx$	ほぼ等しい
$\sim$	桁 (order of magnitude) が等しい
$\neq$	等しくない
$\equiv$	恒等式，定義する
$>$	より大きい（$\gg$ 非常に大きい）
$<$	より小さい（$\ll$ 非常に小さい）
$\geq$	大きいか等しい
$\leq$	小さいか等しい
$\pm$	正または負
$\propto$	比例する
Σ	総和を取る
x_avg	x の平均値

三角関数の公式
$\sin(90° - \theta) = \cos\theta$
$\cos(90° - \theta) = \sin\theta$
$\sin\theta / \cos\theta = \tan\theta$
$\sin^2\theta + \cos^2\theta = 1$
$\sec^2\theta - \tan^2\theta = 1$
$\csc^2\theta - \cot^2\theta = 1$
$\sin 2\theta = 2\sin\theta\cos\theta$
$\cos 2\theta = \cos^2\theta - \sin^2\theta$
　　　　$= 2\cos^2\theta - 1 = 1 - 2\sin^2\theta$
$\sin(\alpha \pm \beta) = \sin\alpha\cos\beta \pm \cos\alpha\sin\beta$
$\cos(\alpha \pm \beta) = \cos\alpha\cos\beta \mp \sin\alpha\sin\beta$
$\tan(\alpha \pm \beta) = \dfrac{\tan\alpha \pm \tan\beta}{1 \mp \tan\alpha\tan\beta}$
$\sin\alpha \pm \sin\beta = 2\sin\dfrac{\alpha \pm \beta}{2}\cos\dfrac{\alpha \mp \beta}{2}$
$\cos\alpha \pm \cos\beta = 2\cos\dfrac{\alpha + \beta}{2}\cos\dfrac{\alpha - \beta}{2}$
$\cos\alpha - \cos\beta = -2\sin\dfrac{\alpha + \beta}{2}\sin\dfrac{\alpha - \beta}{2}$

2項定理

$$(1+x)^n = 1 + \frac{nx}{1!} + \frac{n(n-1)x^2}{2!} + \cdots \quad (x^2 < 1)$$

指数関数の展開

$$e^x = 1 + x + \frac{x^2}{2!} + \frac{x^3}{3!} + \cdots$$

対数関数の展開

$$\ln(1+x) = x - \frac{1}{2}x^2 + \frac{1}{3}x^3 - \cdots \quad (|x| < 1)$$

三角関数の展開(θ はラジアンで測る)

$$\sin\theta = \theta - \frac{\theta^3}{3!} + \frac{\theta^5}{5!} - \cdots$$

$$\cos\theta = 1 - \frac{\theta^2}{2!} + \frac{\theta^4}{4!} - \cdots$$

$$\tan\theta = \theta + \frac{\theta^3}{3} + \frac{2\theta^5}{15} + \cdots$$

Cramer の公式

x と y を未知数とする連立方程式

$$a_1 x + b_1 y = c_1 \quad \text{および} \quad a_2 x + b_2 y = c_2$$

の解は

$$x = \frac{\begin{vmatrix} c_1 & b_1 \\ c_2 & b_2 \end{vmatrix}}{\begin{vmatrix} a_1 & b_1 \\ a_2 & b_2 \end{vmatrix}} = \frac{c_1 b_2 - c_2 b_1}{a_1 b_2 - a_2 b_1}$$

および

$$y = \frac{\begin{vmatrix} a_1 & c_1 \\ a_2 & c_2 \end{vmatrix}}{\begin{vmatrix} a_1 & b_1 \\ a_2 & b_2 \end{vmatrix}} = \frac{a_1 c_2 - a_2 c_1}{a_1 b_2 - a_2 b_1}$$

ベクトル積の公式

$\hat{i}, \hat{j}, \hat{k}$ をそれぞれ x, y, z 方向の単位ベクトルとする。

$$\hat{i}\cdot\hat{i} = \hat{j}\cdot\hat{j} = \hat{k}\cdot\hat{k} = 1 \qquad \hat{i}\cdot\hat{j} = \hat{j}\cdot\hat{k} = \hat{k}\cdot\hat{i} = 0$$

$$\hat{i}\times\hat{i} = \hat{j}\times\hat{j} = \hat{k}\times\hat{k} = 0$$

$$\hat{i}\times\hat{j} = \hat{k} \qquad \hat{j}\times\hat{k} = \hat{i} \qquad \hat{k}\times\hat{i} = \hat{j}$$

任意のベクトル $\vec{a}$ は x, y, z 方向の成分 a_x, a_y, a_z を使って次のように表される:

$$\vec{a} = a_x \hat{i} + a_y \hat{j} + a_z \hat{k}$$

任意のベクトル $\vec{a}, \vec{b}, \vec{c}$ の大きさを a, b, c とするとき,

$$\vec{a}\times(\vec{b}+\vec{c}) = (\vec{a}\times\vec{b}) + (\vec{a}\times\vec{c})$$

$$(s\vec{a})\times\vec{b} = \vec{a}\times(s\vec{b}) = s(\vec{a}\times\vec{b}) \quad (s = \text{スカラー})$$

$\vec{a}$ と $\vec{b}$ の間の角のうち小さい方を θ とすると,

$$\vec{a}\cdot\vec{b} = \vec{b}\cdot\vec{a} = a_x b_x + a_y b_y + a_z b_z = ab\cos\theta$$

$$\vec{a}\times\vec{b} = -\vec{b}\times\vec{a} = \begin{vmatrix} \hat{i} & \hat{j} & \hat{k} \\ a_x & a_y & a_z \\ b_x & b_y & a_z \end{vmatrix}$$

$$= \hat{i}\begin{vmatrix} a_y & a_z \\ b_y & b_z \end{vmatrix} - \hat{j}\begin{vmatrix} a_x & a_z \\ b_x & b_z \end{vmatrix} + \hat{k}\begin{vmatrix} a_x & a_y \\ b_x & b_y \end{vmatrix}$$

$$= (a_y b_z - b_y a_z)\hat{i} + (a_z b_x - b_z a_x)\hat{j} + (a_x b_y - b_x a_y)\hat{k}$$

$$|\vec{a}\times\vec{b}| = ab\sin\theta$$

$$\vec{a}\cdot(\vec{b}\times\vec{c}) = \vec{b}\cdot(\vec{c}\times\vec{a}) = \vec{c}\cdot(\vec{a}\times\vec{b})$$

$$\vec{a}\times(\vec{b}\times\vec{c}) = (\vec{a}\cdot\vec{c})\vec{b} - (\vec{a}\cdot\vec{b})\vec{c}$$

微分と積分

以下の関係式において u と v は x の関数であり，a と m は定数である．不定積分には任意の積分定数が付く．

1. $\dfrac{dx}{dx} = 1$
2. $\dfrac{d}{dx}(au) = a\dfrac{du}{dx}$
3. $\dfrac{d}{dx}(u+v) = \dfrac{du}{dx} + \dfrac{dv}{dx}$
4. $\dfrac{d}{dx}x^m = mx^{m-1}$
5. $\dfrac{d}{dx}\ln x = \dfrac{1}{x}$
6. $\dfrac{d}{dx}(uv) = u\dfrac{dv}{dx} + v\dfrac{du}{dx}$
7. $\dfrac{d}{dx}e^x = e^x$
8. $\dfrac{d}{dx}\sin x = \cos x$
9. $\dfrac{d}{dx}\cos x = -\sin x$
10. $\dfrac{d}{dx}\tan x = \sec^2 x$
11. $\dfrac{d}{dx}\cot x = -\csc^2 x$
12. $\dfrac{d}{dx}\sec x = \tan x \sec x$
13. $\dfrac{d}{dx}\csc x = -\cot x \csc x$
14. $\dfrac{d}{dx}e^u = e^u \dfrac{du}{dx}$
15. $\dfrac{d}{dx}\sin u = \cos u \dfrac{du}{dx}$
16. $\dfrac{d}{dx}\cos u = -\sin u \dfrac{du}{dx}$

1. $\int dx = x$
2. $\int au\, dx = a\int u\, dx$
3. $\int (u+v)\, dx = \int u\, dx + \int v\, dx$
4. $\int x^m\, dx = \dfrac{x^{m+1}}{m+1} \quad (m \neq -1)$
5. $\int \dfrac{dx}{x} = \ln|x|$
6. $\int u\dfrac{dv}{dx}\, dx = uv - \int v\dfrac{du}{dx}\, dx$
7. $\int e^x\, dx = e^x$
8. $\int \sin x\, dx = -\cos x$
9. $\int \cos x\, dx = \sin x$
10. $\int \tan x\, dx = \ln|\sec x|$
11. $\int \sin^2 x\, dx = \dfrac{1}{2}x - \dfrac{1}{4}\sin 2x$
12. $\int e^{-ax}\, dx = -\dfrac{1}{a}e^{-ax}$
13. $\int xe^{-ax}\, dx = -\dfrac{1}{a^2}(ax+1)e^{-ax}$
14. $\int x^2 e^{-ax}\, dx = -\dfrac{1}{a^3}(a^2x^2 + 2ax + 2)e^{-ax}$
15. $\int_0^x x^n e^{-ax}\, dx = \dfrac{n!}{a^{n+1}}$
16. $\int_0^x x^{2n} e^{-ax^2}\, dx = \dfrac{1\cdot 3\cdot 5\cdots(2n-1)}{2^{n+1}a^n}\sqrt{\dfrac{\pi}{a}}$
17. $\int \dfrac{dx}{\sqrt{x^2+a^2}} = \ln(x + \sqrt{x^2+a^2})$
18. $\int \dfrac{x\, dx}{(x^2+a^2)^{3/2}} = -\dfrac{1}{(x^2+a^2)^{1/2}}$
19. $\int \dfrac{dx}{(x^2+a^2)^{3/2}} = \dfrac{x}{a^2(x^2+a^2)^{1/2}}$
20. $\int_0^x x^{2n+1} e^{-ax^2}\, dx = \dfrac{n!}{2a^{n+1}} \quad (a>0)$
21. $\int \dfrac{x\, dx}{x+d} = x - d\ln(x+d)$

付録 D 元素の特性

物理的特性は特記なき場合は1気圧での値。

元素		記号	原子番号 Z	モル質量 g/mol	密度 g/cm³ (20℃)	融点 ℃	沸点 ℃	比熱 J/(g・℃) (25℃)
Actinium	アクチニウム	Ac	89	(227)	10.06	1 323	(3 473)	0.092
Aluminum	アルミニウム	Al	13	26.9815	2.699	660	2 450	0.900
Americium	アメリシウム	Am	95	(243)	13.67	1 541	—	—
Antimony	アンチモン	Sb	51	121.75	6.691	630.5	1 380	0.205
Argon	アルゴン	Ar	18	39.948	1.6626×10^{-3}	−189.4	−185.8	0.523
Arsenic	砒素	As	33	74.9216	5.78	817 (28 atm)	613	0.331
Astatine	アスタチン	At	85	(210)	—	(302)	—	—
Barium	バリウム	Ba	56	137.34	3.594	729	1 640	0.205
Berkelium	バークリウム	Bk	97	(247)	14.79	—	—	—
Beryllium	ベリリウム	Be	4	9.0122	1.848	1 287	2 770	1.83
Bismuth	ビスマス	Bi	83	208.980	9.747	271.37	1 560	0.122
Bohrium	ボーリウム	Bh	107	262.12	—	—	—	—
Boron	硼素	B	5	10.811	2.34	2 030	—	1.11
Bromine	臭素	Br	35	79.909	3.12 (liquid)	−7.2	58	0.293
Cadmium	カドミウム	Cd	48	112.40	8.65	321.03	765	0.226
Calcium	カルシウム	Ca	20	40.08	1.55	838	1 440	0.624
Californium	カリホルニウム	Cf	98	(251)	—	—	—	—
Carbon	炭素	C	6	12.01115	2.26	3 727	4 830	0.691
Cerium	セリウム	Ce	58	140.12	6.768	804	3 470	0.188
Cesium	セシウム	Cs	55	132.905	1.873	28.40	690	0.243
Chlorine	塩素	Cl	17	35.453	$*3.214 \times 10^{-3}$	−101	−34.7	0.486
Chromium	クロム	Cr	24	51.996	7.19	1 857	2 665	0.448
Cobalt	コバルト	Co	27	58.9332	8.85	1 495	2 900	0.423
Copper	銅	Cu	29	63.54	8.96	1 083.40	2 595	0.385
Curium	キュリウム	Cm	96	(247)	13.3	—	—	—
Dubnium	ドブニウム	Db	105	262.114	—	—	—	—
Dysprosium	ジスプロシウム	Dy	66	162.50	8.55	1 409	2 330	0.172
Einsteinium	アインスタイニウム	Es	99	(254)	—	—	—	—
Erbium	エルビウム	Er	68	167.26	9.15	1 522	2 630	0.167
Europium	ユウロピウム	Eu	63	151.96	5.243	817	1 490	0.163
Fermium	フェルミウム	Fm	100	(237)	—	—	—	—
Fluorine	フッ素	F	9	18.9984	$*1.696 \times 10^{-3}$	−219.6	−188.2	0.753
Francium	フランシウム	Fr	87	(223)	—	(27)	—	—
Gadolinium	ガドリニウム	Gd	64	157.25	7.90	1 312	2 730	0.234
Gallium	ガリウム	Ga	31	69.72	5.907	29.75	2 237	0.377
Germanium	ゲルマニウム	Ge	32	72.59	5.323	937.25	2 830	0.322
Gold	金	Au	79	196.967	19.32	1 064.43	2 970	0.131
Hafnium	ハフニウム	Hf	72	178.49	13.31	2 227	5 400	0.144
Hassium	ハッシウム	Hs	108	(265)	—	—	—	—

元素		記号	原子番号 Z	モル質量 g/mol	密度 g/cm³ (20℃)	融点 ℃	沸点 ℃	比熱 J/(g·℃) (25℃)
Helium	ヘリウム	He	2	4.0026	0.16664×10^{-3}	-269.7	-268.9	5.23
Holmium	ホルミウム	Ho	67	164.930	8.79	1 470	2 330	0.165
Hydrogen	水素	H	1	1.00797	0.08375×10^{-3}	-259.19	-252.7	14.4
Indium	インジウム	In	49	114.82	7.31	156.634	2 000	0.233
Iodine	ヨウ素	I	53	126.9044	4.93	113.7	183	0.218
Iridium	イリジウム	Ir	77	192.2	22.5	2 447	(5 300)	0.130
Iron	鉄	Fe	26	55.847	7.874	1 536.5	3 000	0.447
Krypton	クリプトン	Kr	36	83.80	3.488×10^{-3}	-157.37	-152	0.247
Lanthanum	ランタン	La	57	138.91	6.189	920	3 470	0.195
Lawrencium	ローレンシウム	Lr	103	(257)	—	—	—	—
Lead	鉛	Pb	82	207.19	11.35	327.45	1 725	0.129
Lithium	リチウム	Li	3	6.939	0.534	180.55	1 300	3.58
Lutetium	ルテチウム	Lu	71	174.97	9.849	1 663	1 930	0.155
Magnesium	マグネシウム	Mg	12	24.312	1.738	650	1 107	1.03
Manganese	マンガン	Mn	25	54.9380	7.44	1 244	2 150	0.481
Meitnerium	マイトネリウム	Mt	109	(266)	—	—	—	—
Mendelevium	メンデレビウム	Md	101	(256)	—	—	—	—
Mercury	水銀	Hg	80	200.59	13.55	-38.87	357	0.138
Molybdenum	モリブデン	Mo	42	95.94	10.22	2 617	5 560	0.251
Neodymium	ネオジム	Nd	60	144.24	7.007	1 016	3 180	0.188
Neon	ネオン	Ne	10	20.183	0.8387×10^{-3}	-248.597	-246.0	1.03
Neptunium	ネプツニウム	Np	93	(237)	20.25	637	—	1.26
Nickel	ニッケル	Ni	28	58.71	8.902	1 453	2 730	0.444
Niobium	ニオブ	Nb	41	92.906	8.57	2 468	4 927	0.264
Nitrogen	窒素	N	7	14.0067	1.1649×10^{-3}	-210	-195.8	1.03
Nobelium	ノーベリウム	No	102	(255)	—	—	—	—
Osmium	オスミウム	Os	76	190.2	22.59	3 027	5 500	0.130
Oxygen	酸素	O	8	15.9994	1.3318×10^{-3}	-218.80	-183.0	0.913
Palladium	パラジウム	Pd	46	106.4	12.02	1 552	3 980	0.243
Phosphorus	リン	P	15	30.9738	1.83	44.25	280	0.741
Platinum	白金	Pt	78	195.09	21.45	1 769	4 530	0.134
Plutonium	プルトニウム	Pu	94	(244)	19.8	640	3 235	0.130
Polonium	ポロニウム	Po	84	(210)	9.32	254	—	—
Potassium	カリウム	K	19	39.102	0.862	63.20	760	0.758
Praseodymium	プラセオジム	Pr	59	140.907	6.773	931	3 020	0.197
Promethium	プロメチウム	Pm	61	(145)	7.22	(1 769)	—	—
Protactinium	プロトアクチニウム	Pa	91	(231)	15.37 (推定値)	(1 230)	—	—
Radium	ラジウム	Ra	88	(226)	5.0	700	—	—
Radon	ラドン	Rn	86	(222)	$*9.96 \times 10^{-3}$	(-71)	-61.8	0.092
Rhenium	レニウム	Re	75	186.2	21.02	3 180	5 900	0.134
Rhodium	ロジウム	Rh	45	102.905	12.41	1 963	4 500	0.243
Rubidium	ルビジウム	Rb	37	85.47	1.532	39.49	688	0.364
Ruthnium	ルテニウム	Ru	44	101.107	12.37	2 250	4 900	0.239
Rutherfordium	ラザホージウム	Rf	104	261.11	—	—	—	—
Samarium	サマリウム	Sm	62	150.35	7.52	1 072	1 630	0.197

元素		記号	原子番号 Z	モル質量 g/mol	密度 g/cm³ (20℃)	融点 ℃	沸点 ℃	比熱 J/(g・℃) (25℃)
Scandium	スカンジウム	Sc	21	44.956	2.99	1 539	2 730	0.569
Seaborgium	シーボーギウム	Sg	106	263.118	—	—	—	—
Selenium	セレン	Se	34	78.96	4.79	221	685	0.318
Silicon	珪素	Si	14	28.086	2.33	1 412	2 680	0.712
Silver	銀	Ag	47	107.870	10.49	960.8	2 210	0.234
Sodium	ナトリウム	Na	11	22.9898	0.9712	97.85	892	1.23
Strontium	ストロンチウム	Sr	38	87.62	2.54	768	1 380	0.737
Sulfur	硫黄	S	16	32.064	2.07	119.0	444.6	0.707
Tantalum	タンタル	Ta	73	180.948	16.6	3 014	5 425	0.138
Technetium	テクネチウム	Tc	43	(99)	11.46	2 200	—	0.209
Tellurium	テルル	Te	52	127.60	6.24	449.5	990	0.201
Terbium	テルビウム	Tb	65	158.924	8.229	1 357	2 530	0.180
Thallium	タリウム	Tl	81	204.37	11.85	304	1 457	0.130
Thorium	トリウム	Th	90	(232)	11.72	1 755	(3 850)	1.117
Thulium	ツリウム	Tm	69	168.934	9.32	1 545	1 720	0.159
Tin	錫	Sn	50	118.69	7.2984	231.868	2 270	0.226
Titanium	チタニウム	Ti	22	47.90	4.54	1 670	3 260	0.523
Tungsten	タングステン	W	74	183.85	19.3	3 380	5 930	0.134
Un-named	名称未設定	Uun	110	(269)	—	—	—	—
Un-named	〃	Uuu	111	(272)	—	—	—	—
Un-named	〃	Uub	112	(264)	—	—	—	—
Un-named	〃	Uut	113	—	—	—	—	—
Un-named	〃	Uuq	114	(285)	—	—	—	—
Un-named	〃	Uup	115	—	—	—	—	—
Un-named	〃	Uuh	116	(289)	—	—	—	—
Un-named	〃	Uus	117	—	—	—	—	—
Un-named	〃	Uuo	118	(293)	—	—	—	—
Uranium	ウラニウム	U	92	(238)	18.95	1 132	3 818	0.117
Vanadium	バナジウム	V	23	50.942	6.11	1 902	3 400	0.490
Xenon	キセノン	Xe	54	131.30	5.495×10^{-3}	−111.79	−108	0.159
Ytterbium	イッテルビウム	Yb	70	173.04	6.965	824	1 530	0.155
Yttrium	イットリウム	Y	39	88.905	4.469	1 526	3 030	0.297
Zinc	亜鉛	Zn	30	65.37	7.133	419.58	906	0.389
Zirconium	ジルコニウム	Zr	40	91.22	6.506	1 852	3 580	0.276

モル質量の欄の括弧内の数値は長寿命の同位体の値。
融点と沸点の欄の括弧内の数値は不確かである。
気体に関するデータは通常の分子状態 (H_2, He, O_2, Ne 等) のときに正しい。気体の比熱は定圧比熱。
出典：J. Emsley, *The Elements*, 3rd ed., 1998, Clarendon Press, Oxford.
密度欄の＊は 0℃ での値。

解答

CHECKPOINTS

第14章
1. c, e, f
2. 棒の真下（リンゴに働く$\vec{F}_g$による支持点のまわりのトルクはゼロ）
3. (a) いいえ；(b) $\vec{F}_1$の作用点，図の面に垂直；(c) 45 N
4. (a) C（Cに働く力によるトルクを消す）；(b) プラス；(c) マイナス；(d) 同じ
5. d
6. (a) 等しい；(b) B；(c) B

第15章
1. すべて同じ
2. (a) すべて同じ（ペンギンの重さは等しい）；(b) $0.95\rho_0$, ρ_0, $1.1\rho_0$
3. 13 cm³/s, 外向き
4. (a) すべて同じ，(b) 1, 2と3が同じ，4（太いと遅い）；(c) 4, 3, 2, 1（太くて低いと圧力は高い）

第16章
1. (x vs. tのグラフを描きなさい) (a) $-x_m$；(b) $+x_m$；(c) 0
2. a（式(6-10)と同じ形のもの）
3. (a) 5 J；(b) 2 J；(c) 5 J
4. すべて同じ（式(16-29)のIにmが含まれている）
5. 1, 2, 3（m/bが関係する，kは無関係）

第17章
1. a, 2；b, 3；c, 1（式(17-2)の位相を比べた後に式(17-5)を見よ）
2. (a) 2, 3, 1（式(17-12)を見よ）；(b) 3, 1と2が同じ（dy/dtの振幅を求めよ）
3. (a) 同じ（fにはよらない）；(b) 減る（$\lambda = v/f$）；(c) 増える；(d) 増える
4. (a) 増える；(b) 増える；(c) 増える
5. 0.20と0.80が同じ，0.60，0.45
6. (a) 1；(b) 3；(c) 2
7. (a) 75 Hz；(b) 525 Hz

第18章
1. 減っている（例：図18-7の曲線の$x = 42$ cmを右向きに通過）
2. (a) 完全に強めあう干渉，0；(b) 完全に強めあう干渉，4
3. (a) 1と2が同じ，3（式(18-28)を見よ）；(b) 3, 1と2が同じ（式(18-26)を見よ）
4. 第2高調波（式(18-39)と(18-41)を見よ）
5. 緩める
6. (a) 大きい；(b) 小さい；(c) わからない；(d) わからない；(e) 大きい；(f) 小さい
6. （空気の対する速さ）(a) 222 m/s；(b) 222 m/s

第19章
1. (a) すべて同じ；(b) 50°X, 50°Y, 50°W
2. (a) 2, 3が同じ，1, 4；(b) 3, 2, 1と4が同じ（式(19-9)と(19-10)より面積の増分は最初の面積に比例すると仮定する）
3. A（式(19-14)を見よ）
4. cとe（時計回りのサイクルに囲まれる面積が最大）
5. (a) すべて同じ（$\Delta E_{\rm int}$はiとfに依存し経路には無関係）；(b) 4, 3, 2, 1（曲線の下の面積を比べる）(c) 4, 3, 2, 1（式(19-26)を見よ）
6. (a) ゼロ（閉じたサイクル）；(b) 負（$W_{\rm net}$は負，式(19-26)を見よ）
7. bとdが同じ，a, c（$P_{\rm cond}$は等しい，式(19-32)を見よ）

第20章
1. cを除くすべて
2. (a) すべて同じ；(b) 3, 2, 1
3. 気体A
4. 5（Tの変化が大きい），1と2と3が同じ，4
5. 1, 2, 3（$Q_3 = 0$, Q_2はW_2へ，Q_1はより大きなW_1へ移り気体の温度が上がる）

第21章
1. a, b, c
2. 小さい（Qが小さい）
3. c, b, a
4. a, d, c, b
5. b

問　題

第14章
1. (a) はい；(b) はい；(c) はい；(d) いいえ
2. 1, 2, 3（ゼロ），4, 5, 6；(b) 6, 5, 4, 3, 2, 1（ゼロ）
3. aとc（力もトルクもつり合っている）
4. b
5. $m_2 = 12\,\text{kg}$, $m_3 = 3\,\text{kg}$, $m_4 = 1\,\text{kg}$
6. (a) 変わらない；(b) 小さくなる；(c) 小さくなる；(d) 変わらない
7. (a) 15 N（10 Nのピニャータが鍵）； (b) 10 N
8. (a) $\sin\theta$；(b) 変わらない；(c) 増える
9. A，BとCが同じ
10. 4，1，2と3が同じ

第15章
1. e，bとdが同じ，aとcが同じ
2. b，aとdが同じ（ゼロ），c
3. (a) 2；(b) 1，小さい；3，等しい；4，大きい
4. (a) すべて同じ；(b) 1, 2, 3；(c) 3, 2, 1
5. (a) 下に動く；(b) 下に動く
6. 3, 4, 1, 2
7. すべて同じ
8. (a) とどまる；(b) とどまる；(c) 沈む；(d) 浮き上がる
9. (a) 下がる；(b) 下がる；(c) とどまる
10. b，aとcが同じ

第16章
1. c
2. 逆（先に微分する）
3. (a) 2；(b) 正；(c) 0と$+x_m$の間
4. aとb
5. (a) $-x_m$；(b) $+x_m$；(c) $-x_m$と0の間；(d) $-x_m$と0の間；(e) 減少；(f) 増加
6. (a) $-\pi$, $-180°$；(b) $-\pi/2$, $-90°$；(c) $+\pi/2$, $+90°$
7. (a) π rad；(b) π rad；(c) $\pi/2$ rad
8. (a) 1；(b) 3
9. (a) 変化する；(b) 変化する；(c) $x = \pm x_m$；(d) 滑りやすい
10. (a) 大きい；(b) 同じ；(c) 同じ；(d) 大きい；(e) 大きい
11. b（周期が無限大，振動しない），c，a
12. (a) 大きくなる；(b) 変わらない；(c) 大きくなる
13. $k = 1500\,\text{N/m}$と$m = 500\,\text{kg}$, $k = 1200\,\text{N/m}$と$m = 400\,\text{kg}$（同じ$k/m = 3$をもつと共鳴する）

第17章
1. 7d
2. a，上向き；b，上向き；c，下向き；d，下向き；e，下向き；f，下向き
3. (a) $\pi/2$ radで0.25波長；(b) π radで0.5波長；(c) $3\pi/2$ radで0.75波長；(d) 2π radで1.0波長；(e) $3T/4$；(f) $T/2$
4. (a) 1, 4, 2, 3；(b) 1, 4, 2, 3
5. (a) 4；(b) 4；(c) 3
6. 中間の干渉（完全に弱めあう干渉に近い）
7. aとdが同じ，bとcが同じ
8. (a) 8；(b) 腹；(c) 長い；(d) 低い
9. d
10. (a) 節；(b) 腹
11. (a) 減；(b) 消える

第18章
1. 経路2の波
2. (a) 同じ向き；(b) λ；(c) s_m；(d) π rad
3. (a) 2.0波長；(b) 1.5波長；(c) 完全に強めあう干渉，完全に弱めあう干渉
4. $\lambda/2$
5. (a) 反対の位相；(b) 反対の位相
6. (a) 反転；(b) 一致
7. (a) ひとつ；(b) 9つ
8. (a) 2つ；(b) 腹
9. (a) 上がる；(b) 下がる
10. 150 Hzと450 Hz
11. すべての奇数次
12. d，基本モード
13. d, e, b, c, a
14. (a) 3，1と2が同じ；(b) 1，2と3が同じ；(c) 3, 2, 1

第19章
1. 25 S°，25 U°，25 R°
2. c，あとは同じ
3. AとBが同じ，C，D
4. B，AとCが同じ
5. (a) どちらも時計まわり；(b) どちらも時計まわり
6. (a) サイクル2；(b) サイクル2
7. c, a, b
8. 上向き（氷の表面にある水のため水平方向と下向きには温度差がない）
9. 球，半球，立方体
10. (a) 大きい；(b) 1, 2, 3；(c) 1, 3, 2；(d) 1, 2, 3；(e) 2, 3, 1
11. (a) 同じ；(b) 凍らない；(c) 部分的に融ける
12. (a) f，氷の温度が凝固点まで上がった後に下がることはない；(b) bとcは同じ，；d，高い；e，低い；(c) b，水の一部が凍る，氷は溶けない；c，水は全く凍らない，氷は全く溶けない；d，水は全く凍ら

ない，氷は完全に溶ける；e，水は完全に凍る，氷は全く溶けない

第20章
1. 増えるが2倍にはならない
2. (a) 1, 2, 3 ；(b) すべて同じ（ゼロ）；(c) 1, 2, 3 ；(d) 1, 2, 3 ；(e) すべて同じ（ゼロ）；(f) 1, 2, 3
3. aとcが同じ，b，d
4. 1180 J
5. 1, 2, 3, 4
6. d，aとbが同じ，c
7. 20 J
8. 定積過程
9. (a) 3 ；(b) 1 ；(c) 4 ；(d) 2 ；(e) はい
10. (a) 変化しない；(b) 増える；(c) 減る；(d) 増える
11. (a) 1, 2, 3, 4 ；(b) 1, 2, 3
12. -4 J

第21章
1. 変わらない
2. 9と-8，8と-5，5と-3，3と-2
3. b, a, c, d
4. (a) すべて同じ；(b) すべて同じ；(c) すべて同じ（ゼロ）
5. 等しい
6. c, a, b
7. (a) 変わらない；(b) 増える；(c) 減る
8. 上がる
9. (a) 変わらない；(b) 増える；(c) 減る
10. 宇宙の年齢より長い
11. (a) 0 ；(b) 0.25 ；(c) 0.50

PHOTO CREDITS

CHAPTER 14
Page 1: Pascal Tournaire/Vandystadt/Allsport. Page 2: Fred Hirschmann/Allstock/Tony Stone Images/New York, Inc. Page 3: Andy Levin/Photo Researchers. Page 13: Courtesy Micro-Measurements Division, Measurements Group, Inc., Raleigh, North Carolina.

CHAPTER 15
Page 18: Colin Prior/Tony Stone Images/New York, Inc. Page 28: T. Orban/Sygma. Page 30: Will McIntyre/Photo Researchers. Page 31 (left): Courtesy D.H. Peregrine, University of Bristol. Page 31 (right): Courtesy Volvo North America Corporation.

CHAPTER 16
Page 40: T Campion/Sygma. Page 366: Courtesy NASA.

CHAPTER 17
Page 61: John Visser/Bruce Coleman, Inc. Page 81: Richard Megna/Fundamental Photographs. Page 82: Courtesy T. D. Rossing, Northern Illinois University.

CHAPTER 18
Page 86: Stephen Dalton/Animals Animals. Page 87: Howard Sochurak/The Stock Market. Page 95: Ben Rose/The Image Bank. Page 98: Bob Gruen/Star File. Page 98: John Eastcott/Yva Momativk/DRK Photo. Page 108: U.S. Navy photo by Ensign John Gay.

CHAPTER 19
Page 111: ©Dr. Mosato Ono, Tamagawa University. Reproduced with permission. Page 117: AP/Wide World Photos. Page 132: Courtesy Daedalus Enterprises, Inc.

CHAPTER 20
Page 137: Tom Branch.

CHAPTER 21
Page 163: Steven Dalton/Photo Researchers. Page 173: Richard Ustinich/The Image Bank.

索　引

あ 行

Avogadro　138
アヴォガドロ数　137, 138
圧縮　13
圧力　19, 20
圧力振幅　91
rms 速度　142, 148
Archimedes　28
アルキメデスの原理　27, 28

位相　42, 64, 65
　　逆——　93
　　同——　93
　　——角　42, 44
　　——差　75, 93
　　——定数　42, 75
位相ベクトル　77

うなり　101
運動エネルギー　143
　　平均——　144
　　並進——　144

英国熱量単位　120
エネルギー移動　120
エネルギー等分配の定理　154
エネルギーの保存則　127
エネルギー輸送　72
エネルギー輸送率　72
　　平均——　73
エンジン　170
　　カルノー——　170
　　実在——の効率　177
　　スターリング——　173
　　理想——　170
エントロピー　164, 178
　　確率と——　180
　　——の変化　164

応力　13
　　静水——　13
　　剪断——　13
　　引っ張り——　13
応力-歪み曲線　13

か 行

音源　86, 95
　　点——　95
　　——のエネルギー放射率　95
音線　86, 87
温度　111, 112
　　ケルビン——　111, 115
　　絶対——　111
　　セルシウス(摂氏)——　115
　　ファーレンハイト(華氏)——　115
　　——定点　113
　　——定点　113
温度計　112
　　定積気体——　114
音波　86
　　——のエネルギー輸送率　94
　　——の強度　94
　　——の伝播　90

開管圧力計　25
角振動数　42, 65
　　固有——　56
重ね合わせの原理　74
Carnot　170
カルノーエンジン　170
　　——の効率　172
カロリー　120
干渉　74, 92
　　完全に強めあう——　76, 93
　　完全に弱めあう——　76, 93

気圧　21
気体　150
　　多原子分子——　151
　　単原子分子——　150
　　2原子分子——　151
気体定数　139
気体の圧力　143
気体分子運動論　137
基本振動　82, 99
球面波　87
凝縮　122
強制振動　56
共鳴　56, 57, 81

　　——振動数　81, 98, 99
共鳴ピーク　57

駆動角振動数　56
ゲージ圧　23
ケルビン　113
ケルビン温度　113
減衰　54
　　——振動　54
　　——定数　55
　　——力　55

高温熱源　171, 175
合成波　74, 77
高調波　82, 99
降伏強度　13
行路差　92
黒体　132

さ 行

最頻速度　148
作業物質　170

g の測定　51
次元解析　69
質量中心　5
周期　41, 65
周期運動　41
重心　4, 5
自由度　154
　　回転——　154
　　並進——　154
周波数　41
自由膨張　129, 159
自由落下の加速度　51
ジュール　120
Stefan　132
シュテファン・ボルツマン定数　132
循環過程　128
衝撃波　107, 108
状態関数　168
状態量　164
蒸発　122
進行波　63, 66

索引

振動　40
　　強制——　56
　　減衰——　54
　　自由——　56
　　単——　41
振動数　41, 64, 65
振動モード　81, 98
振幅　41, 64, 64
　　角——　50
　　加速度——　43
　　速度——　43

水銀気圧計　24
Stirling　174
スターリングエンジン　173
スターリングの近似式　181

静水圧　14, 22
静水応力　14
静的平衡状態　2, 6
絶対圧　23
セルシウス温度　115
線形振動子　44
剪断　14
線膨張　118
線膨張率　118

騒音レベル　95
相転移　123
層流　30
速度分布　146
　　分子の——　146
　　マクスウエルの——　147

た　行

体積弾性率　87
体積膨張　118
体膨張率　118
対流　131
多重度　179
縦波　62
単振動　41, 44
　　回転——　48
　　線形——　44
　　線形——子　44
　　——と等速円運動　53
　　——のエネルギー　46
弾性　12
弾性係数　13
　　剪断——　14
　　体積——　14

弾性的　12
　　——過程　157
　　——線　157
　　——膨張　157, 158
断熱過程　128, 171

超音速　107
張力　70
調和運動　41
調和振動　82
　　——の指数　82
　　——系列　82

定圧過程　140
低温熱源　170, 175
定在波　79, 81, 98
定常流　30
定積過程　128, 140, 174
デシベル　95, 96
転移熱　122
電磁波　62
伝導　130
伝熱機構　130

等温圧縮　139, 171
等温線　139, 174
等温膨張　139, 140, 171
統計力学　178
等速円運動　54
Doppler　103
ドップラー効果　102, 103
Torricelli　21

な　行

内部エネルギー　111, 120, 127, 150
波　62
　　重なり合う——　74
　　合成——　74
　　進行——　63
　　縦——　63
　　定在——　79
　　入射——　80
　　反射——　80
　　物質——　62
　　横——　63
　　力学的——　62
　　——の位相差　74
　　——の運動エネルギー　72
　　——のエネルギー　71
　　——の角振動数　66

　　——の重ね合わせの原理　74
　　——の干渉　74
　　——の振動周期　65
　　——の振動数　66
　　——の弾性ポテンシャルエネルギー　72
　　——の波数　65
　　——の波長　65
　　——の速さ　66, 69
入射波　80
ねじれ係数　48
熱　120
　　気化——　123
　　蒸発——　123
　　潜——　123
　　転移——　123
　　融解——　123
　　——エネルギー　111, 120
　　——機関　170
　　——吸収率　133
　　——源　124
　　——効率　172
　　——抵抗　130
　　——伝達率　130
　　——伝導　130, 131
　　——平衡　112
　　——放射　132
　　——膨張　117
　　——容量　121
熱力学　111
　　——サイクル　126
　　——第0法則　112
　　——第1法則　127
　　——第2法則　169
　　——的過程　125
粘性　31

は　行

媒質　62, 69
破壊強度　13
波形　63
波数　65
パスカル　21
Pascal　25
パスカルの原理　25
波長　64, 65
波動　61
波面　86
腹　79, 99

Ballot　103
反射　80
　　　固定端――　81
　　　自由端――　81
　　　――波　80

微視的状態　178, 179
歪み　13
引っ張り　13
比熱　121
　　　定圧モル――　152, 158
　　　定積モル――　150
　　　モル――　121, 122

不可逆　163
　　　――過程　163, 164
節　79, 99
フックの法則　44
物質波　62
沸騰　122
不定　11
不定構造　11
振り子　49
　　　単――　49, 50
　　　ねじれ――　48
　　　物理――　51
浮力　27, 28
分子の速度分布　146
分子の速さ　143

分子の平均速度　147
平均自由行程　145
平衡　1
　　　――の条件　3
平衡状態　2
　　　静的――　2, 6
平方2乗平均速度　142
平面波　87
Bell　96
Bernoulli　34
ベルヌーイの式　34
変位振幅　90

放射　132
　　　――率　132
Boltzmann　132, 181
ボルツマン定数　139

ま 行

Maxwell　147
マクスウエルの速度分布　147
マッハコーン　108

見かけの重さ　29
水の3重点　113
密度　19

モル　137

　　　――質量　138
　　　――比熱　154

や 行

ヤング率　13

油圧式てこ　26
融解　122

横波　62

ら 行

理想気体　138
　　　――の法則　139
流管　33
粒子　61
流線　31
流体　18, 19
　　　完全――　30, 34
　　　非圧縮性――　26, 34
流量率　33
　　　質量――　33
　　　体積――　33

冷凍機　175
　　　カルノー――　176
　　　――の性能係数　176
連続の式　32, 33

監訳者略歴

野﨑 光昭
（のざき みつあき）

1977年　東京大学理学部物理学科卒
1982年　東京大学大学院博士課程修了,
　　　　理学博士
1982年　東京大学理学部助手
1991年　神戸大学理学部助教授
1996年　神戸大学理学部教授
2006年　高エネルギー加速器研究機構,
　　　　素粒子原子核研究所教授

© 培風館 2002

2002年10月10日　初 版 発 行
2022年 2月14日　初版第11刷発行

物理学の基礎 2
波 ・ 熱

　　　　　　D. ハリディ
原著者　　R. レスニック
　　　　　　J. ウォーカー
監訳者　　野﨑 光昭
発行者　　山本　格

発行所　株式会社　培風館
東京都千代田区九段南4-3-12・郵便番号102-8260
電話(03)3262-5256(代表)・振替00140-7-44725

中央印刷・牧 製本
PRINTED IN JAPAN

ISBN978-4-563-02256-3 C3042